魚類の社会行動 2

中嶋康裕・狩野賢司 共編

海游舎

Social Behavior of Fishes Vol.2
  edited by Yasuhiro Nakashima & Kenji Karino
Copyright © 2003
  by Yasuhiro Nakashima & Kenji Karino

CONTENTS
1. Sexual size dimorphism and a curoius process of spawning and fertilization of an armored catfish (Masanori Kohda)
2. Reproductive behavior and roles of dimorphic sperm in marine sculpins (Youichi Hayakawa)
3. Coexistence of a sexual and a unisexual form of the Japanese crucian carp (Hiroshi Hakoyama)
4. When females leave their harem: a life-history tactic for earlier sex change in the cleaner wrasse (Yoichi Sakai)
5. Overlapping territories and feeding ecology of a morwong (Kazunori Matsumoto)

ISBN4-905930-78-2
First edition 2003
Printed in Japan

KAIYUSHA Publishers Co., Ltd.
1-23-6-110, Hatsudai, Shibuya-ku,
Tokyo, 151-0061 Japan

まえがき

　私たちはさまざまな社会的関係をもちながら暮らしています．国際社会，地域社会，そして職場や学校で，あるいは友人や家族と．実は私たち人間だけではなく，他の生物もそれぞれの「社会」のなかで生きています．有性生殖をする動物なら，少なくとも繁殖の際には異性という他の個体と関係をもたざるをえません．魚類においても，異性間はもちろん，同性間，親子間，ときには異種間においても，繁殖や餌や隠れ家などをめぐって，さまざまな社会的関係が生じます．たとえば，なぜ，ある種の魚は単独で行動し，別の種はペアで，また別の種は群れで泳いでいるのでしょうか？　この『魚類の社会行動』のシリーズでは魚類の社会行動・社会関係のさまざまなトピックスをとりあげ，進化生物学・行動生態学の視点から掘り下げて，詳しくかつわかりやすく解説していきます．

　このシリーズは，『魚類の繁殖戦略1, 2』（桑村哲生・中嶋康裕共編，1996, 1997）の姉妹編として企画し，おもに若手研究者にお願いしてホットな話題を提供してもらうことにしました．動物行動学や行動生態学の専門学術誌に掲載されている論文は，ある理論に基づいて仮説を立て，それをこのように工夫した方法で実証しましたというスマートなものが多いですが，現実の研究プロセスというのは，いつもスムースに進むわけではありません．むしろ，工夫を重ねても思うような成果がでないことのほうが多いのです．そこでこの本では，理論や事実を解説・紹介するだけではなく，研究プロセスについても，きっかけ・動機をはじめ，どんな苦労があったか，それをどう工夫して乗り越えたか，どんな思わぬ展開が見られたかなどを，臨場感たっぷりに書き込んでもらうように依頼しました．苦労が多いほど，なぞが解けたときの喜びも大きいものです．みなさんにもサイエンスの「なぞ解き」のおもしろさを共有していただければうれしく思います．

　この第2巻は5人の方に書いていただきました．それぞれの原稿を4人の編集委員（狩野賢司，桑村哲生，幸田正典，中嶋康裕）が読み，よりわかり

やすく，読みやすくなるように，さまざまな視点からコメントして，改訂を重ねていただきました．最終的な編集作業は狩野と中嶋が担当しましたが，どの章も「なぞ解き」のおもしろさを十分に伝えてくれる読み物に仕上がっていると思います．これから研究を始めようとしている学生さんたちにとっても参考になる部分が多いと思います．各章の内容を簡単に紹介しておきます．

第1章（幸田正典）は，南米の河川にすむコリドラスと呼ばれる小型のナマズの仲間のうち，アクアリストにはなじみの深いアカコリの話です．この魚は，交尾をしないので体外受精魚のはずなのですが，雄が放精して卵を受精させる行動が全く観察されていませんでした．いったいアカコリはどうやって卵を受精させているのでしょうか？　その奇妙な受精のやり方を巧みな実験によってつきとめていきます．そして，アカコリは雌のほうが雄よりも大きくなるのですが，その理由はなぜなのかも考察しています．

第2章（早川洋一）は北海道の海にすむヨコスジカジカという魚の話です．ヨコスジカジカの雄は2種類の精子を作りますが，その1つには受精能力がありません．いったい，何のためにそんな精子が作られるのでしょうか？　受精能力のない精子がどんな働きをしているのかを詳細な実験によって解明していきます．

第3章（箱山　洋）はフナの話です．フナはどこにでもいる魚ですが，実は，ふつうに雄と雌がいて有性生殖する集団と，雌だけからなり無性生殖する集団とがいるのです．単純に考えると，無性生殖する集団は有性のものの2倍の出生率をもちますから，有性集団はいなくなってしまいそうですが，そうはなりません．有性集団が共存できる条件を理論的に考察し，そのどれが妥当かを実験によって検証していきます．

第4章（坂井陽一）は掃除魚としてよく知られたホンソメワケベラの話です．ホンソメワケベラは，ハレムと呼ばれる数尾のグループで生活していますが，そこでは最大個体だけが雄で，他はすべて雌です．そして雄がいなくなると，ハレム内で最大の雌が雄に性転換することが知られていました．ところが，雌はときどき他のハレムの雄と産卵したり，所属するハレムを離れて別のハレムへと引っ越したりすることがわかりました．雌はそうした行動を行うことでどんな利益を得ているのかを明らかにしていきます．

第5章（松本一範）は西日本の岩礁海岸にすんでいるタカノハダイという魚の話です。タカノハダイは同じサイズの個体に対してだけ摂餌のためのなわばりをもつのですが，なぜサイズが異なれば共存できるのでしょうか？　そのなぞを解き明かしていきます。また，タカノハダイは，すみ場所の環境の違いによって，からだの形態まで変化することがわかりました。環境によって，どこがどう変化するのかを分析しています。

　第2巻は，第1巻の出版から1年以内には刊行する予定でしたが，それより遅れてしまいました。これは，それぞれの著者が解き明かしたすばらしい発見を，読者にもその感動が伝わるように，表現を工夫して何度も書き直してもらっていたためです。その結果，遅くはなりましたが，それだけ読みごたえのあるものに仕上がったと思っています。第2巻では，第1巻にはあまり出てこなかった水槽飼育実験の話を多く取り入れています。第3巻では，また別の切り口で，もっとわくわくするようななぞ解きを紹介いたします。どうかご期待ください。

　2003年3月

中嶋康裕
狩野賢司

目 次

1 雄が小さいコリドラスとその奇妙な受精様式　　（幸田　正典）

- 1-1　はじめに …………………………………………………… 1
- 1-2　研究材料アカコリ ………………………………………… 4
- 1-3　いつ，どの雄が受精させるのか ………………………… 6
  - 1-3-1　受精のタイミング ………………………………… 7
  - 1-3-2　どの雄が受精をするか …………………………… 7
- 1-4　精子の行方：さまざまな実験 …………………………… 9
  - 1-4-1　プラグ実験 ………………………………………… 10
  - 1-4-2　スカート実験 ……………………………………… 12
  - 1-4-3　腸内精子を探せ …………………………………… 13
  - 1-4-4　インク滴下実験 …………………………………… 14
- 1-5　飲み込み説の確認後 ……………………………………… 17
  - 1-5-1　産卵行動の時間とタイミング …………………… 17
  - 1-5-2　胃のpHは？ ……………………………………… 18
- 1-6　精子飲み込みとその進化 ………………………………… 19
- 1-7　アカコリの成長 …………………………………………… 20
- 1-8　魚類の性的サイズ二形：究極要因 ……………………… 21
  - 1-8-1　小さな雄と大きな雌：性転換のある場合 ……… 21
  - 1-8-2　小さな雄と大きな雌：性転換のない場合 ……… 23
  - 1-8-3　雄が大きな魚 ……………………………………… 24
- 1-9　アカコリ雄の繁殖成功 …………………………………… 25
  - 1-9-1　実験設定 …………………………………………… 26
  - 1-9-2　雄間競争 …………………………………………… 26
  - 1-9-3　配偶成功の高い雄 ………………………………… 26
  - 1-9-4　配偶者選択 ………………………………………… 30
  - 1-9-5　雄の求愛戦術 ……………………………………… 31
  - 1-9-6　より求愛する雄とは ……………………………… 32
- 1-10　精巣の大きさと体の大きさ ……………………………… 32
  - 1-10-1　アカコリの精巣 ………………………………… 32
  - 1-10-2　魚類の精巣重量と体長 ………………………… 33

1-11　性的サイズ二形のシナリオ……………………………………34
　　　　1-11-1　アカヒレ……………………………………………34
　　　　1-11-2　ナマズやドジョウの性的サイズ二形………………36
　　1-12　おわりに………………………………………………………36

2　カジカ類の繁殖行動と精子多型　　　　　　　　　　（早川　洋一）

　　2-1　ヨコスジカジカ―漁師の嫌われ者―………………………39
　　2-2　精子の形はいろいろ……………………………………………41
　　　　2-2-1　受精する精子………………………………………41
　　　　2-2-2　受精しない精子……………………………………42
　　　　2-2-3　異型精子と奇形精子………………………………44
　　2-3　ヨコスジカジカの異型精子……………………………………45
　　　　2-3-1　正体不明の円盤たち………………………………45
　　　　2-3-2　異型精子の形成過程………………………………46
　　2-4　殺し屋精子とカミカゼ精子―兵隊精子説―…………………51
　　　　2-4-1　異型精子は何をする？　これまでの知見…………51
　　　　2-4-2　異型精子と精子競争………………………………53
　　　　2-4-3　仮　説………………………………………………54
　　2-5　ヨコスジカジカの異型精子の機能……………………………54
　　　　2-5-1　ヨコスジカジカの繁殖行動………………………54
　　　　2-5-2　産卵・放精の特徴…………………………………58
　　　　2-5-3　受精環境……………………………………………60
　　　　2-5-4　異型精子の動き―細胞塊形成―…………………64
　　　　2-5-5　異型精子のもう1つの機能………………………72
　　2-6　カジカ類の異型精子……………………………………………80
　　　　2-6-1　精子競争の中で……………………………………80
　　　　2-6-2　配偶子間の協力……………………………………80
　　　　2-6-3　カジカ類の異型精子の起源と機能の付加………83
　　　　2-6-4　おわりに……………………………………………84

3　フナの有性・無性集団の共存　　　　　　　　　　　（箱山　洋）

　　3-1　はじめに…………………………………………………………85
　　3-2　諏訪湖のフナ……………………………………………………88
　　3-3　有性生殖2倍のコスト…………………………………………91

- 3-4 なぜ共存は困難か ……………………………………… 92
- 3-5 共存の理論 ……………………………………………… 95
  - 3-5-1 赤の女王仮説 ………………………………… 96
  - 3-5-2 非特異的免疫仮説 ………………………… 97
- 3-6 寄生虫と非特異的免疫仮説の検証 ……………… 99
  - 3-6-1 飼育，性判別，有性無性判別 ………… 100
  - 3-6-2 吸虫の野外感染率の測定，免疫活性測定 … 101
  - 3-6-3 感染率が高い無性型 ……………………… 102
  - 3-6-4 病原体の接種実験 ………………………… 104
- 3-7 雄による配偶者選択 ………………………………… 105
  - 3-7-1 実験設定 ……………………………………… 106
  - 3-7-2 実験結果 ……………………………………… 108
- 3-8 まとめと課題 …………………………………………… 110

4 ホンソメワケベラの雌がハレムを離れるとき (坂井 陽一)

- 4-1 性転換するさんぱつ屋 ……………………………… 112
- 4-2 船越のホンソメワケベラの産卵時刻とハレム外産卵 … 115
  - 4-2-1 ホンソメワケベラの研究に着手する …… 115
  - 4-2-2 産卵時刻のバリエーション ……………… 117
  - 4-2-3 船越のホンソメワケベラはいつ産卵する？ … 120
  - 4-2-4 船越の水流パターンを探る ……………… 123
  - 4-2-5 ペアの高い上昇力と卵捕食 ……………… 126
  - 4-2-6 雌のハレム外産卵 ………………………… 127
- 4-3 性転換のタイミングと雌の戦術 …………………… 130
- 4-4 ホンソメワケベラの引っ越し戦術 ………………… 134
  - 4-4-1 お出かけとお引っ越し …………………… 134
  - 4-4-2 引っ越しの起こる状況 …………………… 138
  - 4-4-3 引っ越しの効果 …………………………… 141
  - 4-4-4 引っ越し雌は早く性転換できる？ ……… 143
  - 4-4-5 引っ越し雌の産卵成功は？ ……………… 145
  - 4-4-6 引っ越し戦術の位置づけ ………………… 148
- 4-5 結び ……………………………………………………… 149

5 タカノハダイの重複なわばりと摂餌行動　　　　　　（松本　一範）

5-1　はじめに ……………………………………………… 151
5-2　研究準備 ……………………………………………… 152
　　5-2-1　研究室配属 ……………………………………… 152
　　5-2-2　潜水訓練 ………………………………………… 153
　　5-2-3　研究対象種と調査地 …………………………… 155
　　5-2-4　地図作り ………………………………………… 157
5-3　研究開始 ……………………………………………… 159
　　5-3-1　個体識別 ………………………………………… 159
　　5-3-2　なわばり配置 …………………………………… 161
　　5-3-3　重複なわばりをもたらす要因 ………………… 166
5-4　新たなる調査 ………………………………………… 171
　　5-4-1　調査地探し ……………………………………… 171
　　5-4-2　荒樫のなわばり ………………………………… 173
5-5　2地点間で異なる形態 ………………………………… 179
　　5-5-1　外部形態の差異 ………………………………… 179
　　5-5-2　鰓耙の差異 ……………………………………… 185
　　5-5-3　内臓重の差異 …………………………………… 189
5-6　まとめ ………………………………………………… 192
5-7　おわりに ……………………………………………… 193

引用文献 …………………………………………………… 195

索　引 ……………………………………………………… 205

『魚類の社会行動』編集委員
　狩野賢司（東京学芸大学教育学部）
　桑村哲生（中京大学教養部）
　幸田正典（大阪市立大学理学部）
　中嶋康裕（日本大学経済学部）

『魚類の社会行動 1』目次
　1. サンゴ礁魚類における精子の節約（吉川朋子）
　2. テングカワハギの配偶システムをめぐる雌雄の駆け引き（小北智之）
　3. ミスジチョウチョウウオのパートナー認知とディスプレイ（藪田慎司）
　4. サザナミハゼのペア行動と子育て――一夫一妻の制約のなかで（竹垣　毅）
　5. 口内保育魚　テンジクダイ類の雄による子育てと子殺し（奥田　昇）

『魚類の社会行動 3』（予定）
　1. カザリキュウセンの性淘汰と性転換（狩野賢司）
　2. シワイカナゴのなわばり維持と放棄（成松庸二）
　3. クロヨシノボリの配偶者選択（高橋大輔）
　4. 秋になると性転換をするコウライトラギス（大西信弘）
　5. サケ科魚類における河川残留型の繁殖行動と繁殖形質（小関右介）
　6. シベリアの古代湖で見たカジカの卵（宗原弘幸）

雄が小さいコリドラスとその奇妙な受精様式

(幸田　正典)

　ナマズの一種アカコリでは，雌が雄の精子を飲み下し，その精子を腹鰭を合わせて作った「袋」にお尻から出し，その中へ産卵して受精させる。この奇妙な受精様式を実験により確認した。本種の繁殖は乱婚的で，雄間闘争も雌が大きな雄を好むといった配偶者選択もないが，雌は求愛頻度の高い雄と多く配偶した。このため雄の大きな体サイズには繁殖上の有利さがなく，本種の雄が雌より小さいという性的二形が生じたと考えられる。また，その特異な受精様式から精子競争も起こらず，アカコリの雄の精巣は魚類の中では極めて小さいことが明らかとなった。

1-1　はじめに

　魚類の受精様式には，交尾をともなう体内受精と，産み落とされた卵に雄が精子をかける体外受精の大きく分けて2つがある。受精卵や子どもの保護については，まったくしないもの，雄だけが行うもの，雌だけがするもの，両親で行うものがある。保護の仕方も，巣を作るもの，口に卵を入れるもの，卵を体につけて守るものなど実に多様である (桑村, 1988)。魚類は2万数千種を含む大きな分類群だ。そのなかで，最近その繁殖行動が注目されているグループの1つが，ナマズの仲間である。

　ナマズの仲間は体形や大きさ，さらには食性までもさまざまであるが，その繁殖方法も多様である。ナマズの仲間には，体内受精をするものが知られている。ウッドキャットとよばれる仲間である。交尾の後，雌は受精卵を産み，その後は子の保護をしない。多くのナマズは体外受精であるが，繁殖では実にいろいろなことをする。

鳥のカッコウのように他種魚に托卵するもの (Sato, 1986) や，口の中で子育てするもの (Ochi et al., 2000)，なかには胃の中で子どもを育てるものまでいるという。産んだ卵を雄親だけが，あるいは両親で保護するものもいるし，そのなかには雌が未受精卵を餌として子どもに与えるものまでいる。とにかく変な繁殖習性をもつ種類が多いのがナマズ類である。「普通」に卵を水底に産んだり石や水草などにくっつけて産むだけで，子の保護をしないナマズも多い。しかし，いずれにせよ，これら体外受精のナマズ類でも，他の体外受精魚と同様に，産卵に続く卵への雄の放精行動がともなうのである。

南米産のヨロイ（鎧）ナマズの仲間であるコリドラス (*Corydoras*) も石や水草に卵をくっつけて産む基質産卵魚で，彼らは子どもの保護をしない。コリドラスは小型で，水槽で飼育しても他の魚を攻撃しないことやその愛くるしい「表情」で，日本のアクアリストにも人気がある。彼らの産卵行動はやや変わっている (Burgess, 1987)。図1-1にあるように，産卵行動が知ら

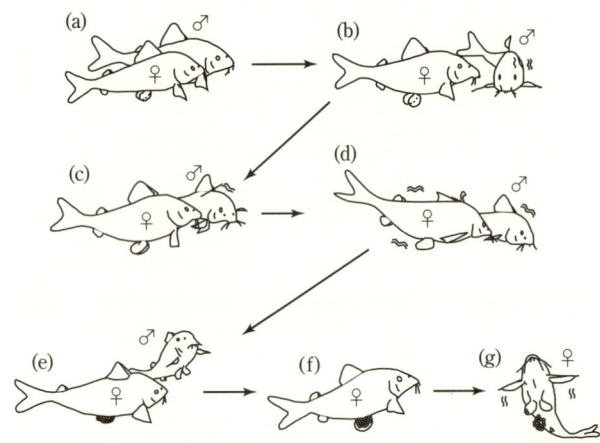

図1-1 アカコリ *Corydoras aeneus* の産卵行動。(a) 雌を追尾する雄は，雌の前に回り込もうとし，(b) 回り込んで体側を誇示する。誇示されても多くの場合雌は雄を無視するが，(c) 時折雌は雄の総排出腔あたりに7秒ほど口を付け，その後 (d) 二枚貝状の袋（ポーチ）を形成し，その中に直径1.5mmほどの卵を30個ほど産み落とす。(e) 雌はその場で60〜90秒ほど水底に横たわる。(f) その後雌は卵をポーチに入れたまま，着卵場所まで泳ぐ。(g) 着卵場に卵をくっつける（この図は，水槽のガラス壁面に産み付けているところ）。この一連の産卵行動を1〜2時間に10〜20回繰り返す (Kohda et al., 1995より改変)

1-1 はじめに

れているいずれの種のコリドラスも，雌が雄の横腹に口を付けた後，腹鰭を閉じて作った二枚貝のような形の袋に種類によって数個から数十個の卵を産む。その後雌は袋に卵を入れたまま自分で運び，単独で水槽内の水草やガラス壁面にくっつける。彼らの産卵行動には，交尾が見られない。つまり，彼らは体内受精魚ではない。となると，彼らは体外受精魚のはずであるが，不思議なことにコリドラスの雄には卵への放精行動がどうも見あたらないのだ。いったいこの魚の受精はどうなっているのだろうか，これが今回の研究での1つめの疑問だった。

ナマズ類について別の疑問もあった。ナマズ類は世界中に2,000種以上いるが，日本産のものを含め多くは雄が雌より小さい（Burgess, 1989；川那部・水野, 1989, 1990）。なぜ多くのナマズは雄が雌より小さいのだろうか。コリドラスも，やはり雄のほうが小さいのだ。この雄が小さく雌が大きいという性的サイズ二形を示す魚はナマズ類以外にも結構いる。なぜそのような性的二形が進化してきたのか，その実証的な研究は，ナマズ以外の魚でもほとんどないのである。

ある年，野外調査に出られない事情があった。それではと，このコリドラスを飼育し，研究室の学生らと共同研究をすることにした（図1-2）。動物の行動を研究するには，野外で調査が十分できるのならそれにこしたことはないし，それなら何も飼育してまで研究することもない。しかし，ナマズ類は，夜間繁殖するものが少なくない，濁った水で繁殖する，決まった行動圏をもつことが少ないなど，個体識別をしたうえでの行動観察が難しいものが多いのだ（片野ほか, 1988）。そのため，ナマズ類での詳細な繁殖行動の野外研究そのものが，あまりない。コリドラスも例外ではなく，野外での行動研究はまったくないのである。

ナマズ類では，コリドラスのような数cmの小さなものから1mを越す大物までと，種類によってその大きさはさまざまである。大きな魚は飼育研究には向かない。飼育するだけでも数トン規模の大きな水槽と広い場所が必要となり，餌や水質の維持だけでもたいへんだからだ。仮に研究を始められたとしても，捕まえたり計測したりするだけでも大仕事だ。確かに日本産のナマズ類なら，必要とあれば野外での生態観察もできるという利点がある。しかし，普通のナマズでも30〜40cmはあり，これでも大きくて

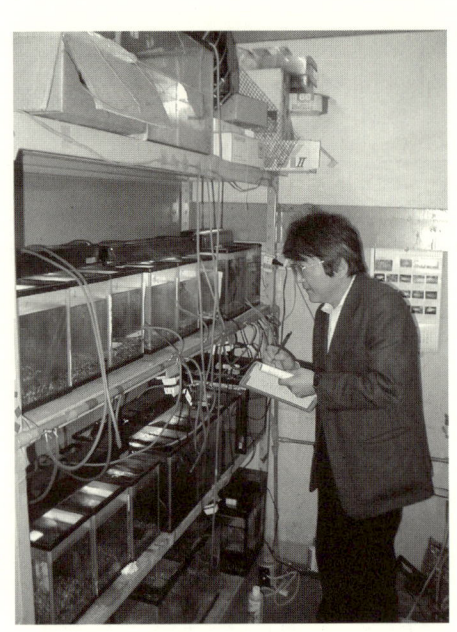

図1-2 研究室の水槽棚。ここで行動観察やいろいろな実験を行った。観察者は筆者

飼育がたいへんである。この点，体長6cmまでのコリドラスは，飼育研究をするうえでたいへん都合がよい。

コリドラスの仲間は100種を超える (Burgess, 1987; 松坂, 1993)。どの種類でやるべきか。まさか南米まで取りにいくわけにもいかない。購入するとなると，やはり値段の安いものがよいだろう。熱帯魚店で聞くと，赤いコリドラスの意味でよばれているアカコリ *Corydoras aeneus* が最も安い。図鑑を見ると，アカコリの繁殖は簡単で初心者向きとある。このとき，研究対象魚が決まった (Kohda et al., 1995, 2002)。

1-2 研究材料アカコリ

なるほどアカコリは初心者向きの魚であった。飼育を始めてしばらくすると，何個体かが産卵を始めた。アカコリの産卵は早朝から始まることが多かった。雄が雌の後を追いかけ始めたら，それは産卵開始の合図である。アカコリの雄は雌を追いかけ回し，雌の前に回り込んでその体側を示す（図1-1）。この脇腹の誇示が，雌への求愛である。たいていの場合，雌はこの求愛を無

図1-3 アカコリ *Corydoras aeneus* の雌（右）が雄の腹に口をつけているところ。小さい2匹が雄である

視するが、時折雄の腹部に口を付けることがある（図1-3）。このとき、一連の産卵行動が始まる。雌は7秒ほど雄の肛門付近に口を付けた後、腹鰭を合わせて作った袋（ポーチ）に数十個の卵を産み落とすのである。この7秒間雌は鰓蓋を開閉させない。雌はポーチに卵を産み落とした後、そのまま約1分ほど底で静止し、その後おもむろに泳ぎだす。卵をくっつけるのはたいてい水槽のガラス壁面のどこか1か所である。着卵場所までくると、ポーチを開いて上手に卵を付着させる。このとき、雄は近くにいない。付着させた後、雌が口で卵を押し付けるような行動も見せることも多い。くっつけるとまた5～10分ほど泳ぎ、その間、雄が何回も脇腹を見せ求愛誇示をしてくる。そのうちに、ある雄の腹に口を付け、同じようにポーチに産卵し、一連の産卵行動を行う。1～2時間ほどの間に、この一連の産卵行動を10～20回繰り返すのだ。雌雄ともくっつけられた卵を保護することはない。

　雄の繁殖活動の特徴を少し述べておきたい。この1～2時間、雄は水槽の中を上へ下へと、とにかくよく泳ぎ回る。実はアカコリは、雌雄ともにどうも視力がよくないようだ。口を底に付け餌のアカムシを探しているときも、ヒゲが餌にあたるとすぐ飛びつくが、餌のすぐそばを通っていても、餌にヒゲが触らないと気が付かない。すぐそばにある餌も見えていないのだ。産卵中の雄もそのようで、追いかけている雌からはぐれてしまうこともしばしばある。雌から10cmも離れると、どこに雌がいるのかわからないらしく、雌を探して水槽中を泳ぎ回る。そして雌に出会うと、また雌への

追跡を始め求愛を試みる。このように産卵がいったん始まると，元気な雄は産卵が終わるまで，ほとんど休みなしに水槽中を泳ぎ回るのである。

　さて，アカコリの産卵行動をいくら詳しく見てみても，他のコリドラスと同様，雄が卵に精子をかける動作がまったくない。卵が産み落とされたポーチへ雄が放精するわけでもないし，水槽のガラスへ着卵しているときもそこに雄はこない。産み付けられた卵のほとんどが孵化するのだから，受精はどこかで起こっているはずだ。体外受精の場合，受精の起こる場所は産卵場所と対応するため，魚類によってさまざまである。卵保護をしない体外受精の多くの海産魚は浮遊卵を産むが，その受精は，雌雄の放卵放精により海中や海面近くで起こる。卵保護をする魚では巣を作りそこへ産卵することが多い。この場合，受精は巣の中で起こる。シクリッドなど雌が卵を口の中で保護する魚では，受精は雌が産んだ卵をくわえる直前か，くわえた直後に雌の口の中で起こるようだ。しかし，これらでは，いずれの場合も産み落とされた卵に雄が精子をかけるという行動がともなっている。アカコリの受精は，いったいどうなっているのだろうか。

1-3　いつ，どの雄が受精させるのか

　コリドラス類は熱帯魚愛好家の間でも人気が高く，飼育水槽での繁殖例は多い。彼らの受精がいつ起こるのか，マニアの間で水槽観察に基づいた諸説がいくつかあった。それらは，大きく次の3つに分けられた。

　(1) 産卵が始まると，雄は水槽中に精子を放出する。卵はポーチに産み落とされた後，水中に放出されている精子によりポーチの中で受精する。

　(2) 雌は雄の横腹に口を付けている間，雄から精子を吸って口にため，水槽のガラス面に着卵させた後，口から精子を出し，そこで受精が起こる。

　(3) ポーチに産み落とされた卵に対して，雌が口を付けた雄の精子が何らかの形でポーチに入り，そこで受精する。

　我々もアカコリの産卵行動の観察から受精がどう起こるか考えたが，ほぼこの3つの仮説に集約された。これら仮説のどれが正しいのかを確かめるために，一連の産卵行動のどの段階で受精が起こっているのかをまず調べることにした。

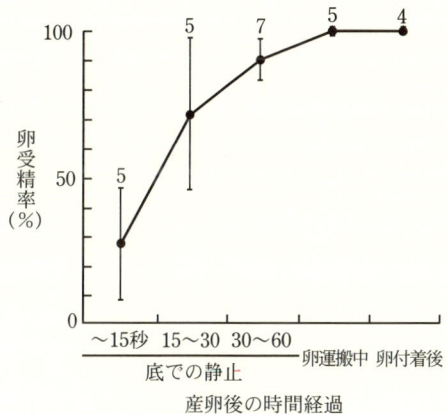

図1-4 アカコリの雌がポーチに卵を産み落としてからの経過時間で見た、卵の受精率。雌が底で静止している間にほとんどの卵は受精する

1-3-1 受精のタイミング

はじめに，受精のタイミングを調べるため，卵がポーチに産み落とされてから着卵されるまでのさまざまな段階で，卵を雌から奪い取りその受精率を見た。もし水槽のガラス面に着卵される前のどこかの段階で受精が起こっているなら，仮説 (2) は否定されることになるし，着卵前に受精が起こっていないなら，この仮説は逆に支持されることになる。調べた結果，産卵直後にはまだ低い受精率は，雌がポーチに卵を抱え，底で静止している間どんどんと高くなり，雌がポーチの卵を運び始めるころには，ほとんどの卵の受精がすでに終わっていた (図1-4)。卵はポーチの中で受精していたのだ。仮説 (2) は否定された。確かに雌は，ガラス面にくっつけた卵に口を押し付ける行動をする。この行動から雌が口に含んだ精子をかけるとの説が提案されたわけだが，この行動は卵をしっかりと基質に押し付けるための行動だったようである。

1-3-2 どの雄が受精をするか

では仮説 (1) と (3) では，どちらが正しいのだろうか。どうやれば調べられるだろうか。アカコリはコリドラスのなかでも最も頻繁に飼育繁殖がなされている種である。そのためもあって，アカコリのアルビノ個体 (白化個体) がシロコリとして売られている。そこで，このアルビノ個体を利用して，

受精させた雄親を調べる実験を考えた。水槽に1匹のシロコリ（アルビノ）の雌を入れ、さらにアカコリの雄（野生型）とシロコリの雄を1匹ずつ入れる。そして産卵行動を観察し、産まれた卵を育て、その子どもの色を確かめれば父親が特定できるはずである。アルビノは野生型に対し遺伝的に劣性であるため、母親がアルビノなら、子どもの体色は父親の体色をそのまま反映することになる。つまり、この実験では、子どもがアルビノなら父親はシロコリ、子どもがアカコリなら父親もアカコリということになる。我々は、雌が産卵直前に口を付けた雄が父親だろうと予想していた。この実験では、雌は9回産卵をした（表1-1）。我々の予想どおり、アカコリ雄に雌が口を付けると、そのとき産まれた子どもはアカコリ、シロコリ雄のときは子どもはシロコリになったのである。つまり口を付けた雄の精子で1回ごとの卵は受精されていたのである。この実験結果から仮説（1）は否定された。この実験ではアカコリの子ども（41匹）もシロコリの子ども（57匹）も産まれており、もし仮説（1）が正しいなら、1回に産んだ複数の卵に両タイプの子が、それに近い比率で混じるはずだからである。

ここで、我々が1回ごとの卵をどうやって区別したのかお話ししておきたい。雌は1回に数十卵を産み、ガラス壁面に一層に張り付ける。その5〜10分後には次の卵を以前の卵のすぐ横や卵の間に産み込むため、このままで

表1-1 アルビノ（A）雄と野生型雄（N）に口をつけたときのアルビノの雌が産んだ子の体色（Kohda et al., 1995より改変）

産卵順	相手雄	子どもの色*	
		アルビノ（シロコリ）	野生型（アカコリ）
1	A	12	0
2	N	1	14
3	A	12	0
4	N	0	15
5	N	0	2
6	A	5	0
7	N	0	10
8	A	25	0
9	A	2	0
合計		57	41

* 1回の産卵での子どもの数が少ないのは、未受精卵および飼育中の死亡による。

は1回ごとの卵の区別はつけられなくなる。卵は粘着性がとても強く，一度くっつくとずれることはない。そこで産み付けられた個々の卵を，そのつど水槽のガラス越しに極細のサインペンで印を付けることにした。都合のよいことに次の産卵まで5分はあるので，この間に，観察者とは違う別の一人がやってしまうのだ。次の卵は別の色のサインペンで付ける。このようしてさまざまな色の小さな点が多少入り交じり，直径にして3〜5cmほどのガラス面に散在することになる。産卵がすっかり終わってから，全卵を色別にそれぞれの卵孵化水槽へと慎重に移し替えるのだ。表1-1で1つの例外がある。これはおそらくこのときの移し間違いによると思われる。孵化仔魚は2週間も育てると，その体色はどちらのタイプなのか簡単に区別できた。

1-4　精子の行方：さまざまな実験

　アルビノ個体を用いた実験から，仮説(3)が残った。すなわち，雌が口を付けた雄の精子が，そのつどその雌のポーチにまで達しているのである。では，雄の精子はいったいどのようにして雌のポーチまでたどり着くのだろうか。よく考えてみると不思議なことだ。
　このころ研究を始めてすでに数ヵ月がたっていた。私の所属する大阪市立大学動物社会学研究室の多くの人もこの研究に興味を示しだし，口を付けられた雄の精子がどうやって雌のポーチにまで届くのか，各自各様にいろいろと考え始めた。研究室総出の様子を帯びてきたのだ。当研究室は，魚だけでなくさまざまな脊椎動物を研究対象とした人がいる。いろいろな意見があった。頭部からポーチまで雌の体表に精子が通る特殊な溝があるのではないか，との意見もあった。しかし，そのようなものは何もない。なかには口の中から肛門付近まで特殊な管が延びているのではないか，というものまであった。この中を精子が通るというのだ。しかし，このような管は発生学的に考えてまずありえないし，実際に解剖しても，そのようなものはどこにも見あたらない。
　雄の精子の到達経路について研究室の意見は大きく2つに分かれた。1つは大胆な仮説ではあるが，雌が精子を飲み込んで自分の肛門から出すというものである。肛門のすぐ後ろにある輸卵管開口部も，ちょうどポーチの上に付いている。だからこそ産み落とされた卵がうまくポーチにたまるのだ。肛

門から出された精子も効率よくポーチに放出されるという可能性は十分考えられる。コリドラスは底生動物食者であり，その腸管は短く，かつほとんど巻くことなく胃から肛門へとまっすぐつながっている。底生動物食者のドジョウは，水面の空気を飲み込み肛門から出すことが知られている。このとき腸から酸素を取り入れると考えられ，これは腸呼吸とよばれている。アカコリも腸呼吸を行った。短い腸と飲んだ空気をすぐ肛門から出すことを考えると，アカコリの雌が精子を飲み下すことも，なくもないと思われた。ただし，こんな奇妙な受精様式は魚類はもちろんのこと，どんな動物でも聞いたことがない。

　もう1つの説は，雄の総排出腔に口を付けている間に雌は精子を口に含みそれを鰓から後方に流し，精子が雌の体表もしくはその近くを伝い，ポーチに入り込んでいるというものである。腹鰭の付け根は少しは離れており，このためポーチ前方の腹部付近には三角形の小さな隙間ができていた。体表を伝ってきた精子がここから入るのだというのが「体表伝い説」派の主張であった。その中心人物は，鳥の専門家でのちに京都大学理学部に移られた山岸哲教授であった。これに対し「飲み込み説」派の代表は，私であった。鰓からポーチまでは距離があり，さらにポーチのこの狭い隙間を通って精子が入り込むとすると，この方法ではあまりにも受精の効率が悪いと私には思えた。精子が泳ぐことはあってもこのような長い距離は困難だ。「体表伝い説派」は，胃や腸を通った精子が無事でいれるわけがないと考えた。確かにこれももっともな根拠と思われる。雌は雄の総排出腔に口を付けている7秒間鰓蓋を開閉させない。飲み込み説派は，この間雌は精子を飲み込んでいると説明し，体表伝い説派は，雌は精子を口にためて7秒後一気に鰓から後方へ精子を流すのだと解釈した。さてこの2つの説，どちらが正しいのか（あるいは両方の可能性もある），それを確かめるための実験が，その後延々と続けられることになるのである。

1-4-1　プラグ実験

　まず最初にやった実験は，山岸さんの発案で，雌の腸に肛門からシリコン樹脂を入れて固め，腸内の流れを止めてしまえというものだ（図1-5）。肛門と輸卵管開口部は隣接するものの，その区別は簡単で，シリコンを間違いな

1-4 精子の行方：さまざまな実験

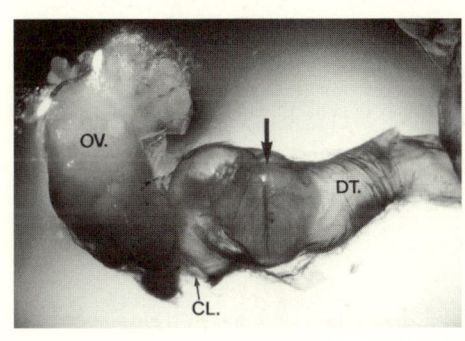

図1-5 実験に用いたアカコリ雌の腸に入れられたシリコンの塊(太い矢印)。OV：卵巣，DT：消化管（腸），CL：肛門

く肛門に入れることができる。もし精子が腸を通っているのなら，精子はうまく「浣腸」された雌の腸の中を流れないか，あるいは流れにくくなるため，産まれた卵は未受精卵になるか未受精卵が多くなるはずであるというわけだ。精子が体表を伝っているのなら，浣腸されたシリコン樹脂に何ら影響を受けないので，受精率に差はでないはずである。

「体表伝い説」派の山岸さんは，もちろん高い受精率を期待していた。私はというと，実はこの実験にはどうも気乗りがしていなかった。また腸にものを詰められた雌は産卵しないのではないかと踏んでいた。ともあれこの実験そのものは，「浣腸」しその後の受精率を見るだけであり，それほど手間もかからない。今にも産卵しそうな大きな腹の雌にシリコンが入れられ，実験がスタートした。さて，皆が見守るなかでの実験の結果やいかに？ 私の予想に反し，浣腸されても雌はちゃんと産卵したのだ。しかもその受精率は，なんと浣腸されない場合と同様に高かったのである！ この実験により研究室はぐっと「体表説」に傾いた。「飲み込み説」派だった多くの人，あろうことか実際にこの実験をやった共同研究者の学生までもが「体表説」派に取り込まれてしまった。予想どおりの結果がでた山岸さんにいたっては，もはや「体表説」が証明されたかのような勢いであった。図1-5は実験後の雌の腸内のシリコンを示している。これを見ると確かにシリコンが腸を塞いでいるように見える。しかし腸は伸縮性のかなり高い組織であり，これで精子の流れを止めたことにはならないというのが，この時点ですでに孤立し始めていた私の反論だった。この実験のような仮説検証型の研究は，ちょっとした落とし穴でも十分に気をつけなければいけな

い。場合によっては間違った結論を，時には正反対の結論を出してしまうことさえあるのだ。シリコンが腸の中の流れをさえぎったという保証はなく，私にはこれで「飲み込み説」が否定されたとは，到底思えなかった。しかし，いくら説明してもなかなか受け入れてもらえない。もう，別の方法でどちらの説が正しいのか実証するしかなかった。

1-4-2 スカート実験

そこで，次に行ったのが「スカート実験」である（図1-6）。腸内の流れを阻止しようとする「プラグ実験」に対し，こちらは雌の体表での流れをさえぎろうというわけだ。もし精子が体表を伝うなら，雌にはかせたスカートによって，ポーチまでの精子の到達が阻止されるので受精率は下がるはずだし，飲み込んでいるのなら受精率にまったく影響はないはずである。

スカートをはかせ，その後の受精率を見ればよいというこの実験，いざやるとなるとなかなかたいへんだった。まずは，スカートの生地を何にするか，から始まった。いくつかの試行錯誤の結果，水に浸したときのしなやかさからセロファン紙が選ばれた。スカートをどうやってはかせるのかも，これまた難しい。輪ゴムや糸によるベルト方式ではすぐ脱げてしまい，結局アロンアルファーで直接張り付けてとめることになった。スカートの丈は長いほど体表を伝う精子を阻止できるわけなので，はじめは尾鰭にまで達するロングスカートだった。しかし，雌はスカートが気になるようで，とても産卵どころではないようだ。泳ぐたびにスカート内の水が後ろへ押し出されるため，どうしてもスカートが体にまとわりつくのだ。そのため，

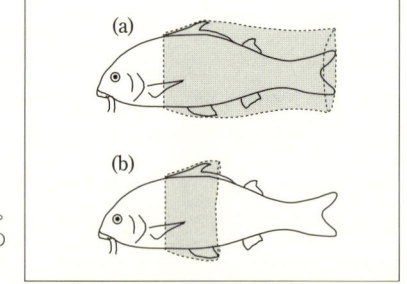

図1-6 スカートをはかされたアカコリの雌。(a) 実験初期のロングスカートと，(b) その後のミニスカート

1-4　精子の行方：さまざまな実験

雌の負担にならないようにとその丈はだんだん短くなり，ついにはポーチが見えかくれするほどの超ミニスカートにまでなった．しかし，それでも雌は産卵してくれなかった．悪戦苦闘が続いたのだが，結局アロンアルファーの白い跡が帯のように胴体にぐるりとついた雌がたくさん残った，というのが「スカート実験」の結末であった．

1-4-3　腸内精子を探せ

　もし雌が精子を飲み込んでいるなら，うまく調べれば雌の腸管から精子が出てくるはずである．たくさんの精子が雌の腸管から見つかれば，「飲み込み説」を強く支持することになる，いや決定的でさえある．雄の腹に口を付けている姿勢は上から見るとちょうどT字になるので，雌雄のこの姿勢はT-ポジションとよばれる．T-ポジション中の雌を捕まえすぐに解剖してみた．数匹の雌を犠牲にしたが，いくら探しても腸管から精子は見つからなかった．その原因は，雌を水槽から引き上げて解剖するまでにどうしても時間がかかってしまい，この間に雌が精子を腸から出してしまうためではないかと考えた．それなら，精子を確認するには，なんとかしてT-ポジション中の雌を瞬時に動けなくしてしまう必要がある．

　そこで長さ40cmほどの傘の骨をビニールテープで巻いて先だけ出したものを2本用意した．この骨には電気が流れるようになっているのだ．T-ポジション中の雌に2本の骨の先をあて，家庭用の100ボルト電気を直接流した．と同時に雌は体をブルブルっと振るわせ失神した．ねらいどおりT-ポジション中の雌の動きを瞬時に止めたのだ．それをすくって腸管を調べたのである．さあ精子が見られるはずだと思って見たのだが，いくら探しても精子は見つからない．次々にやっては見るが，見つからない．精子の調べかたが悪いのではないか，そんな意見もあり精子の染色も試みたが，それでも見つからない．

　精子が見つからないのには2つの可能性がある．腸内に精子はある（あるいはあった）のだが，何らかの理由で検出できない可能性，そして言うまでもなくもう1つは，はじめから精子はないという可能性だ．やはり精子は腸を通ることはないのだろうか，弱気になってそう思い始めることもあった．初心に戻り精子が雌の体表を伝ってポーチに入り込むことなどありえない，

と考え直しはするものの，重苦しい日々がしばらく続いた．電気ショックを与えたとき，体を硬直させた雌は精子をすっかり吐き出すか，肛門から放出するのではないか，あるいはアカコリの精子の密度はもともとかなり低いのではないか．いかにも苦しいが，これが実験失敗のぎりぎりの言いわけだった．まだ探し方が悪いのかもしれない．腸ごと組織切片にして調べるべきだ，とのもっともな意見も出てきた．しかし，切片にした組織標本は作るだけでもたいへんだし，精巣の標本ならいざ知らず，標本ができたとしても腸の中の精子を正しく特定することがそう簡単にできるとは思えなかった．時間をかけて失敗したときの自分の消耗した姿を想像するだけで，もうそこまで踏み込む気には，とてもなれなかった．

さらに，弱り目にたたり目とはこのことで，そのころまでは私はアカコリの胃は直線的であり，その両端に食道と腸が付いているとばかり思い込んでいた．直線状の胃なら飲み込んだ精子は流れやすい．しかし精子を探す際に，胃の形態をよく見てみると，胃はU字型に曲がっており，その両端に食道と腸がついていたのである．曲がりくねった胃では流れにくい．曲がった胃の形は飲み込み説にはふさわしくないように思えた．そのときはもうほとんど絶望的な気持ちだった．しかし，それでも「飲み込み説」が完全に否定されたわけではない．

初心に返り，落ちついて考えよう．キャンパス内での散歩の時間も増えた．今まで観察した，いろいろなことに思いをめぐらす．アカコリの飼育水槽には上面濾過装置がついており，そこから水が落ちている．アカコリはその水の落ち込み付近の流れの急な場所でも踏みとどまって産卵することがあった．雌の体表にも勢いよく水が流れている．そのときの卵も高い受精率をみせていたのだ．このような流れの中で十分な量の精子がポーチの狭い入口まで体表を伝うなど，どう考えてもありえない．「そうだ．やはり体表説はありえない」．誰が何といおうが，飲み込み説しかありえない．元気を取り戻すと，ふっとアイデアが浮かんだ．そして，最後の実験がまさに起死回生の一発になったのである．

1-4-4 インク滴下実験

これまでは漠然と精子を飲むと考えていたが，よく考えてみると雌が精液

1-4 精子の行方：さまざまな実験

だけを飲み込んでいるとは考えにくい。どうしても多少の水もいっしょに飲み込むだろうし，飲んだとしても受精に問題はないだろう。いやむしろ多少は周囲の水もいっしょに飲み込んでいると考えるべきだろう。このことを利用したのが「インク滴下実験」である（図1-7a）。雌が産卵を始めそうになると水槽内の水流を止め，雌が雄の総排出腔に口を付けるやいなや，長いスポイトでメチレンブルーを雌の鼻先に垂らし，その流れを見るのである。雌が周りの水もいっしょに飲み込んでいるのなら，雌の口もとに垂らされたメチレンブルーはポーチの中に放出されるはずであるし，「体表説」ならメチレンブルーも精子とともに体表を伝うだろう。はじめの2つの実験は，精子の通り道をさえぎることで流れを確認しようとしたのに対し，流れそのものを見ようというのがこの実験だ。

実はこの実験も，やってみるとそう簡単にはいかなかった。雌が雄の腹に口を付けるまさにそのとき，スポイトが魚を食べるサギの嘴さながらに，雌の目と鼻の先に突然迫りくるわけである。驚いた雌はT-ポジションをやめてしまい，そのたびに産卵行動は中断された。この実験を成功させるには，この中断をなんとしてでも乗り越えなければならない。そこでスポイトの接近や人の気配を雌になるべく感づかれないようにと，ガラスのスポイトを白いテープで巻いてメチレンブルーの青色が見えないようにし，そのうえ白手袋をはじめ全身白装束になって実験を行った。これほどまでしても，雌は産卵行動を止めてしまった。

このインク滴下は当時4回生の谷村雅世さんがやってくれた。この時点で

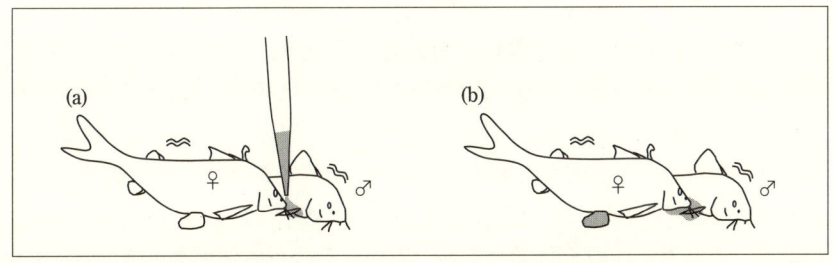

図1-7 インク滴下実験の様子。(a) T-ポジション中の雌の鼻先に垂らされたインク。(b) ポーチにインクが出た様子。鼻先に垂らしたインクは，そのまま雌の口付近に残っている（Kohda et al., 1995より改変）

は，彼女だけが「飲み込み説」を支持する唯一の仲間であった。飲み込み説を実証するには，雌を驚かさずにいかにうまくインクをその口もとに垂らすか，もはやこれしかないことを彼女は自覚していた。試行錯誤の日々が続いた。うまくT-ポジション中の雌の目の前にスポイトを近づける，ただこのためだけに彼女は何週間も努力を重ねた。そして，彼女はそのこつを徐々につかんでいった。彼女によると，そのこつとは，彼女自身の動きを最小限にし，雌にはスポイトが点にしか見えないように，その口もとめがけてまっすぐに，しかも絶妙のスピードで雌に近づけることだ。これを始めて何日もたったある日，ついにそのときがきたのだ。我々はインクの滴下に成功したのだ。

　その結果は驚くべきものだった。メチレンブルーを垂らしてから，なんと5秒後に雌のポーチは青く染まったのである！　このとき垂らしたインクの残りは，まだ雌の口もとに残っているのだ（図1-7b）。雌は口もとの水を飲み下し，ポーチに出していたのである。ポーチへのインクの出方はだらだらと流れ出るのではなくむしろ一気に噴出される，そんな出方であった。そしてポーチ内が一瞬にして青く染まった次の瞬間，卵はボロボロと産み落とされた。この実験で産み落とされた卵も高い受精率を示した。ポーチが青く染まり，雄の腹から口が離れた後，雌はその場で鰓の開閉を再開した。そのとき，鰓から吹き出されたインクは，雌の体から約30度ほどの角度で後方へ流れ去るのであり，決して体表付近を伝うことはなかったのである。鰓から出されたインクは決してポーチには届かないのだ。こつをつかんだ谷村さんの技により，その後の実験は比較的簡単に行え，実験回数は延べ22回となった。いずれも結果は同じであった。

　この実験結果は，疑問をさしはさむ余地がなく決定的である。滴下されたインクがT-ポジション中の雌の口付近にとどまっている状態でポーチにだけ現れ，しかもそのときの卵が高い受精率を示したのだ。これは，雌がその雄の精子を周りの水といっしょに飲み下し，そしてポーチに出しているとしか考えられない。雌の鰓から後ろに吐き出されるインクは，どんどんその体から離れていく。体表説では精子自身がポーチを目ざして泳ぐことも考えていたが，インクの流れを見ていると，万が一その可能性があったとしても，雌の体の斜め後方に噴き飛ばされた精子は，卵がどこにあるのかさえわからないのではないかと思われる。ポーチへの精子の到達は，雌の飲み下しでし

か起こらないといえる。インク滴下実験の結果により，ようやく研究室の全員が「飲み込み説」を承認した。

インクの滴下はすべて谷村さんがやってくれたが，いかに雌を驚かさないようにスポイトを近づけるか，それは彼女の職人芸ともいえるテクニックによるところが大きかった。雌を驚かせず，その鼻先にうまくスポイトを近づけるというそれだけをとってみると，「これが大学の研究指導か」と疑われても仕方のないようなこの技術習得は，彼女がその目的と意義を理解しているからこそできたわけだ。彼女の努力なしでは，この実験は成功しなかっただろう。初めてこの実験が成功した瞬間のことは，今でも忘れることができない。水槽の前に座り込んで実験していた2人は，ポーチが青く染まった次の瞬間，思わず互いの顔を見合わせていた。「谷村さん見たか！」，「はっ，はい。見ました！」。その後しばらくの間，2人ともその場で大はしゃぎしていたようだ。2人の大声に驚き，研究室の何人かが何事かとドアを開けて入ってきた。谷村さんの後日談では，実験後はこの1日，私は誰に何を聞かれても，ただわけもなくへらへらと笑っていたそうである。

1-5 飲み込み説の確認後

1-5-1 産卵行動の時間とタイミング

一度インクの滴下のタイミングが遅れたことがあった。このときは，ポーチへの産卵が終わったその直後にポーチが青く染まったのだ。どうやら雌は産卵の直前と直後の2回，精子を放出しているようだ。産卵直前の一度目の放出で青く染まったポーチでは，二度目のインク放出があってもポーチ内の色の変化が確認できない。うまくいったインク滴下実験では二度目の放出は確認できなかったものと思われる。

雌が精子を飲み込んでいることがわかり，いくつかの個々の産卵行動の時間やタイミングが次のように理解できるようになった。雌が雄の腹に口を付けている時間は7秒であるが，このとき雌は精子を周りの水ごと飲み込んでいるのだ。そして消化管（おそらく伸縮性の高い腸）にためた水（と精子）を一気にポーチに出している。ではなぜ7秒なのか。もし雌がそれ以上長い間水を飲み込んでいたら，精子の密度は下がるだろうし，逆に3〜4秒では十分に飲めないのだろう。おそらくこの7秒という時間が，ポーチ内の精子密

度を高く保つのに意味のある時間ではないかと思われる。今考えると，体表説派の鰓蓋を閉じて精子を口にためるとの説明では，口内の狭さを考えると7秒間は長すぎると思われる。産卵は，精子放出の直後に起こった。一般に，淡水魚での放精後の精子の生存時間，そして産み落とされた卵が受精能力をもつ時間は非常に短く，ポーチへの産卵直前直後の放精は理にかなっている。雌はポーチへ卵を産み落とした後，そのまま約1分間ほど動かず底に静止する。この約1分が精子が放出されたポーチ内での卵の受精の時間なのである。1分でほとんどの卵が受精している。

1-5-2　胃のpHは？

「精子飲み込み説」が検証されてから，それならこれはという疑問もわいてきた。精子は胃をも通るわけである。酸性度の高い胃を通っても精子には活性があるわけだ。アカコリの雌はこの点について何か工夫をしているのではないかと考え，胃のpHを測ることにした。産卵行動を始めた雌を捕まえ，口からスポイトを突っ込み，胃の中に少し蒸留水を出して，それを回収し酸性度を調べた。厳密なことはいえなかったが，産卵する雌が胃の中を中性にしているようなことはなかった。雌は鰓蓋を閉じている7秒間に精子を飲み，その後肛門から放出する。雌の消化管に滞在する時間が短いため，精子はそれほど影響を受けないのかもしれない。そのうえ，胃や腸の内容物は強い粘り気があった。消化管内の精子は実際には飲み込んだ水の中にあり，飲み込んだ水は粘性の高い胃内容物とは混じることなくそのまま一気にポーチに出されるようだ。このため精子は，胃の酸性度にも直接的な影響を受けることが少ないのかもしれない。

　ある日この実験のため雌の腹を上にして左手にもち，スポイトで口から胃へ水を入れていたとき，驚いたことに雌は肛門から水を吹き上げた。その高さは10〜20cm近くあり，私の左肩にかかったほどだ。この吹き上げは，わざと胃の中への水量を増やすことでその後何回も再現できた。雌は飲み込んだ水が腸にたまると，そのつど水鉄砲のように水を吹き上げるのだ。この吹き出しは，「インク滴下実験」の際に，雌のポーチの中が瞬間的に青く染まったことと見事に一致する。このポンプのような水の放出のため，「プラグ実験」でも精子は腸を通ったし，「腸内精子を探せ」でも，やはり飲んだ水

ごと精子が放出されたのだろう。また、後半に述べるようにアカコリ雄の1回の放精での精子量は他の魚種と比べたいへん少ないと予想される。これも精子が腸から見つからなかった一因のようだ。最初に行ったプラグ実験で、腸のシリコンが豆鉄砲のように飛び出すことはなかった。もし飛び出していたら、その後の苦労はなかったのかもしれない。

1-6 精子飲み込みとその進化

　100種を越すコリドラスのうち、アカコリと同様に産卵行動がわかっている数十種すべてにおいてT-ポジションが観察されている。そしてこれらの雌も、アカコリ同様に腹鰭をあわせて作ったポーチに産卵する (Burgess, 1987; Pruzsinszky & Ladich, 1998)。この特異な行動様式は、アカコリだけでなく他のコリドラスの雌も精子を飲み下していることを強く示している。

　なぜアカコリには、精子を飲み込んで受精させるという行動が進化してきたのだろうか。この究極要因の問いかけに対しては、室内実験は非常に弱いのである。しっかりとは答えられないものの、いくつかの推測はできる。コリドラスは腸呼吸をする。それはこの底生動物食魚の短い腸とも関係しているだろう。水面で空気を飲み込み、すぐさま肛門から出すこともある。このように流動物を飲み下し肛門からすぐに出すという能力も、精子を飲み込む行動の進化の前提条件としてあったのだろう。ナマズ類の腹鰭は腹部の後方に付いていることが多い。コリドラスの腹鰭が肛門や輸卵管開口部の近くにあることも幸いしたかもしれない。コリドラスの生息地は南米のさまざまな水域に及ぶようだ。流れの速い河川もその代表的生息地である。このような場所では、ただ精子を放出しただけでは受精の効率は悪いだろう。精子を飲み込み、狭いポーチで受精させるのは、かなり効率のよい受精様式であると思われる。しかしこのあたりは、やはり野外調査をするまでは残念ながら答えを出すことはできない。機会があれば、是非とも南米まで出向き、彼らの繁殖生態を調べたいところである。

　ともかく、アカコリの卵の受精がどのようにして起こるのかはわかった。では次に、頭を切り替えて2番目の問題、なぜアカコリでは雄が雌より小さいのか、この性的二形の問題について考えてみよう。

1-7 アカコリの成長

　野外でも，アカコリの雄は雌より小さい。性転換をしないアカコリの場合，その性的サイズ二形をもたらすのは，雌雄での成長様式そのものに違いがあるためだろうと，まずは予想される。しかし，野外で雄が雌より小さい場合，それをもたらす生態的な要因は他にもいくつか考えられる（Katano, 1998）。大きな雄が死にやすい場合，平均的に雄が雌より小さくなることもありうる。摂餌の問題で，雄が大きく育てないといったこともありうる。アカコリの体長の雌雄差がどのようして生じるのか，これをはっきりさせることはサイズ二形を考えるうえで大事なことだが，とにかく野外での実態は何もわからない。

　そこで，アカコリの雌雄で成長そのものに違いがあるのだろうと，とりあえず見当をつけ，その違いを飼育実験で調べることにした。この実験を受けもってくれたのは米林加奈子さんだ。全長35mmの未成熟のアカコリ120匹を用意し，3つの45cm水槽にそれぞれ40匹を入れ，毎日アカムシとテトラミンを二度与えた。このサイズでは，活かしたままでは雌雄の判別がまったくできない。十分な量の餌を与えた。投与してから10分後，ほとんどの個体が摂餌をやめてもまだ残るほどであった。20分後には残餌はすべて回収した。摂餌の間，個体間に喧嘩はいっさい見られなかった。また飼育中の延べ死亡数は，雌雄とも5個体と少なかった。

　実験の結果，飼育3〜6ヵ月後いずれの水槽も雌のほうが雄より大きくなった（図1-8）。この実験では，餌は有り余るほど投与されており，餌の食べつくしから起こる競争（消費型競争）は起こっていない。摂餌中でさえいっさいの干渉は起こらないことから，排他的に餌を独占することにより起こる競争（干渉型競争）もないといえる。したがって，これらの競争が雌雄のサイズ差をもたらしたのではない。同じ十分な餌条件でも，雌のほうが内在的に雄よりも成長が速かったのである。野外でもアカコリは雌のほうが雄より大きいが，雌が大きいのは雌の成長が早いからであって，大きな雄が死にやすいといった他の理由が主な原因ではなさそうだ。性成熟個体の最小全長は，雄では45mm，雌では55mmであり，小さいながらわずかながらも雄のほうが早く繁殖に参加すると思われる。

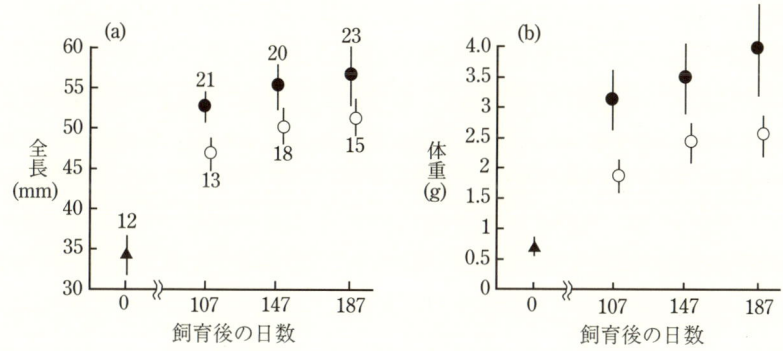

図 1-8 アカコリの成長の雌雄差。全長 (a) と体重 (b) で示す。雌 (●)，雄 (○)，実験開始時の個体 (▲)。線分は標準偏差を，数字は個体数を示す。107, 147, 187日後に固定し計測した（Kohda et al., 2002より改変）

　雄は，繁殖できるサイズになると食べる餌の量が減るのだろうか。食っても雌に比べあまり身につかないのだろうか。しかし，これらのことはどうも考えにくいように思える。雌雄で形態や摂餌行動そのものにも違いがないからだ。雄は繁殖できるサイズになると，雌よりも水槽内を活発に泳ぐことでエネルギーを消費していたのかもしれない。外見だけでは雌雄の判定が簡単にはできないこともあり，残念ながらこの雌雄での摂餌量や活動性の違いについてまでは調べられなかった。この実験では，雌雄の成長の違いがどのようにして生じたのか，その詳細は明らかにできなかったが，いずれにせよ少なくとも全長60 mmくらいまでは，雌のほうがより早く成長することははっきりした。

1-8　魚類の性的サイズ二形：究極要因

1-8-1　小さな雄と大きな雌：性転換のある場合

　ナマズ類での性転換の報告は今のところないが，雄性先熟（雄から雌へ）型の性転換をする魚種でも雄が雌より小さい。雄性先熟魚の性転換をうまく説明するのがサイズ有利性モデルである（Warner, 1975, 1984; 中園・桑村, 1987; 桑村・中嶋, 1996）（図1-9a）。このモデルは，雄性先熟の性転換は以下の条件のときに進化しうると予想する。その条件とは，小さいときは雄

であるほうが，そして大きくなってからは雌になったほうが，その個体の生涯の繁殖成功が高くなることが期待できるという状況である．この状況が最もありそうなのは，雄のサイズが小さくても大きくても繁殖成功がそれほど変わらない場合である（図1-9a）．普通，雌は大きくなればなるほど（時間あたりの）産卵数が増える．雄の繁殖成功が雄の体の大きさと関係のない状況の1つが，配偶がランダムに起こり，かつその後，雄による子どもへの投資がないというものである（雄のこの投資は体の大きさと関係のあることが多い）．ランダム配偶では，配偶が偶発的に起こるため，大きな雄でも小さな雄でも，配偶成功に差が生じない（これ以降は，雄による雌や繁殖場所の独占や，雌の配偶者選択が確認できない場合，ランダム配偶という言葉を使うことにする）．ランダム配偶が起これば，小さな雄も大きな雄も配偶成功に違いがないことになり，それならば，小さいうちは少しの卵しか産めない雌よりも雄であるほうが有利ということになり，逆に大きくなってからはたくさんの卵の産める雌のほうが有利になる（図1-9a）．

　雄性先熟魚の例としてはタイ科，コチ科，ツバメコノシロ科のそれぞれ複数の魚種，ウツボ科のハナヒゲウツボ，アカメ科の一種などがある（余吾, 1987）．やはり，これらの魚はいずれも浮性卵を産み，親が卵保護をしないという特徴をもつ．これらの魚種はおそらく乱婚であり，かつランダム配偶が起こると予想される．しかし，実はこれらの種類の多くでは，その繁殖の観察はたいへん難しく，このため雄性先熟型の性転換が起こる状況に

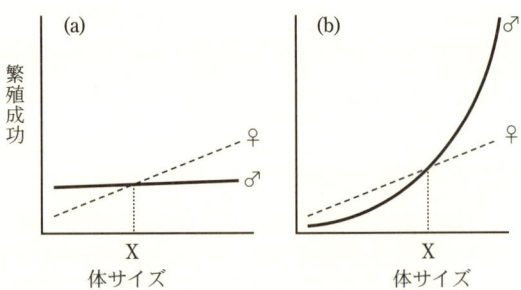

図1-9 雄性先熟型(a)，雌性先熟型(b)の性転換を説明するサイズ有利性モデル．雌のサイズと繁殖成功の関係はいずれの場合も同じだが，雄のそれが(a)と(b)で異なる．この違いが，ある大きさの雌雄の有利さの違いをもたらす．Xは性転換が起こる体サイズを示す

ついては，まだほとんどわかっていないのが実状だ（中園・桑村，1987；Kuwamura & Nakashima, 1998）。そのなかの唯一の例外は，ペアで繁殖するクマノミ類である（中園・桑村，1987；Kuwamura & Nakashima, 1998）。クマノミの場合，寄主のイソギンチャクへの定着がランダムに起こり，寄主間の移動ができないという大きな条件があるとされている。このため，クマノミでは婚姻形態は一夫一妻だが，ランダム配偶が起こっているのだ。逆にいえば，ランダム配偶が起こっていても，一夫一妻であるからこそ，クマノミの研究はやりやすいのだ。

1-8-2　小さな雄と大きな雌：性転換のない場合

　性転換しない魚類にも，雄が雌より小さい魚がいる。代表的なのは，すでに述べたナマズ類やドジョウ類である。雄が卵保護をするような種類を別とすれば，多くの種類で雌のほうが大きい。性転換をしない魚でも雌雄にサイズ差があるなら，それは雌雄の繁殖成功と大きくかかわっていることが予想される。このため，雄性先熟の性転換を説明するサイズ有利性モデルと対応させて考えることができる（図1-9a）。このモデルで考えると，雄が雌より小さい魚では，雄の繁殖成功は雄のサイズとはあまり関係がないと予想される。そのような状況をもたらすのが，やはりランダム配偶である。この場合，雄は大きくなっても繁殖成功が上がることはない。その一方で，ここでも雌の産卵数は，体が大きくなるほど多くなると考えられるので，大きくなることに有利性がある。その結果，雌は雄よりも大きくなると考えられる。そして，この仮説はすでに多くの人に受け入れられているのだ。このことは，実はダーウィン（Darwin, 1871）も気づいていたようだ。しかし，多くの雄性先熟魚の場合と同様，繁殖に関与する各雄の受精成功の評価が難しいため，性転換をしない魚類でも，雄が雌より小さいという性的サイズ二形が生じた進化的な理由を，適応度の観点で厳密に確かめた研究はないのである。

　なぜ受精成功の評価が難しいのか。ランダム配偶の場合，多くは乱婚的であり，複数の雌雄での放卵放精や，1匹の雌に対し複数の雄の放精が同時に起こる。このため，誰の精子がどのくらい受精に関与したのか，その確認が極めて難しいのだ。唯一乱婚の魚類で雄の受精成功の報告があるのが，一年魚でトウゴロウイワシの仲間タイセイヨウシルバーサイド *Menidia menidia*

である(Conover, 1984; Conover & Heins, 1987)。この魚は乱婚的な集団産卵，つまりランダム配偶をする。Conoverらは，雌は体が大きいほど産卵数が増えるのに対し，雄は小さくても大きくても繁殖成功にはあまり違いがないらしいと報告した。この魚では，やはり雌のほうが雄より大きいのだ。

　この魚は水温による環境性決定の例として有名だ。子どもは低水温下では雌に，高水温下では雄になることが実験的に確認されている。この魚の繁殖期は長く，春先から秋まで続く。水温の低い春生まれの個体は雌になり，翌年の繁殖までの時間が長いため大きく成長する。これに対し，水温の高い夏生まれの個体は雄になるが，繁殖までの成長期間が短く大きくなれない。このため，この水温依存の性決定様式は理にかなっているといえる（余談だが，この温度性決定機構は複数の淡水魚でも知られているが，その究極要因はまだまったく解明されていない）。よく研究されているタイセイヨウシルバーサイドであるが，ここでさえも，雄のサイズと繁殖成功の間に正の相関がないとの報告は，あくまでいくつかの状況証拠からの推測にすぎず，実証されたわけではないのである。

1-8-3　雄が大きな魚

　魚類には雄が雌より大きい種類も数多い(Andersson, 1994)。そのなかには，雌性先熟（雌から雄へ）型の性転換魚も含まれる。代表的なものはサンゴ礁にすむベラやヤッコの仲間をはじめとする，ハレム制などの一夫多妻のサンゴ礁魚である。このような状況下での雌性先熟の性転換をうまく説明するのが，やはりサイズ有利性モデルである（図1-9b）。ハレムをもてた雄はその中の雌の卵の受精を独り占めすることができるので，その繁殖成功は極めて大きくなる。そのため，雄はハレムの所有をめぐって激しい競争関係になり，大型の優位な雄しかハレムをもてないことになるわけだ。この激しい雄間競争のため，小さな雄はハレムをもてないので，雄のままでは繁殖に参加することができない。そこでは小さいときは雌として繁殖に参加し，ハレムをもてる大きなサイズになったときに雄になると，その生涯繁殖成功を最大にすることができると考えられている。

　大きな雄しかハレムをもてないことは，性転換をしない魚類の場合にもあてはまる。例えば性転換をしないタンガニイカ湖のシクリッドなどでも，雄

がハレムをもつ魚種はやはり雄が雌よりかなり大きいのだ。これらの魚では多くの場合産卵が雌雄1対で起こるため、雄の繁殖成功は調べやすく、かつなわばりをもつなど定住性が強いため長期間の追跡観察が可能である。ハレムをもった大きな雄が、大きな繁殖成功を上げることを確認した研究例は数多い。

1-9　アカコリ雄の繁殖成功

　サイズ有利性モデルに基づいて考えると、アカコリで雌より小さい雄が進化してきた理由、つまり究極要因は、次のように予想される。雄の繁殖成功はそのサイズとは関係がないこと、一方、雌の繁殖成功は、体が大きくなるほど高くなることである。つまり、この究極要因を検証するには、繁殖成功と体サイズの関係を雌雄それぞれで調べなければならないことになる。

　アカコリの雌は雄の精子を吸い、飲み下してその精子でそのつど卵を受精させていた。複数の雄が同時に繁殖に参加する場合、この受精様式が雄たちの繁殖成功を調べるうえで大きな利点になる。というのは、すでに述べたように1匹の雌に対し多くの雄が繁殖に参加する場合は、複数の雄が同時に放精するため、どの雄の精子でどのくらい受精が起こったのかを確かめることがたいへん難しいからである。ペアで産卵する魚でも、スニーカー雄がペアに割り込んで放精する場合では、それぞれの雄がどのくらい受精に成功しているかを確かめるのは難しい。ところがコリドラスの場合、雌が毎回1匹の雄の精子を吸うので、一連の産卵で複数の雄と配偶してもどの雄がどれだけ受精に成功したかが把握できる。そのうえ、雄が産卵雌のポーチ近くで放精するといったスニーキング行動もまったくない。このため産卵行動を観察し、どの雄が雌に何回口をつけられたのか（配偶できたのか）、さらにそのとき雌は何卵を産んで何卵が受精したのかを調べれば、雄の受精への寄与が確実におさえられるのである。このように乱婚の魚で、雄の繁殖成功が調べられる種類という点でコリドラスは優れた研究材料といえる。実はだからこそ、コリドラスを選んだのだし、そのためどのようにして受精が起こるのかも、なんとしてでも確かめたかったのだ。性転換の有無にかかわらず、雄が雌より小さくかつ乱婚的な魚類で、雄の繁殖成功を詳しく調べた研究はこれまでにないことは、すでに述べたとおりである。

1-9-1 実験設定

　ではアカコリで，大きな雄と小さな雄の繁殖成功に差があるのだろうか。これを調べるために，45cm実験水槽に産卵しそうな雌と大小それぞれ1匹ずつの雄の計3匹を入れ，産卵行動を観察することにした。なぜもっと大きな水槽にしなかったのかとの意見も聞こえてきそうだ。飼育実験はなるべく自然状態に近づけるべきで，飼育設備での影響がないに越したことはない。しかし，もっと大きな水槽では，なにせ眼が悪いアカコリの雄はいったん雌からはぐれると，かなり長時間探し回っても雌を見つけられないという状況がしばしば起こった。この点，45cm水槽では，雌にはぐれた雄もそんなにロスタイムがなく雌に再会できた。このため45cm水槽を採用した。この水槽でも，より大きな水槽と比べ雌雄の産卵行動そのものに違いがあるようには見えなかった。この観察を主にしたのは，中村美弥子さんだ。雄を個体識別し，彼らの行動を延べ40時間にもわたり秒単位で記録した。やり遂げた彼女もすごいが，野外で見ていたのではこうはいかなかっただろう。

1-9-2 雄間競争

　多くの魚では繁殖の際，雌をめぐって雄どうしでの闘争，つまり雄間競争が起こる。しかし何百例という配偶行動の観察でも，アカコリの雄間に喧嘩はまったく見られなかった。雌の前で横腹を見せて求愛する雄に別の雄が割り込むことや，雄どうしが勢い余ってぶつかることはあった。しかし，これらは激しい求愛活動の結果であり，明らかに攻撃行動ではない。

　魚類では高密度になると攻撃性が見られなくなる例が多い。有名なところはアユで，密度が低いとなわばりをつくって他の同種個体を攻撃するが，高密度下ではなわばりは放棄される。しかし，アカコリでは，実験水槽の場合よりももっと密度の低い状態にして観察してもいっさい喧嘩は見られなかった。アカコリの雄は，喧嘩をするということを知らないのではないか，そう思えるくらい平和な魚だった。

1-9-3 配偶成功の高い雄

　いったん産卵が始まると，雄は雌をひっきりなしに追いかけ，雌の前で脇

1-9 アカコリ雄の繁殖成功

腹を見せ求愛を試みた。1回の産卵と次の産卵の間の5～10分の間に，両雄あわせて平均9回ほどの求愛誇示が見られたが，雌はそれらをことごとく無視し，次に産卵するときに求愛してきた雄の精子を吸った。さて，アカコリの大きな雄と小さな雄の間に配偶成功の差はあるのだろうか。モデルからは，この差はないだろうと予想される。観察の結果，やはり大きな雄が，あるいは逆に小さな雄がより多く配偶するということはなかったのである（図1-10）。しかし，配偶回数だけで繁殖成功の高さを判定するには少し無理がある。大きい雄が相手の場合，雌はより多くの卵を産んでいるかもしれないし，また受精率が小型の雄に比べ大きな雄のほうが高いかもしれないからだ。そこでこれらを検討したが，1回の産卵数は，大きな雄と小さな雄の間に違いはなかった（表1-2）。また受精率も，大きな雄と小さな雄の間に差はなく，ともに高かった。求愛してくる雄ならどんな雄でも十分高い受精率を得られるためか，雌は相手の雄の大きさで産卵数を変えることはないのだろう。

　この実験から，アカコリの雄では，繁殖できるサイズであれば体の大きさと配偶成功，さらに受精成功の間に関係はないことが明らかとなった。雄が子の保護をする種では，保護の善し悪しもその雄の繁殖成功に関係する。アカコリの雄が繁殖にかかわるのは，精子を吸ってもらうまでである。このため受精成功を繁殖成功とみなしても，そう問題はないだろう。アカコリの雄では体の大きさは，雄自身の繁殖成功に貢献していないといえる。図1-10を見ると体長に関係なく，より多く配偶できる雄とそうでない雄がいることがわかる。ではより多く配偶できる雄，できない雄にはどのような違いがあるのだろうか。

　魚では体色や鰭の形状に性的二形のあるものが多い。これらの種では，鮮やかな色や長い鰭をもつ雄ほど，雌に好まれることが知られている（狩野，1996）。アカコリでは，体色や鰭の長さに雌雄間での差異は認められない。婚姻色が出ることもない。さらに実験に用いたアカコリの雄間にも，いくら探しても大きさ以外には体色や形質の差異は認められなかった（Kohda et al., 2002）。アカコリ雄の繁殖成功の変異は，雄のもつこれらの形質が原因ではなさそうだ。では何が違うのだろう。

　アカコリの雄は雌に頻繁に求愛をしていた。そこで実験した2匹の雄の組み合せで，より頻繁に求愛した雄とそうでない雄に分けてみた。すると求愛

頻度の多い雄ほどより多く配偶していることがわかった（図1-11）。ここでも求愛頻度の高い雄と低い雄の間には1回ごとの産卵数に差はなく，その受精率にも差はなかった（表1-2）。つまり，体長に関係なく，求愛頻度の高い雄の繁殖成功が高かったのである。アカコリの雄にとって繁殖成功を上げるには，雌に頻繁に求愛することこそが大事であるといえる。求愛誇示は

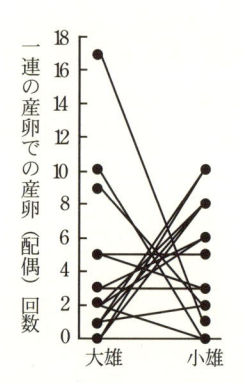

図1-10 大きな雄と小さな雄での配偶成功の実験結果。配偶回数は，雄の大きさとは関係ない（Kohda et al., 2002より改変）

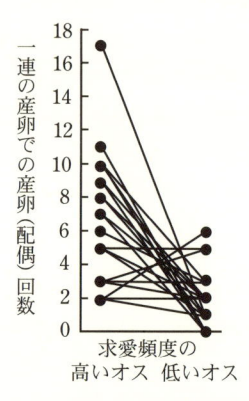

図1-11 求愛頻度の高い雄と低い雄での配偶成功。求愛頻度の高い雄の配偶成功が高い（Kohda et al., 2002より改変）

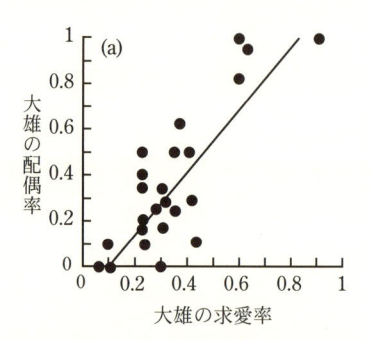

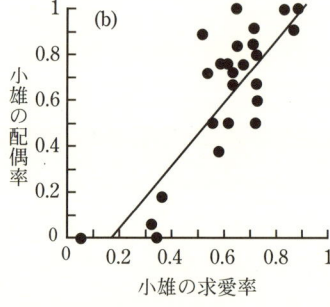

図1-12 雄の求愛頻度と配偶頻度の関係。(a) 大きな雄の場合。横軸には大きいほうの雄の求愛率（大雄の延べ求愛数/小雄と大雄の合計求愛数）がとってある。縦軸には大きいほうの雄の配偶率（大雄の配偶回数/小雄と大雄の延べ配偶回数）がとってある。(b) 小さな雄で見た場合。横軸には小さい雄の求愛率，縦軸には配偶率がとってある。相対的な配偶数の多さは，雄のサイズには関係なく，求愛の多さと比例関係にあることがわかる（Kohda et al., 2002より改変）

雄が雌の前に回り込んだときにしか行えない。求愛しても雌はたいてい雄を無視して離れていく。求愛誇示を頻繁に行うためには，雄は雌の前に長い時間何回もとどまらなければならず，このため雌を追いかけ（追尾），見失っては探し回りと，水槽中を泳ぎ回ることになる。元気な雄は雌を探し回り，雌に追いついたら求愛したりと，とにかくよく動く。配偶できた雄は，求愛の時間や頻度が高いだけでなく，追尾頻度やその時間も長いのだ（表1-3）。

　雄の求愛頻度の割合と配偶頻度の関係をより詳細に見てみよう。すると雄の体長の組み合わせに関係なく，求愛の割合が多ければ多いほど，雄はそれに応じて雌とより多く配偶できることが明らかとなった（図1-12）。体の大きなほうの雄で見ると，1回の実験に用いた2匹の雄の全求愛数のうち，

表1-2 配偶実験での，(a) 小型と大型雄，(b) 求愛頻度の低い雄と高い雄，との間でのクラッチサイズと受精率（%）の差異（Kohda et al., 2002より改変）*

(a) 雄の体長	小型	大型	p^{**}
クラッチサイズ	28.7 ± 7.0	26.5 ± 9.9	0.29
受精率	87.9 ± 15.9	88.9 ± 11.7	0.89
(b) 雄の求愛頻度	低い	高い	
クラッチサイズ	26.2 ± 9.8	29.0 ± 7.2	0.14
受精率	88.5 ± 11.7	87.1 ± 17.5	0.99

　* 標本数は8，雄の全長幅は52〜61mm，平均全長差は3.5mm。
＊＊ Wilcoxon符号化順位検定。

表1-3 配偶実験での，1回の産卵で求愛に配偶した雄としなかった雄での追尾と求愛。時間（秒/分）と頻度で比較している。配偶に成功した場合のほうが，求愛と追尾とも，その時間も頻度も大きい（Kohda et al., 2002より改変）*

	配偶雄	失敗雄	p^{**}
求愛			
時間	2.07 ± 1.72	0.94 ± 1.13	＜0.001
頻度	0.76 ± 0.51	0.38 ± 0.52	＜0.001
追尾			
時間	11.6 ± 5.58	8.61 ± 5.50	＜0.001
頻度	2.39 ± 1.00	1.79 ± 0.97	＜0.001

　* 全観察数227例で比較。
＊＊ Wilcoxon符号化順位検定。

その求愛の比率が高いほどその雄の配偶の比率も高くなっていった（図1-12a）。その逆も真で、小さい雄でもその求愛の割合が高いほど、その配偶比率は高くなっていったのである（図1-12b）。つまり、アカコリの雄は、体の大きさに関係なく、求愛すればするほどその繁殖成功は高くなるといえる。

1-9-4　配偶者選択

　いくつかの魚種では、雌が何匹かの雄の中から求愛頻度の高い雄や求愛ダンスの持続性の高いような雄を選択的に選んでいることが知られている（狩野, 1996）。アカコリでは求愛頻度の高い雄がよく配偶していたが、雌は求愛頻度の高い雄を選んでいるのだろうか。もし雌が求愛頻度の高い雄、あるいはそれに関連する形質をもつ雄（例えば体調のよい雄）を好んで選ぶのであれば、その選択は求愛頻度の相対的に高い雄のみに大きく偏ってもよさそうだ。しかし、アカコリ雌の場合そのようなことはなく、2匹の雄の相対的な求愛頻度と配偶成功は、ほぼ比例関係にある（図1-12）。つまり、雌は求愛頻度の低い雄とも低いなりに配偶しているのである。この求愛頻度の高いほうの雄に大きく偏って雌は配偶しているわけではないという結果は、雌が求愛頻度の高い雄を選択的に選んでいるとの考えを支持しないようにみえる。

　むしろ、雌は特定の雄を選ぶのではなく、吸精の衝動が高まったとき、たまたま腹を見せた雄の精子を吸うのだと考えると、アカコリでの配偶関係の説明ができそうだ。雌が求愛している雄とランダムに配偶するなら、図1-12の結果になるのである。雌は精子を吸うまで何回もの雄の求愛を無視した。その際、文字どおり無視するのであって、雄を押して雄体重を推し量るとか、精子を吸うのをじらして雄の反応をうかがうなどといった行動はない。精子を吸う場合も、それこそ何の前触れもなく突然吸い始める。雌が配偶者選択をする魚では、雌自身がいくつかの雄を訪れ、雄や雄のもつ資源を査定しているな、と思わせる行動を確かに示すようだ。私自身の研究例を述べると、南日本の岩礁域に生息し終年にわたり摂餌なわばりをもつセダカスズメダイ *Stegastes altus* では、雌は巣の中にすでに産み付けられている卵の状態を主な基準にして産卵相手を決める。雌は産卵直前に平均3.5個（最大7巣）の雄の巣を自ら訪れ、個々の巣の中に入り、そして巣の中の様子をうかがうのである（Kohda, 未発表資料）。セダカスズメダイの雌は、新しい卵塊があり、そ

の横に産卵できるスペースのある巣を好む．そうして産んだ卵の生存率は，高くなるのだ．同属のクロソラスズメダイ S. nigricans やバイカラーダムゼルフィッシュ S. partitus では，雌は雄の求愛ダンスを見て，その頻度の高い雄を産卵相手として選ぶ．求愛頻度の高い雄が世話する卵は，生存率が高いのだ (Knapp & Kovach, 1991; 狩野, 1996)．この2種では，雌は求愛ダンスの善し悪しで，雄の保護能力を査定しているのだ．

アカコリの雌には，雄に近寄っていくなど雄を選ぶような行動そのものもなく，雌が雄を評価しているとはとても思えない．また雌も雄同様に視力が悪く，雄を個別に識別しているような気配もないし，そもそも10 cmも離れてしまうともう相手が見えない．一般に「ない」ことを証明するのは，「ある」ことの証明に比べてはるかに難しい．ここでも，できるだけのことは検討してみたが，アカコリの雌の配偶者選択を示す資料は得られなかった，としか厳密にはいえない．アカコリ雌の配偶者選択がないとは断言できないにせよ，たとえあったとしても，それはほとんど意味をもたない程度だろう．したがって，アカコリの雄が，こうも頻繁に雌に求愛するのは，配偶相手を自分に決めてもらうために求愛行動を雌にするのではなく，精子を吸ってもらうチャンスを増やすためだけのようだといえそうである．

1-9-5 雄の求愛戦術

雌が配偶の衝動が高まったときに求愛してきた雄の精子を吸っているのなら，雄は吸精直前により頻繁に求愛しているかもしれない．もし雄が雌の気持ちをわかっていれば，である．しかし，そのような傾向は認められなかった (幸田ほか，未発表資料)．雌の吸精直前ほど，雄の求愛が熱心になるということもなかった．それどころか，雄はポーチに卵を入れ底でじっとしている雌に対しても求愛する．その頻度は，それ以外のときと変わりがないのだ (幸田ほか，未発表資料)．雌は動かずにじっとしているので，求愛時間が長くなることもあった．むろん，こんなときに雌が精子を吸うわけがない．どうやら雄は，雌の気持ちどころか，雌が何をしているのかさえもわかっていないようである．雄は雌がいつ精子を吸ってくれるのかがわかっておらず，求愛できるチャンスがあればとにかく雌に横腹を見せる，どうもこれが雄のやり方のように思われる．

1-9-6 より求愛する雄とは

アカコリの雄にとって繁殖成功を上げるのに，大事なことはただ1つ，より頻繁に雌に求愛することである。では，なぜ求愛誇示を頻繁にする雄としない雄がいるのだろうか。残念ながらこれについては調べなかった。しかし，おそらくこれは雄の体調と関係があると思われる。実験に使った雄には明らかな病気や外部寄生虫は見られなかった。多くの魚類では，繁殖が続くと雄の体調が悪化することが知られている（具体的には肝臓重量や蓄積している脂肪量の減少）。もしコリドラスの雄で求愛を頻繁にする雄としない雄の太り具合や肝臓重量を調べたら，求愛頻度の高い雄ほど体調のよいことが示せただろう，と私は思っている。実はこの実験では，すぐに繁殖できる個体をということで，養殖業者に大型個体を注文した［シンガポールの養殖業者は雌雄の区別なく（できなく？）大型個体を中心に送ってくれた］。そのため，10匹のうち9匹までもが雌であった。そこでやむをえず数少ない雄を繰り返し繁殖実験に使うことになった。普段はのんびりとしている雄だが，繁殖となると産卵開始からその終了までの1〜2時間，雌を追い求め水槽中を激しく泳ぎ回る。このため，雄の求愛にかかるエネルギーは相当なものだと思われる。実際，連続して何匹かの雌と配偶をさせると，雄の活力が低下したことがあった。雄の体調は，殺さなくても（体重）/（体長）^{3}の値でも評価できる。にもかかわらずそれをしなかったことは，今から思うと本当に迂闊だった。

1-10 精巣の大きさと体の大きさ

1-10-1 アカコリの精巣

成長実験で用いたアカコリから，雄と雌での生殖腺指数を見てみた。アカコリの雄の精巣は実に小さい。魚類の精巣の大きさは精子競争の有無や程度とも大きく関係することが知られている（Warner & Harlan, 1982; Birkhead, 1996; Stockley et al., 1997; Birkhead & Møller, 1998）。精子競争とは複数の雄由来の精子が，卵の受精をめぐって競争することである。例えば1匹の雌の産んだ卵に，複数の雄が放精する場合や，スニーキングが起こる場合に精子競争が起こる。このとき，多く精子を出した雄ほど受精させた卵数が多くなると期待できる。精子競争の程度は，魚種によって強いものも弱いものもあ

り，Stockleyら（1997）は，その程度を6段階に分類した．彼らは，精子競争の程度が高い種の雄ほど生殖腺指数［(生殖腺重量/体重)×100］が大きいことや，1回に放出される精子の量も多いことを見い出した．生殖腺指数は体重に占める生殖腺の重さの比率であるため，この指数は体サイズの異なる魚種の間で比較することができる．例えば乱婚的集団産卵をするコイの生殖腺指数は7，やはり複数の雄が1匹の雌の卵を同時に受精させるボラでは12，スニーカーが高い頻度で存在するニジマスでは10とその値も大きいのである（Stockley et al., 1997）．

これらのグループの魚とは異なり，アカコリの雌は1回の吸精で1匹の雄から精子を吸うので，卵は1匹の雄の精子のみで受精する．このためアカコリでは精子競争は起こらず，Stockleyらの分類ではその程度は最下位に分類されるだろう．精子競争の心配のないアカコリの雄は受精に必要な量の精子を出せばそれでよいわけである．さらにアカコリでは，受精は雌の腹鰭のポーチの中で起こるため，水中に放卵放精をする魚に比べわずかな量の精子でも効率のよい受精が期待できそうだ．これらのことを反映して，実際アカコリの雄の精巣は魚類の中でも最も小さく，その生殖腺指数は0.65しかないのである．この値は，Stockleyらのいう精子競争の程度が最も低いランク，雌雄がペアで産卵する一夫一妻魚で，かつスニーカー雄が存在しない種の値とほぼ同じである．

さて，アカコリ雌の卵巣の話を忘れてはいけない．アカコリ雌の生殖腺指数は，雄よりはるかに大きくその生殖腺指数は22.7，精巣の30倍以上もあるのだ．雌の産卵数は体長が大きくなるにつれて指数関数的に増加した．このため，多くの魚類同様，大きな体サイズはアカコリ雌にとって繁殖上有利なのだと思われる．

1-10-2　魚類の精巣重量と体長

アカコリでは雄が雌よりかなり小さかったが，同じくランダム配偶が予想されるコイやボラでは雌雄間での体長差はほとんどない．どうしてだろうか．これらの魚，例えばコイでは雄の精巣の体積は卵巣に匹敵するほどの大きさなのだ（幸田，未発表資料）．コイの精巣の大きさは体長と比例する．複数の雄が同時に放精するコイやボラでは激しい精子競争が起こる．大きな雄ほど

大きな精巣をもて，より多くの精子を出すことができるため，大きな精巣をもつ雄ほど高い繁殖成功が得られることが予想される。この激しい精子競争のため，小さな雄より大きなサイズの雄のほうが受精のうえで有利となることが考えられる。このような精子競争のために，コイやボラの雄では，雄の大きなサイズが有利になり，雌と同じくらいの体サイズになっているのかもしれない。もちろん，ランダム配偶をする種類でも個体の生存上の有利さ，つまり自然淘汰のため雌雄の大きさに違いがないという種類もあるだろう。この場合は，もし精子競争が弱いのなら，体サイズは雌雄で差がなくとも精巣と卵巣の重さには大きな違いが見られるはずである。

　私はコイやボラといった魚では強い精子競争のため，精巣も卵巣なみに大きくなり，その結果雌雄の体サイズに差が見られないのではないかと考えている。しかし，まだこれは「仮説」であり，うまく工夫した実験設定を考案し実証すべき類のものである。また Stockley et al. (1997) にならって，ランダム配偶が期待できる魚種の中から文献探索し，精子競争の程度と，雌雄の生殖腺指数，そして雌雄の性的サイズ二形を種間比較すると面白いかもしれない。ランダム配偶が起こり，体サイズに自然淘汰の制約があまりない魚種でなら，精子競争の程度と性的サイズ二形の程度には負の関係が予想される。つまり，精子競争の程度が弱いほど雄は雌より小さくなると予想される。ついでにもっと風呂敷を広げると，雄性先熟する魚類では，精子競争の程度はそれほど大きくないのかもしれない。というのは，精子競争の程度が高く，雄の大きな精巣が有利となれば，雌雄の体長差の意味がそれほどなくなり，性転換の有利さがなくなるからである。

　いずれにしても，精子競争における雄の大きな体サイズによる有利性は，アカコリの雄には無関係である。アカコリでは大きな精巣が必要ないからである。そしてその分，アカコリでの雌が大きい性的サイズ二形が，ランダム配偶する魚種の中でも顕著となっていると思われる。

1-11 性的サイズ二形のシナリオ

1-11-1 アカコリ

　アカコリの性的サイズ二形について簡単に要約しよう。アカコリの雄には雄間競争がなく，この点で雄にとって大きなサイズに有利さはない。雌が大

きな雄を好むこともない。このような状況下では，雄は性成熟する大きさに達したら，体をさらに大きくするよりも，雌の探索や求愛活動にエネルギーをまわしたほうが，繁殖成功をより高められる。また精子競争がないため，大きな精巣もそれほど重要ではなく，この点でも大きなサイズに有利さはない。一方，雌はサイズが大きいほど，多くの魚種同様に1回の産卵量は大きく増加した。このため，雌には成長に投資する価値があるのだろう。この雌雄での繁殖に対する体長のもつ意味の差異が，本種の性的サイズ二形をもたらしたと考えられる (Kohda et al., 2002)。

　理論的には，雌が大きいという性的サイズ二形をもたらす要因はまだほかにもある。雄や繁殖資源をめぐっての雌間の競争が激しい場合，雌の大きなサイズが選択されてくるだろう。雄が大きな雌を好む場合も大きな雌が生じるだろう。これらについても検証したかったが，なにせ2匹以上の雌が同時に産卵モードに入ることが少なく，このため雌どうしで争わせることもできないし，また雄の雌選択実験も行うことができなかった。しかし，アカコリの場合，雄をめぐって雌間で競争する状況はあまり考えられない。成長実験に用いた個体は，業者により繁殖された個体ではあるが，これらの幼魚に性比の偏りは見られなかった。おそらく野外でも性比にそう大きな偏りはないのだろう。繁殖実験では1回産卵した雌が，アカムシやイトミミズというごちそうを鱈腹食べても次の産卵まで少なくとも10日はかかった。しかし，雄は元気でさえあれば，次の日にでも別の雌が産卵を始めると積極的に求愛した。次の繁殖までにかかる時間で表す潜在的繁殖速度は，野外でも雄のほうがはるかに速いと思われる。このため，性比にも大きな偏りがないとすると実効性比は雄に大きく偏ることになり，雌が雄をめぐり争うという状況はなさそうだと考えられる。数少ない繁殖可能な雄をめぐって雌が争うことは，いくつかの種で報告されている。これらはいずれも雄が卵の保護を長期間行うため，その結果繁殖できる雄が不足してくる状況下で起こっている (奥田，2001)。アカコリの雄は精子を吸ってもらうだけであり，卵の保護はしないのである。

　さて，雌は産卵場所をめぐって争うのだろうか。雌は野外では石や水草など基質があれば何でも産卵場所にしてしまうようだ (Burgess, 1987)。産卵場所は何ら特殊なものではなく，産卵場所が不足しているとは思えない。し

たがって，産卵場所という資源をめぐっての雌の競争は考えにくい。また，雄が大きな雌を好むことが，アカコリ雌の大きなサイズをもたらす可能性は考えにくい。アカコリでは1回の産卵での卵数は大型雌ほど多くなる傾向はあった。トゲウオの仲間などいくつかの種で雌が多い場合，雄はより大きな雌を好むことが知られている。これらの種の場合でも，必ずしも雌のほうが大きいわけではない。アカコリで雄が大きな雌を好むことがもしあったとしても，それが雌を大きくする選択要因であるとは思えない。

1-11-2 ナマズやドジョウの性的サイズ二形

　この研究の目的の1つは，なぜアカコリでは雄が雌よりも小さいかを明らかにすることであった。振り返ってみると，この研究目的にとってアカコリは，ランダム配偶が起こっているにもかかわらず，産卵回数も多く，かつ個々の雄の繁殖成功が測定できるという極めてすぐれた研究材料であった。複数の雄が同時に放精する種類ではこうはいかない。

　アカコリ以外のコリドラスでも同じような理由でこの性的サイズ二形が生じているのだろうか。飼育下での繁殖実験，しかも1種類の研究をしただけではあるが，あえていうと私はそうだろうと思っている。コリドラスの仲間はみな雄が雌より小さい。彼らの繁殖行動もT-ポジションをはじめ，アカコリの行動と極めてよく似ており，ランダム配偶が強く予想され，その性的サイズ二形はおそらくアカコリの場合と同じ理由で生じたものと思われる。アカコリでは，大きな雄が有利となる激しい雄間競争がない，雌が大きな雄を好むこともない，そして精子競争も，雄による子の保護もない。そして，私はコリドラスに限らず雄が雌より小さいナマズやドジョウの仲間の多くは，多少の違いはあれアカコリと同じ条件を満たしているのではないかと考えている。

1-12　おわりに

　この研究は飼育実験下とはいえ，ランダム配偶をともなう乱婚の魚類で，雄の繁殖成功を量的におさえたおそらく初めての研究である。私は原産地の南米の河川で生活するアカコリを見たことがない。彼らの繁殖を想像するに，池や小川で産卵を始めた雌を多くの雄が追いかけ回していることだろう。雄

は決まったなわばりをもたず，広い範囲をあちらこちらとせわしなく泳ぎ回っているのだろう。もしこのような状況なら，野外で雄の繁殖成功を，個体識別したうえで長期間調べるのは非常に難しいだろう。1回の産卵数の把握もできないだろう。コリドラスのように，雄が広範囲を泳ぎ回るような魚の場合は，飼育条件をコントロールした水槽観察のほうが，むしろ向いていたのかもしれない。このことはアカコリの受精様式の解明についても同じである。野外観察だけでは，その受精様式はいつまでたってもわからなかっただろう。

さて，アカコリで雄が雌より小さい性的サイズ二形が進化した理由はサイズ有利性モデルにそって考える限りでは，ほぼ明らかになったのではないかと思われる。私はこれに代わる説明は，おそらくないのではないかと思っている。アカコリは，性転換をしない魚である，と話を進めてきたが，サイズ有利性モデルからすると，アカコリは雄性先熟の性転換をしてもよさそうに思える。もし，何らかの理由で大きくなってしまった雄がいたとしたら，雄でいるよりも雌になったほうが，その繁殖成功は高くなると思われる。アカコリは水槽条件下では6年以上も生きるのだ。大きくなってしまった雄は，どうして性転換しないのだろうか。何か性転換できない理由があるのかもしれない。けれど，よく考えてみると，アカコリが性転換しないことを，誰もきちんとは確認していないのだ。ひょっとすると性転換しているのかもしれない。また調べるべきことが出てきたようだ。繁殖行動から雄であることを確認した個体を，気長に飼って大きく育て，それに若い雄と配偶させる，あるいは生殖腺を調べるというところだろうか。

本シリーズは，野外調査での話題が多い。動物がなぜそのような行動をするのか，なぜそのような形質をもっているのかを理解しようとするなら，野外での調査は不可欠だ。そもそも，野外での調査自身が楽しい。しかし，この一連のアカコリの飼育下での実験で，飼育実験も捨てたものではないこと，それどころか飼育実験でしかできないこともあること，工夫すればかなり面白い研究ができることがわかっていただけたのではないだろうか。魚類の種数は2万をはるかに越え，脊椎動物の中で最も多い。繁殖行動の多様さでは，魚類を上まわる分類群はないだろう。きっと思いもしなかったような面白い研究材料はまだまだある。材料が同じでも観点を変えることで面白くなるテ

ーマもきっとある。やればやるほど疑問が膨らむこともある。そして，ここで紹介したように小型の魚類は陸上脊椎動物に比べても飼育にたいへん向いているし，解剖も哺乳類や小鳥と比べさほど抵抗もない。続けて次章のヨコスジカジカの興味深い飼育実験研究の話を読んで，魚類を使った飼育実験を是非やってみたいという方が出てくることを期待している。

2 カジカ類の繁殖行動と精子多型

(早川 洋一)

　カジカの仲間には受精するための精子と受精能力をなくした精子を作るものがいる。受精しないのに精子？　いったい何のために？　この不可解な，疑問のつきない現象を北の海で探った。本章では，ヨコスジカジカの受精しない精子が作られるプロセスと機能を紹介しよう。

2-1　ヨコスジカジカ─漁師の嫌われ者─

　街を歩けば寿司屋が建ち並び，休日のスーパーで鮮魚売り場がにぎわっているのを見ると，あまり食べなくなったといわれて久しいけれど，日本人はやはり魚が好きなのだなぁと思う。筆者自身，魚を食べるのは大好きだ。刺身，干物，焼き魚，煮魚，鍋物など，四季を通じて飽きることがない。また魚は「身」だけでなく「卵」も楽しむことができる。例えば正月にはニシンの卵をカズノコとして食べるし，サケの卵は塩漬けや醤油漬けのイクラとなって食卓にあがる。それから，おにぎりの具にはタラコも欠かせない。このタラコの「タラ」であるスケソウダラは，身の部分もカマボコやチクワの原料となるなど重要な水産資源だ。本研究の主な舞台となった北海道大学水産学部附属(現同大学北方生物圏フィールド科学センター)臼尻水産実験所は，北海道南部の函館にほど近い南茅部町という漁師町にあって，この地方でのスケソウダラの漁期は毎年10月ころから始まる。このころ漁師たちは稼ぎどきとばかりに，勇んで毎日のように底刺し網漁に船を出す。

　しかし漁に出かけても，目当ての魚がいつもたくさん網にかかるわけではない。ほとんどとれないときもあれば，とれるのは雑魚ばかりのときも

図 2-1 ヨコスジカジカの雄。写真は繁殖時に雄がなわばり争いをしているところ

ある。そんな雑魚の中にヨコスジカジカという魚がいる。学名を *Hemilepidotus gilberti* という，本章の主役である。ヨコスジカジカは北日本，特に北海道沿岸に数多く生息するカジカ上科（以下カジカ類）に属する魚類だ。ヨコスジカジカ属はアリューシャン列島あたりを起源とし，分布域を広げ，南下する過程で種分化を繰り返したと考えられている（Peden, 1974）。ヨコスジカジカの体には黄色地に 5 本の黒い縞が横に走り，そのうち 1 本は目を覆うようにかかっているため，パンダの面構えに見える（図 2-1）。

　北海道沿岸にはほかにも多くのカジカ類がいて，鍋物にしたり開きにしたり，主に冬の味覚として食卓に上がる。しかし，ヨコスジカジカは背鰭の棘や鰓付近にある鰓蓋骨棘などが堅く鋭いため，加工に不向きなこともあって，食材としての利用価値はあまりない。筆者はスケソウダラの漁期に研究材料の調達のため港の岸壁をよく歩いた。そのとき，陸にあげられた網にはヨコスジカジカばかりが掛かったものもたくさん目に付き，スケソウダラをとるために仕掛けたのか，ヨコスジカジカをとるために仕掛けたのかわからない，そんなこともしばしばであった。ヨコスジカジカの各所の棘は冬期仕様の厚手のゴム手袋をも突き破ってしまうほど鋭いため，網からとるのも一苦労なこともあって，ヨコスジカジカは漁師泣かせの嫌われ者なのだ。しかし，こうした事情は，実は筆者にとってたいへん有り難いことであった。漁師の嫌われ者であるうえ商品価値がなく，しかもたくさんとれるということは入手

するうえでもってこいである。だから漁師が閉口する網は筆者にとって研究材料を手に入れることができる宝の山というわけだ。漁師からヨコスジカジカを譲って貰うと，必ず「この魚を増やさない研究をしてくれ」といわれたものだ。このとき，漁師たちへの申しわけなさとサンプルを得られる嬉しさが内心混在していたのだった。

さて，スケソウダラ漁が盛んな10〜12月は，ちょうどヨコスジカジカの繁殖期と重なる。9月後半ころから，卵巣中に成熟卵をたくさん含んで，はち切れんばかりに腹部が膨らんだ雌が目に付き始める。一方，雄も成熟個体が次々に現れ，その旺盛な繁殖力を誇示するかのように，腹部を押すだけで精液が飛び出し，それはあたかもたくさんの精子たちが卵との出会いを今や遅しと待っているかのようだった。だが，これはこれから始まる精子の物語と筆者との出会いでもあったのだ。

2-2 精子の形はいろいろ

2-2-1 受精する精子

ところで，皆さんは精子というとどのような形を連想するだろうか？　おそらく，丸い頭があって長い尻尾が付いている，いわゆるオタマジャクシのような形を思い浮かべるのではないだろうか。私が大学入試の際に用いた生物の参考書などをあけて見ると，ウニやヒトの精子の写真やスケッチが掲載され，そうした形のものが示されている（もっとも，最近の学習参考書には，以下に示すいろいろな形の精子が紹介されているものもある）。

一般に，精子は頭部，中片および尾部から構成されている（毛利, 1991; 図2-2)。精子の頭部には先体と遺伝情報を蓄えたDNAが入っている核があり，中片には遊泳運動のエネルギー源というべきミトコンドリアがある。先体というのは精子の核が卵内に入る際に，卵黄膜に小さな穴をあけるために用意された物質が入っている細胞器官のことである。この先体は硬骨魚類の精子にはない。というのは，魚類の卵には精子が通過するための通路（卵門）が卵膜にあり，精子は卵膜を溶解することなくこの小径を通って受精するからだ。尾部（鞭毛）は精子の遊泳を担う大事な部分で，船のスクリューにあたる。

しかし，このような基本的な構造をもつ精子でも，その外観は種によってさまざまである。例えばマウスの場合，頭部はある方向から見ると草刈りな

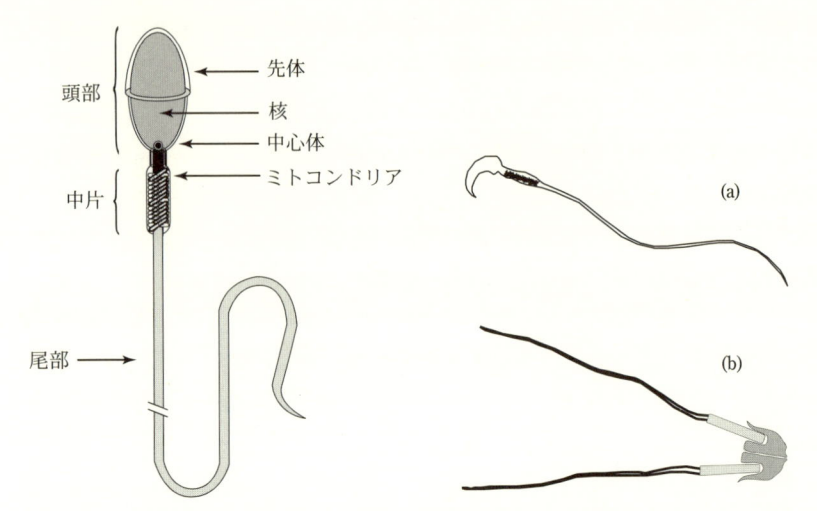

図2-2 哺乳類精子の基本構造の模式図（毛利, 1991などを参考に改変）

図2-3 マウスの精子 (a) とオポッサム (b) の精子の概略図（Faucett, 1975およびMoore & Taggart, 1995を参照して改変）

どに使われる鎌の刃のように湾曲した形をしているし (Fawcett, 1975; 図2-3a), オポッサムという有袋類の精子は, カマボコのように半円状になっている (Moore & Taggart, 1995; オポッサムの精子を取り出すと, 一見, 球状の頭部に尾部が2本伸びているように見えるが, 実は精子が2つくっついている. 図2-3b). そればかりか, カニの仲間の精子は尾部がなく金平糖のような形をしているし, 昆虫類のカマアシムシの仲間では, 尾部がまったくなく扁平したものや精子全体がコイルのように渦巻き状になっているものなど, ちょっと見ただけでは精子とはまったく判別できないような形の精子がある. そして, これほど極端な例はないにせよ, 精子の外部形態の多様性は魚類でも見られ, 種によって実にさまざまな形態をしていることがわかってきた (Jamieson, 1991; Hara & Okiyama, 1998).

2-2-2 受精しない精子

ところが, こうした種間の相違とは別に, 動物には同一種, 同一個体でありながら, 形態や運動性が異なるいくつかのタイプの精子を形成する種があ

る (Sivinski, 1984; Jamieson, 1987)。これ以降の数項は本章の肝にもかかわる大事な部分なので，専門用語が多くなるが，少し詳しく説明しよう。

　複数タイプ形成される精子のうち，一般に受精を行うのは1種類だけで，残りの精子には受精能力がない。受精する精子を正型精子 (normal sperm, eusperm)，受精できない精子を異型精子 (dimorphic sperm, parasperm) という。異型精子が受精できないのは，核が異常な発達をしているからで，核の状態から異型精子は，(1) 核が欠損する無核精子 (apyrene sperm)，(2) 核の一部を欠く貧核精子 (oligopyrene sperm)，および (3) 核物質が過剰に存在する多核精子 (hypepyrene sperm) の3タイプに分けられる。

　異型精子を作る現象は，精子の多型現象あるいは多型性 (sperm polymorphism) とよばれており，軟体動物をはじめ昆虫類，ムカデ，コムカデ類の仲間や貧毛類（ミミズ）など無脊椎動物から数多く報告されている (Silberglied et al., 1984; Jamieson, 1987)。例えば，軟体動物では前鰓類（巻き貝）の多くで異型精子が見つかっている。その形は種によってさまざまで，Nishiwaki (1964) は，光学顕微鏡による詳細な観察から，筒状や球形の細胞に長短の尾部が何本も付着したものや，細胞全体が桜の花びらのような形をした薄い膜状を呈するものなどを報告している（一部を図2-4に図示）。これらはほとんどが無核精子か貧核精子だが，カワニナの仲間 (*Semisulcospira libertina*) などは核（成分）を4つもつ多核異型精子を作る (Okura et al., 1988)。

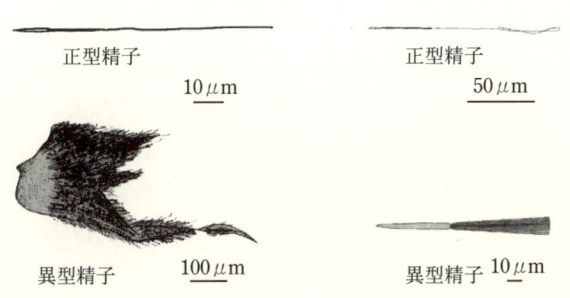

(a) *Cinctiscala eusculpta* (Sowerby)　　(b) *Semisulcospira libertina* (Gould)

図2-4　軟体動物の正型精子と異型精子。図中，(a), (b) それぞれ上が正型精子，下が異型精子。*C. eusculpta* では正型精子が無核精子上に多数付着している。一方，*S. libertina* ではDNA量が正型精子の4倍ある多核精子が形成される (Okura et al., 1988)。図はNishiwaki, 1964より改変。

昆虫ではショウジョウバエやカイコガなどの鱗翅類の異型精子がよく知られている。例えばショウジョウバエは受精する大型精子とともに、それより尾部が1/3ほど短く、先体も小さい異型精子を作り (Takamori & Kurokawa, 1986)、カイコガ (Osanai et al., 1987) では無核精子を作る。

生殖細胞が正型精子になるか異型精子になるかの分岐点は多くの場合第二減数分裂のときにある (Siblerglied et al., 1984; Jamieson, 1987)。減数分裂とは細胞1つあたりの染色体数を全数 (2n) から半数 (1n) にする行程である。異型精子は減数分裂のとき、何らかの要因によって核の消失や断片化を起こし、細胞質の肥大化などをともなって作られる。なかには減数分裂がまったく起こらない場合や、核や細胞質が均等に分裂せず、無核精子と貧核精子、多核精子が混在して形成されることもある。

2-2-3 異型精子と奇形精子

こうした現象は脊椎動物には見られないのだろうか。実は、脊椎動物でもさまざまな種で「精子の多型現象」がある。例えばマウスやラットなどの齧歯類をはじめ、イヌ、ライオンの類からゴリラやヒトといった霊長類では、先体がないものや双頭のもの、頭部が肥大化あるいは欠損したもの、中片の肥大化や欠損、短い尾部の形成など、さまざまな形態異常を抱えた精子が見られる。このような異常な形態を示す精子は、精子全体の30～60％も含まれる場合もある (Dahlbom et al., 1997)。

このように、脊椎動物でも特異な形をした精子が作られることはまれではない。ただ、ここにあげた動物で見られる形態異常をもつ精子に対しては、無脊椎動物のように異型精子とはよばず、「奇形(異常)精子 (abnormal sperm)」とよんでいる (舘, 1990; 毛利, 1991)。では、「異型精子」と「奇形精子」の違いは何だろうか。

先に述べたように、異型精子は出来かたや作られる細胞の形態がおおむね一定である。それに対し、奇形精子のそれは必ずしも一様とはいえず、例えばオーストラリアにすむネズミの仲間のホッピング・マウスでは、精子の形が19タイプ以上にも分けられている (Suttle et al., 1988)。ヒトの場合でもBaker (1996) は、頭部や先体、尾部の形状から精子を15種類に分類している。これらホッピング・マウスやヒトで見られる精子の形態異常は、いわば

各部位で多岐に生じる異常の組み合わせだから，どのような外観になるかは「順列組み合わせ」的な要素に依存する．もう1つ重要なことは，奇形は必ずしも受精の可能性を否定するものではないという点だ．ホッピング・マウスの場合，19タイプある精子のうち，1タイプだけが受精できて他のすべてが受精できないかというと，そういうわけではない．少なくとも4タイプは「正常」なものとして受精に携わる (Suttle et al., 1988)．つまり，外部形態が少しばかり変わっているからといって受精できないわけではないのだ．また，マウスではミトコンドリアがなく，鞭毛が不完全で遊泳能力を欠く奇形精子でも，精液の流れにのって卵に到達して受精する場合がある．そのような奇形精子と受精しても胚は正常に発生するようだ (Moore et al., 1970)．このように脊椎動物では形態的異常をもつ精子は，形成過程のうえでも受精能という機能面からも，無脊椎動物における「異型精子」とは区別されると考えられる．

とはいうものの，先体が不完全な精子や核に異常をもつ精子は受精の可能性が極めて低いことから，奇形精子は繁殖への貢献がほとんどないといってもかまわないだろう．そのため，脊椎動物の奇形精子は，受精能がない変わった形の精子を作るという点で，広義の精子多型の1現象とされている (舘, 1990; 毛利, 1991)．

2-3 ヨコスジカジカの異型精子

2-3-1 正体不明の円盤たち

さて，話をヨコスジカジカに戻そう．ヨコスジカジカの雄の腹部にある生殖突起に細いガラス管をあてて精液を取り出し，顕微鏡で観察してみる．するととても奇妙なことに驚かされた．精液中に，いわゆるオタマジャクシ型の精子のほかに，円盤状の細胞が存在したのである (図2-5)．その数は，よくよく観察すると見つかるといった程度のものではなく，むしろそちらのほうが多いのではないかと思わせるほどであった．はたして，この細胞は何だろうか？

それ以前に先輩の手伝いなどで別の魚の精液を数例ではあるが見たことがある筆者はもちろん，それまで他のカジカ類の精子を数多く観察してきた当時の実験所指導教官である宗原弘幸助教授も「何だろうなぁ…．どこか傷つ

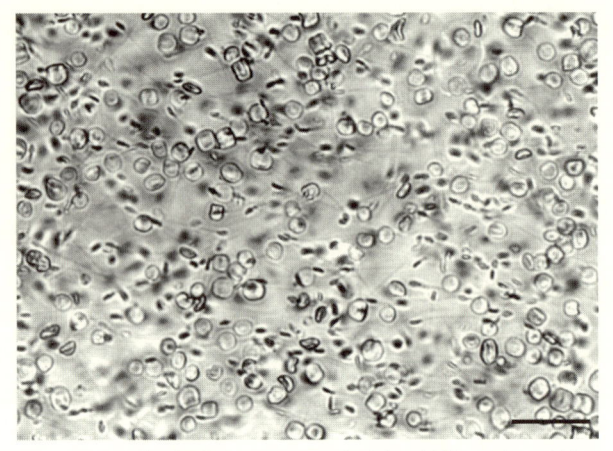

図2-5 光学顕微鏡で観察したヨコスジカジカの精液。スケールは10μm

けて血が混ざったのか，それとも別の何かが混ざったのかなぁ…」とまったく見当がつかなかった。確かに，精液採集の不手際で精巣内や生殖口付近の血管を傷つけて血液が精液に混ざり，大量に赤血球が入り込んだのか，排泄物が混入したのかもしれない。しかし，そもそも赤血球なら体液より浸透圧が高い海水に入れると収縮するはずなのに，そうしたことはまったく見られなかったし，排泄物の混入に十分に注意して精液を取り出しても円盤状の細胞は大量に見つかった。また，別の雄の精液を見ても同じだった。そうだとするとこの円盤状の細胞の由来は，精巣かあるいはその付属器官かということになる。そこで，精子形成過程の観察からこの細胞の正体を突き止めることにした。

2-3-2 異型精子の形成過程
(a) 魚類の精子形成過程

まず，魚類の一般的な精子形成過程を概説しておこう（図2-6左側）。精巣中の生殖細胞は，精子形成の進行とともに第一精原細胞（あるいは精祖細胞; primary spermatogonia），第二精原細胞（secondary spermatogonia），第一次精母細胞（primary spermatocyte），第二次精母細胞（secondary spermatocyte），精細胞（あるいは精子細胞; spermatid），そして精子（sperm, spermatozoon）

2-3 ヨコスジカジカの異型精子

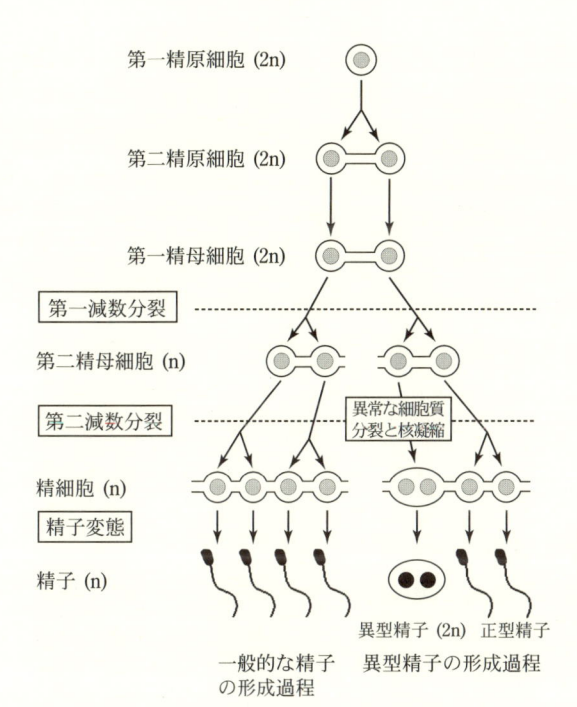

図2-6 魚類精子の一般的な形成過程（左側）とヨコスジカジカの異型精子の形成過程（右側）

に分けられる。第一精原細胞は体細胞分裂によって第二精原細胞となり，包嚢を形成して精子形成への道を進む。包嚢とは精巣内で精子形成が行われる袋状の小部屋のようなものだ。しかし一部の精原細胞は，精子形成へと進まず次回以降の精子形成に用いられるように幹細胞（stem cell）としてストックされる。

包嚢を形成した第二精原細胞は，その後数回の体細胞分裂を行って増殖を繰り返したのち，増殖を止めて第一精母細胞になって減数分裂へと進む。減数分裂では，はじめにDNAの複製が起こった後，クロマチン（核内物質）の凝集，相同染色体の対合とそれに続く分離（染色体数の半減）が起こる（第一減数分裂）。この過程で核1個あたりのDNA量が一時的に4nとなり，第一減数分裂が終了するとDNA量がnの第二精母細胞ができる。第二精母細胞はDNAの複製をせずに第二減数分裂を行って精細胞となる。そして，最終的に鞭毛（尾部）の形成と細胞質の脱落という精子変態を経て精子が完成する。

以上のプロセスによって1つの精原細胞から計4つの精子ができる。一連の精子形成では，同一の精原細胞を起源とする同一包嚢内のすべての生殖細胞は，精子変態が完了するまでの間完全に分離することがなく，細胞間橋 (intercellular bridge) によって互いに連絡しあっている (Faucett et al., 1956)。この細胞間橋によるコントロールによって，1つの包嚢内にある生殖細胞は，多少の時間のずれがあってもすべて同じ精子形成段階にあるのだ (舘, 1990)。

(b) 異型精子のできかた

　さてヨコスジカジカの精子形成過程を見てみよう (Hayakawa et al., 2001a)。図2-7に第一精母細胞の図を示した。先に述べたようにこれらは減数分裂に移行する前の段階の細胞であり，このときまでは精巣内には目を見張るような大きな特徴は見られない。ところが，第二減数分裂後期以降の包嚢を観察すると，包嚢内にいくつかの形態的特徴を示す細胞が多数出現した。普通，核分裂を終えた分裂終期の動物細胞では，2つに分かれる娘細胞間にくびれが生じて細胞質が分離する。しかし，細胞質のくびれがなく，あたかも2つの核をもつ細長い1つの細胞のように見える特異な分裂終期像が出現したのである (図2-8a)。そして，精細胞の包嚢を見ると図2-8bのような2つの核をもつ精細胞が出現した。やがてクロマチンが高密度に凝集して小粒となり，それらがブドウの房のように集合した核をもつ細胞が現れた。これらの細胞はクロマチンがきめの細かい顆粒状を呈して凝集する核をもつ通常の精細胞と細胞間橋によって連絡しあっていた (図2-8c)。こうした細胞は，排精 (生

図2-7　ヨコスジカジカの第一精細胞。SCはシナプトネマ構造（これらが観察されることによって相同染色体が対合していることを意味する）。Cは中心子，Mはミトコンドリア，IBは細胞間橋をそれぞれ示す。スケールは1μm

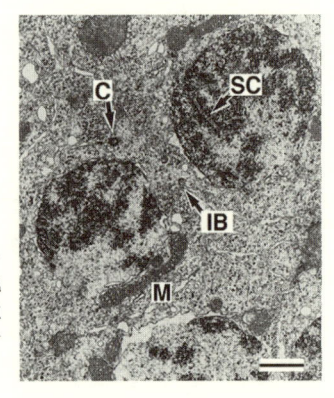

2-3 ヨコスジカジカの異型精子

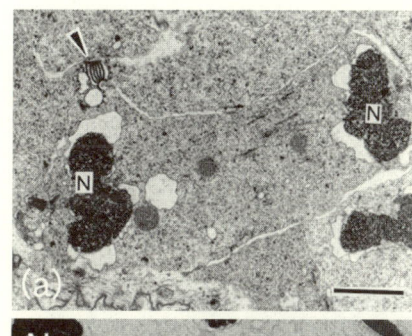

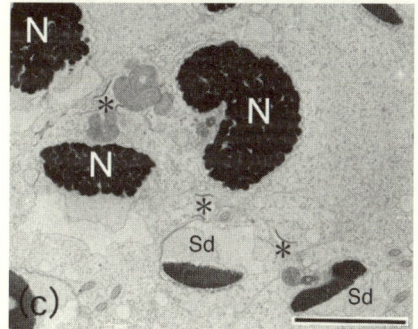

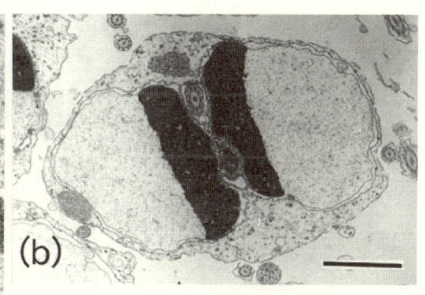

図2-8 ヨコスジカジカの精子形成過程で見られた特異な細胞。(a) 分裂終期の精細胞。核分裂後の細胞質中にくびれがなく、細長く見える1つの細胞。Nは核を示し、▼は細胞間橋内に見られた特異な構造を示す。スケールは5μm。(b) 精細胞と共に包嚢内に見られた2核性の精細胞。スケールは1μm。(c) 精細胞の包嚢。通常の精細胞（Sd）とともに特異なクロマチンの凝集をみせる大型の核（N）をもつ細胞が見られる。各細胞は細胞間橋（＊）によって互いに連絡しあっている。スケールは5μm。いずれもHayakawa et al., 2001aより改変

殖細胞が精子となって包嚢から輸精管に排出されること）後の精巣内でも多く見られた。

　これが精液に多量に含まれる円盤状の細胞なのだろうか？　それを確かめるべく、精液中の細胞を電子顕微鏡で観察してみた。すると、確かに精巣内で見られた、細胞質が豊かでブドウの房状の2つの核をもつ細胞が正型精子とともに観察されたではないか！（図2-9a-c）。これで精液中の変な細胞の正体がつかめた。大きな核をもった細胞と通常の精細胞が同じ包嚢内で見つかり、互いに細胞間橋で連絡しあっていたということは、両者が同じ細胞から分化したことを示す重要な証拠となる（図2-6右側参照）。

　これで精液中に多く含まれる円盤状の細胞の正体が判明した。それと同時にヨコスジカジカでは精子が二型化していることが明らかとなった。では、この細胞は「奇形精子」なのだろうか、それとも「異型精子」なのだろうか。これらの細胞は直径が5〜7μmで、精子よりもはるかに大きい。冒頭に述べ

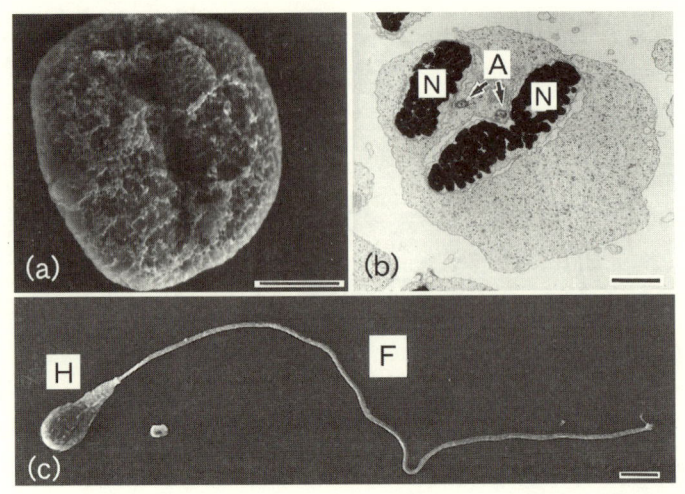

図2-9 ヨコスジカジカの異型精子 (a), (b) と, 正型精子 (c) の電子顕微鏡像。Aは軸糸構造, Nは核, Fは尾部（鞭毛), Hは頭部をそれぞれ示す。スケールは1μm (Hayakawa et al., 2001aより改変)

たように魚類の卵には卵門があって, 受精が起きるためには精子はそこを通過しなければならない。卵門の径や形は種によってさまざまであっても, 卵細胞表面付近の径は精子1つがやっと通れる程度しか開口していない (毛利, 1991)。したがって, それよりも大きい円盤状の細胞は物理的に受精に関与できない。一方, 核の状態から見てもクロマチンの特殊な凝集と2核性という点で受精の可能性はないだろう。仮にあったとしても, 正常な胚発生を保障できるとは思えない。そして, 形成過程を見ると, 一連の減数分裂途中で分化していき, 形成される細胞の外部形態もほぼ一様である。無脊椎動物の異型精子の多くが正型精子とは別の包嚢で形成されるのに対し, ヨコスジカジカでは同じ包嚢で両者が混在して形成される点で異なっている。しかし, 先に指摘した異型精子の定義におおむねあてはまる。したがって, これらの細胞は「奇形精子」ではなく「異型精子」と判断できる (Hayakawa et al., 2001a)。

(c) 異型精子と異型精細胞

実はカジカ類において異型精子はヨコスジカジカだけで見られる現象では

ない。類似した細胞が Hann (1927, 1930) の報告以来，淡水に生息するカンキョウカジカ *Cottus hangiongensis* をはじめとするいくつかの種で見つかっている (Quinitio & Takahashi, 1992; Quinitio et al., 1988, 1992)。もっともこれらのカジカでは異型精細胞 (aberrant spermatids) とよばれ，Hann (1927) は光学顕微鏡による詳細な観察から，異型精細胞はいくつかの精細胞が複数個融合し，肥大化した細胞であると推察した。その後，Quinitio & Takahashi (1992) は，カンキョウカジカの精子形成過程を微細構造レベルで観察し，異型精細胞が減数分裂の際に細胞質分裂が円滑に進行しなかったために生じた2核性の細胞であること，そして核内のクロマチンが極めて高密度に凝集した小顆粒の集まりであることを明らかにした。これはヨコスジカジカで見られたものと同様であることから，カンキョウカジカなどで確認された異型精細胞は，ヨコスジカジカの異型精子と同等の細胞であると判断できる。

　なにしろ脊椎動物の異型精子だから，たいへん珍しいことだ。拙速で誤った判断をしてしまう危険もいっぱいだ。異型精子か奇形精子かという問題以前に，例えばアシロという魚の仲間には，精子変態よりも先に細胞間橋が切れて個々の精細胞がバラバラになって包囊から排出されるものもいる (Mattei et al., 1993)。このような場合，精巣内に精子らしからぬ外観（頭部が異常に大きい，あるいは尾部が短い，など）をもった遊離細胞が存在しても，実は異型精子や奇形精子ではなく，これから（正型）精子になる正常な細胞だ，ということになる。ヨコスジカジカの場合も，そうしたケースかもしれなかったのだ。しかし，形成過程の詳細な観察を行い，これまで示したようないくつかの基準をクリアーしたうえで判断を下したヨコスジカジカの例，そしてヨコスジカジカの場合だけでなく，これまでカジカ類で異型精細胞といわれた細胞が，異型精子の1つであることは専門誌で広く認められるところとなった (Hayakawa et al., 2001a)。

2-4　殺し屋精子とカミカゼ精子——兵隊精子説——

2-4-1　異型精子は何をする？　これまでの知見

　ヨコスジカジカが異型精子を作ることが明らかとなった。ヨコスジカジカの異型精子は，容積にして精液中の平均50％を越える。精子は30％程度にすぎず，残りは精漿（精液の液体成分）である (Hayakawa et al., 2001a)。また，

精液中の異型精子と正型精子の個数比は6：4くらいである。これを基に計算すると，異型精子1個で本当なら正型精子2.96個ができていたはずである。両者の形成過程からすると1つの精原細胞から異型精子1個と正型精子2個が作られるので，理論的には異型精子1個は正型精子2個分に相当するはずである。こうした違いは，おそらく1つの精原細胞から異型精子が2個作られるなど，いろいろな条件があるためだろう。しかし，いずれにしても，異型精子の形成によって，本来作られるはずの1/2～3/4相当の精子を損していることにはかわりはない。それほど多くの異型精子が，なぜ作られるのだろうか。単なる「できそこない」で無駄なものと片づけてしまっていいのだろうか。

これまで紹介してきたように精子の多型現象が広範に起きているということから，それが何かしら進化的あるいは生態学的に意義のある現象で，異型精子に何らかの機能があるのではないか？　という疑問がわいてくる。そこで，これまでに知られる異型精子の機能について調べてみた。

現在のところ異型精子には次のような機能があるとされる (Jamieson, 1987)。ある種の軟体動物では異型精子が多数の正型精子を付着させた状態で体外に出されることから，正型精子を卵まで輸送する働きをもつと考えられている。また，正型精子の運動活性の維持に役立っていたり，受精卵のための栄養となったりすることなども示唆されている。昆虫のカイコガでは交尾後，異型精子が雌体内で活発に回転運動することによって256個が一束になった正型精子を解きほぐし，それらの運動開始を促進することが明らかとなっている (Osanai, 1987)。

一方，脊椎動物の奇形精子については，どのような機能をもつのかはよくわかっていない。ホッピング・マウスはまれな例として，先体を欠く奇形精子は受精不可能であるし，受精しても核の欠損や過剰な精子による受精は，胎仔が異数体化するなどの弊害を生じることも事実だ (Mortimer, 1979)。そのため，過剰な奇形精子の形成は不妊症と関連があるとされ (Moore et al., 1970)，脊椎動物の奇形精子の機能に積極的な答えを求める疑問に対しては満足できる答えがなかった。

2-4-2 異型精子と精子競争

　そんなとき，1988年にイギリスのマンチェスター大学に籍をおくBaker & Bellis (1988) が，ヒトやマウスなどの奇形精子の機能についてたいへん興味深い仮説を提唱した。その名も「カミカゼ精子」説である。彼らは，奇形精子はまったく意味のないものではなく，実は精子競争を勝ち抜くために維持されたもので，雄の繁殖成功度を上昇させるうえで重要な働きをすると考えた。「精子競争」とは雌が複数の雄と交尾を行ったり，卵に対して複数の雄が放精を行ったりする場合，受精をめぐって生じる異なる雄由来の精子どうしの競争のことである (Parker, 1970)。「カミカゼ精子」は，自らが犠牲になって同じ雄の正型精子が卵に到達するのを手助けし，さらに，交尾相手となった雌が次に別の雄と交尾したときに放出される精子をブロックしたり，逆にすでに雌胎内にある別の雄の精子を駆逐したりすることも考え，奇形精子がその中心的な働きをすると主張したのである。彼らは，機能別に精子を分類し，例えば子宮の奥にある卵管に入り込み，さらにその奥にある卵巣から排卵された卵と受精する精子を「エッグ・ゲッター (egg getter)」，子宮よりも手前の膣周辺で敵の精子の動きを妨害する精子を「ブロッカー (blocker)」とそれぞれ名づけた。そして「キラー (killer)」精子が，敵対する雄の精子に体当たりすることなど，想像力を駆使してさまざまな説明（物語？）を展開した (Baker, 1996)。彼らが唱えた仮説は，名前によるインパクトも相まって大きな反響をよび，それを否定する論文が出たら彼らが応酬し，それがまた否定されるといったことが繰り返された。

　実は異型精子や奇形精子について精子競争との関連から説明を試みたのはBaker & Belllis が初めてではなく，Silberglied et al. (1984) が鱗翅類の異型精子について，他個体由来の精子の排除やブロック，それに雌の再交尾の遅延といった機能をもつ可能性を提唱していた。後者の雌の再交尾の遅延とは，雌の生殖器内にある雄の異型精子が雌胎内の膨満感をもたらして交尾意欲をなくし，結果的に後に続く雄の交尾の機会をなくすというもので，これを裏づけるような研究結果はCook & Weddel (1999) をはじめいろいろな鱗翅類で報告されている。一方，敵対する精子に直接働きかける機能については，Kura & Nakashima (2000) が，精子に致命傷を与えなくても，正型精子に接

着したり遊泳を邪魔したりするだけでも効果を発揮でき，それを初期段階としてブロック機能が進化しうることを数理的に示し，そうした機能をもつ精子を「兵隊精子」と名づけた．しかし，実際のところ，異型精子に他個体由来の精子の排除やブロック機能が本当にあるのかについてはよくわかっていなかった．

2-4-3 仮 説

では，こうした他の動物でこれまで考えられているいろいろな例を基に，ヨコスジカジカの異型精子が何か役割をもつとすればどのようなものになるのか考えてみよう．まず，受精卵や正型精子に栄養を与える可能性を検討してみよう．硬骨魚類の場合，卵と精子はそれぞれ水中に放出されて体外受精を行う卵生魚がほとんどである．確かに，メダカやカサゴの仲間，そしてウミタナゴなどでは交尾をして体内受精を行う場合があり，こうした魚では卵巣の構造がさまざまに特化した親魚から受精卵が栄養の供給などを受ける場合がある (山岸, 1995)．しかし，卵生魚では胚発生に要する栄養は卵黄でまかなわれるため，外部からの栄養供給を必要としない．ヨコスジカジカは卵生魚であるから，異型精子の胚への栄養としての貢献は考えられない．

では，正型精子への栄養や活性維持への貢献はどうだろうか．詳細は後述するとして，ヨコスジカジカの正型精子はそれら単独でも海水中で15分以上遊泳することができ，異型精子といっしょの場合と大差はない．そのため，異型精子が正型精子の運動活性の維持に大きく影響するとは考えにくい．

そうなると，残るはSilberglied et al. (1984) 以来考えられるようになった精子競争に関する機能と，精子輸送に関する機能ということになる．なにしろ，これまでまったくといっていいほどわかっていないことだらけだ．何をどのようにしたら検証できるのか…．とはいえ，まずはヨコスジカジカがどのような繁殖行動を示すのかを知らなくては前に進まないと考えた．そこで，ヨコスジカジカの繁殖行動の観察を試みた．

2-5 ヨコスジカジカの異型精子の機能

2-5-1 ヨコスジカジカの繁殖行動

北大臼尻水産実験所がある北海道南部臼尻沖のヨコスジカジカは普段水深

50〜60mの海底に生息し，産卵期になるとさらに深い水深85〜90mの海底に移動する。最近はスキューバが一般的となったとはいえ，100m近い水深での魚の行動は観察できようもない。そのため，ヨコスジカジカの繁殖行動は水槽内で観察した。先に記したようにヨコスジカジカの繁殖期は10〜12月である。北海道の10月はいつ初雪が降ってもおかしくない時季である。臼尻水産実験所の水槽室は建物の1階部分にあって雨風が防げるだけで，寒さは野外とほとんどかわらない。水に直接触れることはない水槽観察とはいえ，暖房器具などを持ち込めないなかで観察するのは寒さとの戦いでもある。ビデオに一部始終を記録するといっても産卵を目のあたりにしたい。深夜に及ぶ観察で風邪などひいて観察をフイにしないようにセーターに厚手のジャンパーをまとい，完全防備で観察に臨んだ。

さて，ヨコスジカジカの一連の繁殖行動は，雄によるなわばり争い，雌に対する求愛と奪い合い，産卵と放精，そして孵化までの卵の保護からなる（図2-10; Hayakawa & Munehara, 1996）。まず始めに，水槽内に雄を3尾，雌を1尾入れた。3尾の雄はおのおのがなわばりを形成するまでの間，たとえ近くに雌が寄ってきてもまったく関心を示さず，なわばり争いに没頭していた。水槽で飼育中のヨコスジカジカは普段は底のほうであまり身動きせず，餌を

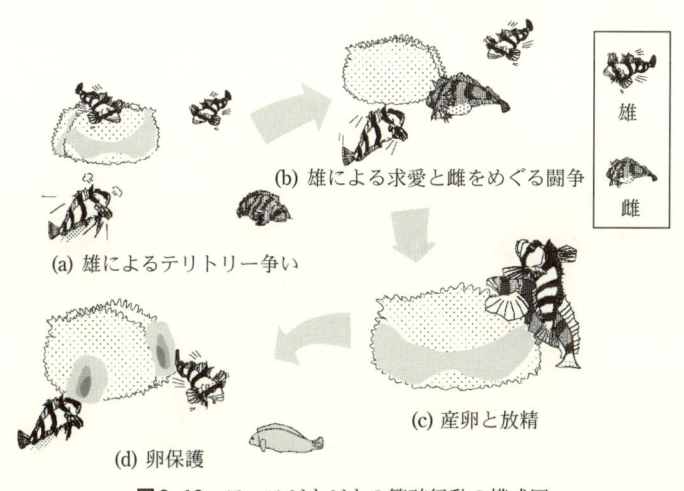

(a) 雄によるテリトリー争い
(b) 雄による求愛と雌をめぐる闘争
(c) 産卵と放精
(d) 卵保護

雄
雌

図2-10 ヨコスジカジカの繁殖行動の模式図

与えるときくらいにしか素早い動きを見せないのに，なわばり争いのときの動きたるや結構激しいもので，例えばある雄が別の雄の目に食らいつき，目の周りが倍近くに腫れ上がったり，臀鰭付近に歯形らしい跡がついたりするほどだった（図2-1参照）。そうこうするうち，なわばり争いが一段落すると，今度はいっせいに雌に対して求愛し始めた。雄は雌が近づくと全身を振るわせたり，腹部を雌に押し当てたりしながら求愛した。こうして4〜10時間（$n = 3$）ほどたつと，それまで雄の間を行き来していた雌が1尾の雄の求愛を受け入れてペアとなり，雄のなわばり内の産卵基質上で動きを止めた。さあ，いよいよ産卵が始まる！　とにわかに期待が膨らんだが，産卵はすぐさま始まるわけではなく，しばらくすると基質から離れたり，また来たりを繰り返した。

　最初に観察に成功した日のことは今でも鮮明に覚えている。その日の道南地方はとても寒く，待てど暮らせど産卵が始まらないこともあって水槽の前でじっとしていた体はすっかり冷えきってしまった。「雌のコンディションがまだまだなのか，それとも魚が水槽に馴れきっていないのだろうか…」と，私はその日の観察を終えて翌日以降に期待しようとしていた。大きな水槽に雌雄をいっしょにしているので，そのままでは夜中に産卵してしまう可能性がある。そこで，翌朝まで暫定的に雌雄を隔離するため，水槽を半分に分けるように仕切り板を設置したうえで，観察ノートやビデオ機器などの片づけをして2階に上がり，「さて，お茶でも飲んで暖まるかな」と腰掛けた。だが，数分すると，なぜか水槽の仕切り板を固定する紐がほどけていないかと心配になった。そして，それを確認しに階下に降りたときだった。雌が仕切り板を押しのけて，雄のいる側に移動しているではないか。このときは「やっぱり，紐の結わえ方が弱かったのだな」と思い，紐を結び直すべく網で雌をすくって雄の側から移動させようとした。ところが雌は産卵基質の上にデンと構えたままいっこうに動こうとしない。「変だなぁ…」と思いながらもう一度すくおうとしたが，やっぱり同じことだった。と，このとき，これまでとは違う点があることに気づいた。雌はそれまでは背鰭を動かしており，どちらかというと寝かせた状態が多かったのだが，今回はずっと背鰭を立たせた状態なのだ。「もしかして…」と思うやいなや，仕切り版をはずし，ビデオテープを回し始め，やがて決定的瞬間を迎えたのだった（「直立不動」の

2-5 ヨコスジカジカの異型精子の機能

背鰭が，その後の観察の重要なポイントになったことはいうまでもない）。

産卵が近づくと雌の生殖口付近が膨らみ，表皮を通して内部の卵が見えるようになった。やがて卵は卵巣からの分泌液である粘性の高い卵巣腔液とともにゆっくりと出され，産卵終了までに21〜52分（$n=3$）と長い時間を要した。産卵が終わるころには卵と卵巣腔液で形作られる卵塊はかなりの大きさになるのだが，雄は産卵が終了するのを待って放精を行うわけではなかった（図2-11a）。雄は産卵開始から約6分後に最初の放精を行い，続いて2回目の放精を産卵開始から約11分後に行った。このとき，体の外に顔を出している卵群は，卵塊全体の1/4〜1/5の大きさにすぎず（図2-11b），雄は卵から約10cm離れた雌の背後から放精を行った。ペア産卵雄は，雌の争奪戦に勝利してから自らの2回目の放精までの間，周囲の雄の接近に対してとても

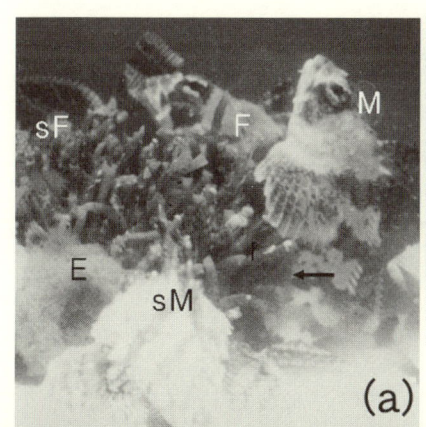

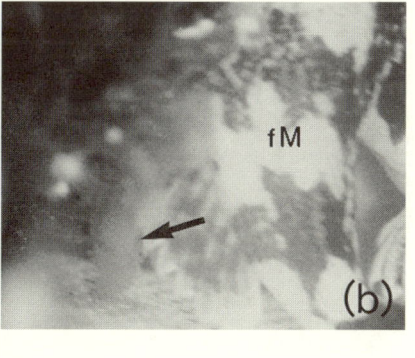

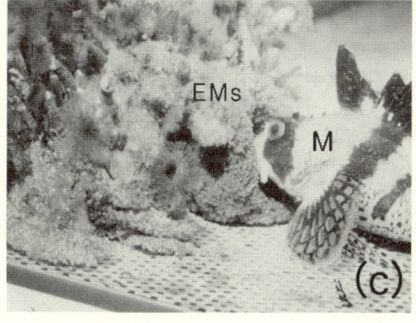

図2-11 ヨコスジカジカの放精と産卵。(a) ペア産卵雄 (M) の求愛を受け入れた雌 (F) は20〜50分をかけて卵を産み出す。Eは別の雌によって産み出された卵塊，sMはスニーカー雄，sFは産卵後卵付近に居残る雌，← は出された卵がある付近をそれぞれ示す。(b) ペア産卵雄が初め2回の放精を行う対象となる卵 (←)。fMは産卵中の雌の後体を示す。(c) 基質に付着する卵塊 (EMs) と，卵保護を行う雄 (M)。(a), (b) は Hayakawa & Munehara, 1996より改変

厳重に警戒していた。特に産卵が始まってからは著しく，それまで動きを止めていた周囲の雄が少しでも動こうものなら体をそちらのほうに向け，時には突進して雌への接近をくい止めていた。ところが，2回目の放精が終わると周囲の雄への警戒行動は次第に緩慢になった。それまでのようににらみつけるわけでも，突進するわけでもない。そうこうするうちに2回目の放精から約5分（産卵開始から15～20分）もすると，周囲の雄たちのスニーキング（盗み放精）を許した。周囲の雄たちは卵めがけていっせいに突進して放精し，しばらくするとその場を去った。ペア産卵した雄はその後4～6回ほど放精を繰り返したが，卵への執着はあまり見られなくなっていた。一方，産卵を終えた雌は腹部がぺしゃんこになり数日間卵の側にいた後，やがて卵を後にした。その後，再び産卵を行うこともなく，ヨコスジカジカの雌は1繁殖期に1回産卵するタイプであることも判明した。

　産卵中，終始卵巣腔液が媒体となって卵塊全体は柔らかいゼリーの塊のような状態に保たれている。しかし，卵巣腔液の海水への溶解と同時に卵どうしが互いにくっつきあって1～2時間後には比較的堅い固まりとなり，やがて6時間もすると基質上にしっかりと固着するようになった（図2-11c）。雄は孵化するまでの約50日間にわたって外敵の駆除などの卵保護を行った。

2-5-2　産卵・放精の特徴

　以上がヨコスジカジカの一連の繁殖行動の概観である。その特徴を整理しよう。

(a) 放精のタイミング

　ペア産卵雄は，産卵終了を待たず産卵途中から放精を行っている。特に初めの2回の放精は，長時間に及ぶ産卵から見れば比較的産卵初期に行われ，最終的に産み出される卵全体の一部しか出ていないときに放精する。それら2回の放精はおおむね決まった時間に行われ，初めの放精が産卵開始から約6分，2回目が約11分後にある。その後，周囲の雄がスニーキングを行った。このペア産卵雄による2回の放精とスニーキングのタイミングは，3回の観察で変わることがなかった。もしかすると，ペア産卵雄のガードは「2回目の放精を終了するまで」ではなく「スニーキングされるまで」強固に行うのかもしれないが，いずれにしてもその間のペア産卵雄のガードが堅固であり，ス

ニーキングを受ける前の放精が重要であることの現れには違いないだろう。

確かに，ペア産卵雄はスニーキングを許した後も数回にわたって放精を行っている。しかし，もしそれらの放精が生み出される卵にまんべんなく精子をいき渡らせるためのもので，本質的に役に立つものであるなら，スニーキングも産卵終了まで随時行われ，それに対するガードも続けられるはずである。ところが，スニーキングは2回のペア産卵雄の放精の後の一時期にしか行われていないし，ガードも緩慢になる。だから，たとえ最終的に産み出される卵全体のごく一部分しか体外に出ていなかったとしても，ペア産卵雄にとって産卵の初期段階に放精を行うことは，特別な意味をもつものと考えられる。

これらの観察は水槽内で行われたものであることから，観察結果を自然条件下で観察されたこれまでの知見と比較してみた。カムチャツカ沖にすむヨコスジカジカでは，臼尻沖とは違って浅瀬ではあるが石や岩などの基質上で数尾の個体が密集し，各雄がなわばりをかまえた後，高密度条件下で産卵が行われるようだ (Zolotov & Tokranov, 1989)。また，北アメリカのシアトル沖に生息する同属の *H. hemilepidotus* でも，限られた基質上に高密度で産卵が行われるため，複数の卵塊がひしめき合って見られるようだ (DeMaritini & Patten, 1979)。こうした条件下では，隣接するなわばり間で雄が互いにスニーキングを行っていることは想像に難くない。水槽内での観察では，基質としてコンクリートブロックや屋根瓦，それに付着生物であるエラコを用意したが，いずれの産卵もエラコ上で行われた。エラコは元来浅瀬に生息する動物であるから，水深80m以深でのヨコスジカジカの産卵で実際に用いられることはないだろう。しかし，幾重にも枝を伸ばした草木のような形をしたエラコに産み付けられることで，しっかりと卵が固着するというメリットが得られる。カムチャツカ沖やシアトル沖でも，岩のくぼみや石の間など，卵が固着しやすい基質に産み付けられている。これらのことから，卵の固着性を確保できる基質があれば，それらに密集して行う産卵と，スニーキングというヨコスジカジカの産卵形態は自然条件をおおむね反映していると見ていいだろう (Hayakawa & Munehara, 1996)。

(b) 卵巣腔液

ヨコスジカジカの産卵でもう1つ注目されたのは，産み出された卵を取り

巻く環境であり，卵巣腔液の存在である。卵巣腔液とは，先ほども少し触れたが，卵巣の内壁から分泌される体液のことで，排卵後の卵を卵巣内で貯留するうえで役立ち，また産卵時に一度に大量に生み出される卵を円滑に放出できるようにしたり，卵を保護したりする役割を果たす (高野, 1974)。一般に硬骨魚類の場合，体外に放出された卵は環境水中では非常に脆弱で，浸透圧の変化などによってすぐさま自然付活し，受精できなくなることが知られている (Helfman et al., 1997)。そのため，産卵後ただちに精子と出会う必要がある。ところが，ヨコスジカジカの場合，ペア産卵雄が最初に放精するときには，すでに5分以上が経過している。そのため，体外に出ている部分の卵は海水と接する状態が続くことになるから，普通に考えれば卵はすでに受精能を失っていてもおかしくない。かといって雄が目の前の卵をみすみす無駄にしているとは思えない。そうなると，卵と精子の出会いから受精に至るまでの過程で卵巣腔液が何らかの役割を果たしていると考えざるをえない。こうした生理的条件は，スニーカーの正型精子にとっても同じことだ。どうやらヨコスジカジカにとって，産卵初期の放精と受精，そしてスニーキングのタイミングは卵巣腔液の存在と大きく関連し，それだけにとどまらず，これが異型精子の機能を解くカギになっているとみた。

そこで，卵巣腔液の役割に注目しながら，精子の運動特性などを基にヨコスジカジカの受精環境を調べることにした。

2-5-3 受精環境
(a) 精子の運動活性と卵巣腔液

ヨコスジカジカの精液を輸精管から採取し，光学顕微鏡で観察すると，正型精子が精漿中ですでに運動を開始していることがわかる (Hayakawa & Munehara, 1998)。一般に体外受精をする魚類の精子は精漿中では運動を停止しており，放精後，水中に放出された後に運動を開始する。例えば淡水魚なら精漿より浸透圧が低い (低張) 淡水に，海水魚なら精漿より浸透圧が高い (高張) 海水に触れることによって，あるいはサケ科魚類のように周囲のK^+イオン濃度の低下が刺激となって運動を開始する (Morisawa & Suzuki, 1980)。ところが，ヨコスジカジカの正型精子は精漿の中で運動していたのである。

2-5 ヨコスジカジカの異型精子の機能

精漿中での精子の運動は他のカジカ類でも見られ，ニジカジカ *Alcichthys alcicornis* やイソバテング *Blepsias cirrhosus*，ベロ *Bero elegance* といった種でも確認されている (Koya et al., 1993)。実は，カジカ類は卵生でありながら交尾をする種が存在し，ここにあげたカジカはすべて交尾型カジカである。交尾をするのに卵生というのは奇妙な感じだが，これら交尾型カジカの場合，精子は卵巣中では会合するのみで，受精は産卵後に海水中で起きる (Munahara et al., 1989)。会合というのは精子が卵にたどり着いて卵門に入った状態のことである。つまり，交尾をするカジカでは卵巣中に送り込まれた精子は卵門の中に入って受精寸前でとどまり，その状態で産卵された後 海水に触れることによって受精を開始するわけで，卵と精子が卵巣内で会合した後すみやかに受精する胎生魚とは異なっているのだ。このような繁殖様式は体内受精や交尾をしない体外受精と区別するため「体内配偶子会合型」とよばれている (Munehara et al., 1989)。これらの交尾型カジカの精子は精漿中での運動に加え，海水中に比べ胎内すなわち卵巣腔液と同等の条件下での運動時間がたいへん長いという特徴をあわせもっている (Koya et al., 1993)。

ヨコスジカジカは行動観察から交尾をしないことが明らかだが，精漿中での運動開始を考えあわせると，ヨコスジカジカの正型精子は交尾をするカジカの精子と同様の運動特性をもつ可能性が考えられる。そこで，海水中と卵巣腔液中で正型精子の運動活性を調べてみた。すると，正型精子の運動活性

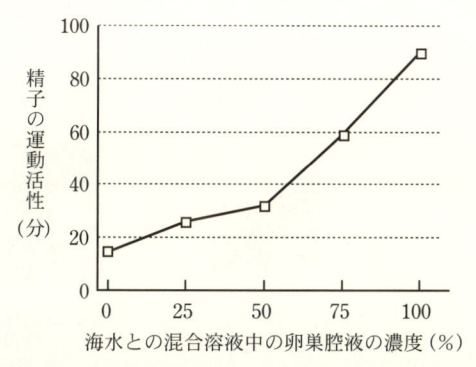

図 2-12 海水と卵巣腔液中におけるヨコスジカジカ精子の運動活性。哺乳類精子の運動活性は多くの場合運動している精子の密度で示されるのに対し，魚類の場合は，運動時間で示される（Hayakawa & Munehara, 1998 より改変）

は海水中では15分程度（それでもこの時間は一般的な海水魚のなかでは長いほうである）であったのに対し，卵巣腔液中ではその6倍近い約90分で，交尾型カジカの場合に匹敵するほどの長さであることがわかった（図2-12：Hayakawa & Munehara, 1998）。つまり，ヨコスジカジカの正型精子は他の一般的な交尾をしない魚類ではなく，交尾型カジカの精子と類似する生理的特性をもつうえ，卵巣腔液を主な運動の場とすることが示されたわけだ（Hayakawa & Munehara, 1998）。そうなると今度は交尾型カジカでは抑制されている卵巣腔液内での受精が，はたしてヨコスジカジカで起きているのだろうか？　という疑問がわいてきた。

(b) 交尾をしないのに受精は卵巣中？

　成熟した雌の腹部を，少し力を入れて圧迫すると卵巣腔液と混じり合って卵が出てくる。これはちょうど実際の産卵で卵が産み出される状態と同じで，柔らかいゼリー状の卵塊に相当する。こうして卵をシャーレにとり（図2-13），そこに精液をまんべんなくかき混ぜて人為的に媒精し，海水に浸さないまま約7時間後に受精率を計測してみると，94.1％の卵が受精していることがわかった。つまりヨコスジカジカの卵は卵巣腔液中で受精可能なことが示されたのだ。正型精子の運動の場が卵巣腔液中であることと卵巣腔液中で受精が

図2-13 ヨコスジカジカ卵の採集。雌の腹部を圧迫すると粘性の高い卵巣腔液（→）とともに卵（＊）が搾出される

可能であることから、ヨコスジカジカの産卵中、受精は卵巣腔液中で起こることが明らかとなった。そうなると正型精子の高い運動活性を背景に卵巣腔液を伝って卵巣内に正型精子が入り込んで受精していてもおかしくない。では、それを実際に確かめる方法はないだろうか？　ここでは、産卵を終えた雌の卵巣内にしばしば見られる、産み出さずに残った残留卵に注目した。

　一連の行動観察や実験などを進めていくうちに、ヨコスジカジカの繁殖期も半ばにさしかかった。このころになると漁港の岸壁に上げられた網の中には、これから産卵を行おうという雌たちに混じってすでに産卵を終えた雌の数が増してくる。陸の網はまだまだ途切れることがない。これまたカジカたちのサンプリングには事欠かないわけだ。こうして岸壁歩きによって産卵を終えた雌を採集して開腹し、卵巣内を見てみると、残留卵の40％近くが受精卵として確認された (Hayakawa & Munehara, 2001)。それは単に卵割によって受精が確認できるといったものだけでなく、心臓が動いて血管中を流れる血流が見られるものもあれば、尻尾を動かしているものまでさまざまな発生段階のものが見られた。このように、受精卵が卵巣内から見つかったことで、ヨコスジカジカの受精は卵巣内でも起きることが確かめられた。ただ、卵巣中から見つかった受精卵は脊椎が曲がっていたり、尾部がまっすぐに伸びていなかったりと、すべてが何らかの異常を抱えており、その後、生を全うできるとは思えないものばかりであった。おそらくこれらは、もともと胎生ではないヨコスジカジカの卵巣には胎仔を維持するための酸素供給能やイオン交換などといった機能が欠けているために生じたのであろう (Hayakawa & Munehara, 2001)。それにしても、交尾をする種には卵巣内に受精卵がなく、交尾をしない種の卵巣内に受精卵があるとは、カジカ類はとても不思議な生きものである。

(c) 卵巣内受精卵がくれたヒント

　正型精子が卵巣腔液中で高い運動活性を示し、受精が卵巣腔液中で行われるということは、体外に出ていない卵も正型精子と出会って受精できることを意味する。なぜなら、卵は卵巣腔液とともに産み出され、それによって一続きの塊になっているわけだから、放精後、正型精子がいったん卵巣腔液に到達すれば、その中での高い運動活性によって卵塊中を駆けめぐり、卵巣内に入り込んでいけると考えられるからだ。このことは残留卵が受精していた

という事実からも裏づけられている。

　そう考えると，ペア産卵雄が産卵初期に排他的に放精を行うことも，理にかなったことだとうなずける。すなわち，ある程度卵が生殖口から出ている段階で放精すれば，正型精子は目には見えていない部分の卵塊にどんどん入っていき，次々に卵と受精できるからだ。一方，スニーカー雄にとっても放精のタイミングが遅れると正型精子が出会う卵の多くがすでに受精済みになってしまうので，やはりなるべく早く放精を行ったほうがよい。

　「ある程度の卵」というのは，行動観察の結果と照らし合わせると卵塊全体の1/4〜1/5程度の卵であり，これはおそらく正型精子を効率よく取り込むことができる条件をそろえた最低限の大きさに違いない。言い換えると，どの正型精子も体外に顔を出している卵塊の一部を通過しなければ卵塊全体に入り込むことができないのだ。スニーキングのときに体外に出ている卵塊の大きさもペア産卵雄のときとそれほど変わらないことから，この条件はスニーカー雄の正型精子にとっても同様と考えられる。つまり体外に出ている卵塊の一部分は，いわば正型精子が入り込む窓口なのだ。そして，こここそが異型精子の機能が発揮される場所なのではないだろうか…。そう考えると「もしかすると卵塊内に入り込んだ正型精子と異型精子が何かしでかしているのでは…」と想像がますます大きくなり，期待に胸が膨らんだ。卵巣内で見つかった残留受精卵は，異型精子の機能を解く重要なヒントを与えてくれるものであった。

2-5-4　異型精子の動き ―細胞塊形成―
(a) 海水の中で

　そこで，今度は異型精子の運動性について調べてみた。体外に出された正型精子と異型精子が遭遇する環境は，行動の観察からも明らかなように海水と卵巣腔液である。そこで，両方の精子が遭遇する順に環境を再現して異型精子がどのような挙動を示すのか，観察してみた (Hayakawa et al., 2001b)。

　先述のようにヨコスジカジカの正型精子は，精液を取り出した段階ですでに運動を開始しており，正型精子と異型精子は互いに入り乱れ，運動しあっているように見えた。このことは，精液を海水に混合した直後も同様だった。ところが，異型精子だけを取り出して精漿中や海水中で観察しても，それら

2-5 ヨコスジカジカの異型精子の機能

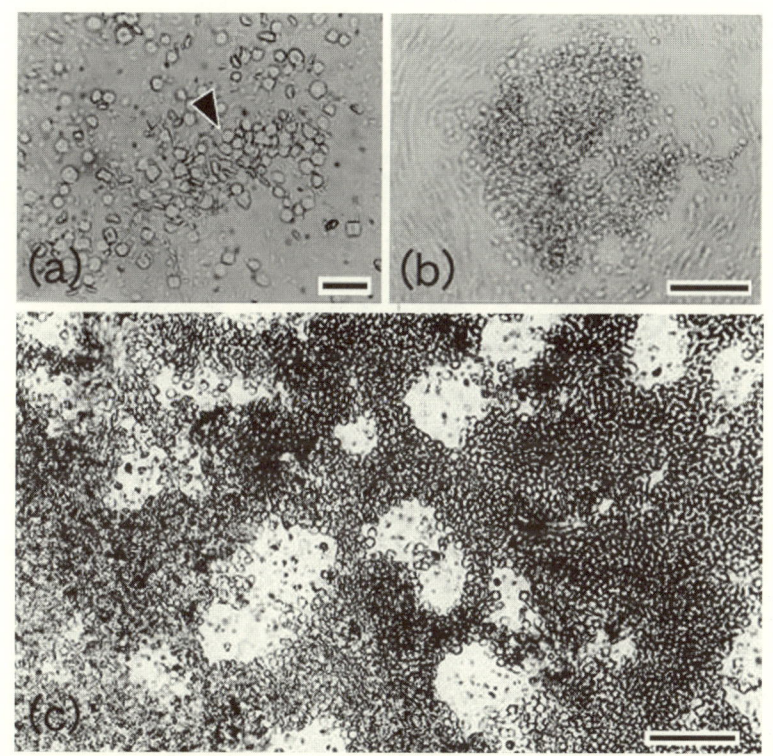

図2-14 海水中の異型精子。(a) 精液を海水に混合してから約1分後。いくつかの異型精子が接着しあい，細胞塊を形成し始めた (▼)。スケールは $10\,\mu\mathrm{m}$。(b) 同5分後の細胞塊。スケールは $50\,\mu\mathrm{m}$。(c) 複数の異型精子の細胞塊が連なった様子。スケールは $50\,\mu\mathrm{m}$。Hayakawa et al., 2001bより改変

はまったく動いていなかった。つまり，異型精子はそれ自身では運動することができず，周囲に存在する正型精子の活発な運動の反作用で，受動的に海水などの溶液中を「移動」することがわかった。そして精液を海水に混合してから1分ほどたったころからいくつかの異型精子が接着し始め，細胞の塊を作り始めた（図2-14a）。細胞塊は約5分後には直径150〜200μmの大きさとなった（図2-14b）。この異型精子の細胞塊は，正型精子が異型精子を「押しくら饅頭」することによってできるが，当の正型精子も巻き込まれて大きくなっていくといったものだった。やがて，10分ほどたつと顕微鏡下に大型

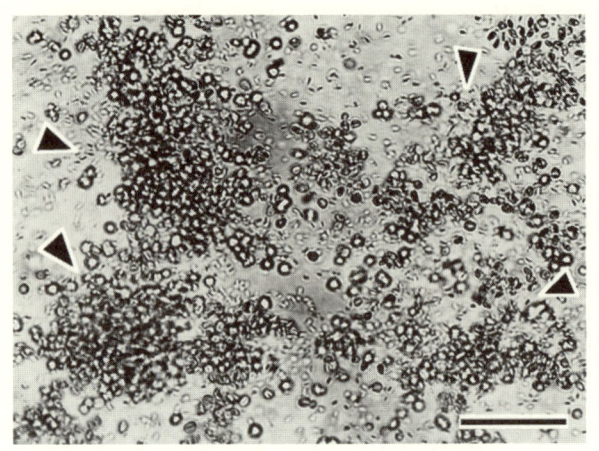

図2-15 卵巣腔液：海水＝1：4の混合液中で形成された異型精子の細胞塊（▼）。スケールは100μm（Hayakawa et al., 2001bより改変）

の細胞塊がいくつもできて，それらが連なるようになった（図2-14c）。
(b) 卵巣腔液の中で

今度は卵巣腔液中で観察した。卵巣腔液中に精液を混合すると（といっても卵巣腔液は粘性が高いため精液を均一に混ぜることはできなかったが），そのとたんに正型精子が「水を得た魚」のように勢いよく卵巣腔液中に泳ぎだしていった。一方，異型精子はまったく動いていなかった。もちろん，正型精子は周囲にたくさん動いている。それにもかかわらず，微動だにしなかったのだ。この状態で精液を混ぜた卵巣腔液が付着したスライドグラスを海水中で揺すってみても，精液が海水に散らばることはなかった。

卵巣腔液中で異型精子がまったく動かなかった（移動しなかった）ことは予想外だったが，このことは逆に調べるポイントを限定するうえで好材料となった。移動できないということは，そうした条件下ではおそらく何もできないということに違いない。そうなると卵塊に到達した後の異型精子が卵塊に入り込む前にどうなるかに注目すればよいことになる。行動観察から，卵巣腔液は長時間卵を取り巻いてはいるが，徐々に海水と溶解することがわかっている。そこで，海水と卵巣腔液をさまざまな濃度で混合した溶液を用意し，異型精子の動きを観察してみた。すると，卵巣腔液の濃度が高い混合液

では異型精子の移動は見られなかったが，海水の濃度を上げていくにつれて異型精子の移動性が高まっていった．そして，卵巣腔液と海水がほぼ1：4くらいの割合になると，異型精子は海水中で示したものと同様に細胞塊を形成したのだった（図2-15）．

(c) 卵塊表面にできる異型精子の細胞塊

これまでのことを少しまとめてみると，異型精子はそれ自身では動くことができなくても，周囲にいる活発に遊泳する正型精子によって受動的に溶液中を移動できるようなる．その移動性には溶液の粘性が大きく影響し，高い粘性をもつ卵巣腔液は異型精子の移動の障害となるが，海水と混合することによって溶液の粘性が低下すると，次第に異型精子は移動できるようになり，細胞塊を形成するようになる，と要約できる．つまり，卵巣腔液はそのままでは異型精子の移動を阻害する反面，いったん卵巣腔液に精液が捕らえられると周囲の力が遮断され，卵塊からの散逸が抑えられる効果をもち，やがて海水と混合することによって異型精子の移動の場となるわけだ．

この「海水と混合する場」というのは，実際の産卵現場では，とりもなおさず卵巣腔液と海水が接する卵塊表面であり，そのような条件下で異型精子は正型精子の動きを借りて細胞塊を形成するのだ．この細胞塊の意味するところはいったい何だろうか．それを解き明かせば異型精子の機能がわかるのではないだろうか．しかし，その前に確認しておかなければならないことが1つある．それは，異型精子の細胞塊が卵塊表面で本当に作られるかどうかである．この点が確認されなければ，この仮説もすべて無に帰してしまう．

そうはいっても，実際の産卵現場で卵塊表面というミクロの世界を観察するのは非常に困難だ．何かいい方法はないだろうか．卵を取り巻く環境を再現するように海水と卵巣腔液を隣り合わせにセットして，そのうえで精子が観察できるようにする…．そのとき思い浮かんだのはプランクトンの観察などによく使う，スライドグラス上に小部屋を作る方法だった．魚の餌になるプランクトンはとても小さく，細部にわたる観察となれば高倍率の顕微鏡が欠かせない．そうした場合，スライドグラスに粘着テープなどを貼り重ねて内部をくり抜き，その中にプランクトンを入れて観察することがある．ここでは，それを応用してみた．プレパラート上に高さ7mmくらいの小さな部屋を作り，その半分には卵巣腔液を，片側半分には海水を満たす（図2-16）．

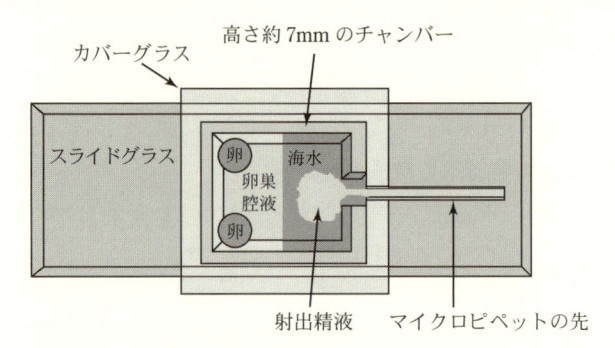

図2-16 卵巣腔液と海水の境界面の異型精子と正型精子の運動に観察に用いたスライドグラス。Hayakawa et al., 2001bより改変

　小部屋の海水側には小さな窓を開けておき，そこから精液を射出させた。その結果，射出された精液が卵塊表面，すなわち卵巣腔液と海水が接する部分に到達すると，あたかも精液の流れが止まったかのように見えた（図2-17a）。しかしよく見ると，それは正型精子が次々に卵巣腔液中に入っていく一方で，異型精子が卵巣腔液と海水の境界面から奥には入っていかず，徐々に堆積していく過程であることがわかった（図2-17b）。堆積が進む間も正型精子の卵塊内への侵入は進んだ。そして，精液の卵塊到達から5分もすると細胞塊が形成され始め（図2-17c），10分もすると卵塊表面を細胞塊が覆うようになった（図2-17d）。この細胞塊の形成は，これまでに海水や低濃度の卵巣腔液と海水が混合した溶液中で見られたものとまったく同じであった。つまり，実際の産卵現場でも異型精子の細胞塊が形成されることが明らかとなった。しかもこれまでの推察どおり，卵塊表面で形成されたのである。
　注目されるのは細胞塊が形成されるタイミングである。これを繁殖行動の一連の流れに対応してみると，細胞塊形成が顕著となるころ（精液の卵塊到達から5～10分）というのは，ペア産卵雄の2回目の放精が終わり，彼らのガードが緩められ，スニーキングを許す時機に相当している。言い換えるとスニーカー雄の精液はペア産卵雄由来の異型精子の細胞塊形成が顕著になるまっただ中に突入することになるのだ。細胞塊が後からやってきたスニーカー雄の正型精子の動きに何らかの影響を与えるに違いない。

2-5 ヨコスジカジカの異型精子の機能　　　　　　　　　　　　　　　　　　69

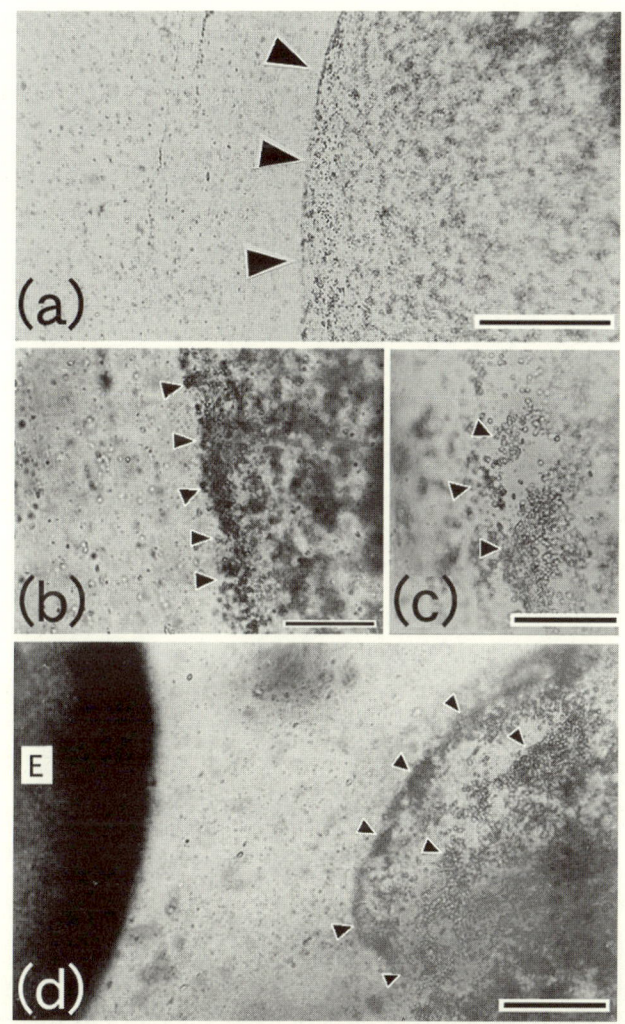

図2-17 スライドグラス上での精液射出実験の結果。(a) 精液射出後，卵巣腔液（画面左側）と海水（同右側）の境界面（▲）に到達した精液。正型精子と異型精子が海水側に陰のように映っている。スケールは200μm。(b) 卵巣腔液（画面左側）と海水（同右側）の境界面（▲）上に堆積した異型精子（画面右側の黒い陰の部分）。スケールは100μm。(c) 卵塊表面で細胞塊（▲）を形成し始めた異型精子。スケールは100μm。(d) 卵塊の表面に広く形成された異型精子の細胞塊（▲）。Eは「スライドグラス上の小部屋」内に入れた卵を示す。スケールは200μm。Hayakawa et al., 2001bより改変

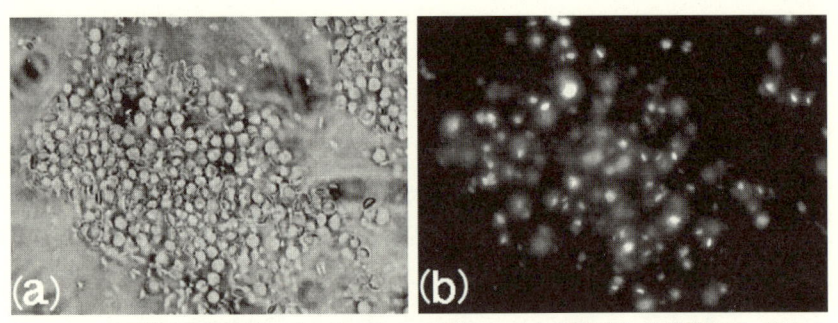

図2-18 異型精子の細胞塊に取り込まれた正型精子。(a) 透過光による観察図。後から添加した正型精子を取り込んだ異型精子の細胞塊。(b) 蛍光観察像。蛍光染色した正型精子が白く光って見える

(d) 細胞塊の機能
(1) 細胞塊に巻き込まれる正型精子　そこで，異型精子の細胞塊がスニーカー雄の正型精子に及ぼす影響を調べてみた。スライドグラス上に用意した卵巣腔液：海水＝1：4の混合液に1尾の雄からとった精液を混ぜて細胞塊が形成されるのを待ち，そこにスニーカー雄の正型精子を想定した別の雄からとった正型精子を添加してみた。本来ならスニーカー雄の精液中にも異型精子が存在するのだが，観察を簡便化するために遠心分離によって正型精子のみを取り出して観察することにした。

精子をはじめ細胞の研究では，運動観察や核の状態，あるいは分裂時の動向を調べるとき，核の蛍光染色の手法がよく用いられる。著者が精子形成観察のために電子顕微鏡の使い方を教わっていたとき，その師であった三重大学生物資源学部の古丸明助教授（当時水産庁養殖研究所）は，蛍光染色の方法を駆使してシジミの三倍体など主に二枚貝の研究をされていた。ここでは，そのたいへん重要で魅力的な手法を応用しない手はないと考えた。すなわち，後から添加する正型精子を元からあった正型精子と区別するため，核に蛍光染色を施して観察しようというわけだ (Hayakawa et al., 2001b)。

蛍光染色は，核に直接働きかけることもあって精子にとっては毒である。そのためあまりに高い濃度で染色すると，発光はよいが精子の活性は低下する。それに過剰な蛍光物質が他の精子の核を染めてしまいかねない。かといって薄すぎれば発光が弱くなる。何も施さない精子と同程度の運動活性を維

2-5 ヨコスジカジカの異型精子の機能

持し、なおかつ発光がよくて観察しやすい染色時間や濃度を探すための予備実験を重ねて本実験を行った。すると、異型精子の細胞塊が後から添加した正型精子を細胞塊中に取り込みながら肥大化していく様子が観察された（図2-18a, b）。そして、いったん取り込まれた正型精子は細胞塊から抜け出すことがなく、正型精子の運動が停止した後でも細胞塊中に残っていた。つまり、異型精子はスニーカー雄の正型精子を、細胞塊を作ることによって捕らえていたことになる。

(2) 異型精子細胞塊の時間差ブロック この細胞塊は、異型精子とは別の雄の正型精子に対してだけではなく、同じ雄の正型精子に対しても作られた。また形成される細胞塊は、大きさやでき方にたいした違いが見られなかった。このことは、ペア産卵雄の異型精子と正型精子でも細胞塊を作ることを意味する。そのため、スニーカー雄の正型精子だけの動きをとめるには、異型精子が他個体の正型精子を識別できたほうが効果的だろう。

ただ、卵塊表面における細胞塊形成は、精液が卵巣腔液に到達した直後から始まるわけではなかった。海水と溶解しつつある部分に徐々に蓄積された後、周囲の正型精子とともに形成され始めており、細胞塊の形成途上であっ

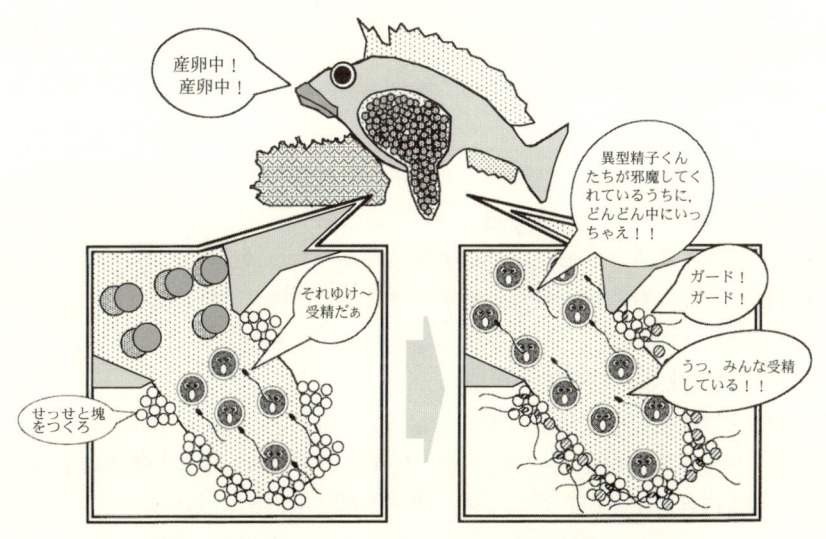

図2-19 ヨコスジカジカの異型精子の機能に関する模式図

てもペア産卵雄の正型精子は卵塊へ侵入し続けていた。だから，精液が卵塊に到達してから細胞塊が形成されるまでに5～10分の時間的な余裕があり，その間は必ずしも正型精子が卵塊に入っていくうえで妨げにはならないわけだ。おそらく，こうした時間的要素に依存する形で実質的に正型精子の選別が行われるのだろう（図2-19）。

　もちろん，この選別は厳密なものではないので，障害をかいくぐって卵塊内に入り込む正型精子もあるはずだ。ヨコスジカジカの繁殖では，各雄はなわばりを形成してペア産卵をするとともに，他の雄が番うときにはスニーカー雄として振る舞う。スニーキングは，それ自体にある程度の効果が期待できるからこそ行われるわけだから，やはり異型精子のブロックは100％のものではないのだろう。しかし，スニーカー雄の正型精子が卵塊に侵入するのを完全に防げなくても，遊泳の障害になって前途を阻むだけで，それらが未受精卵と遭遇するチャンスを減らすことが期待できる。これはちょうど，Kura & Nakashima (2000)で予測された，兵隊精子機能の第一段階（初期的段階）に相当するといえる。

2-5-5　異型精子のもう1つの機能

　ヨコスジカジカの異型精子には，敵対する雄の正型精子の動きを封じ込める機能があることがわかった。これで，ヨコスジカジカの放精やスニーキングのタイミングといった繁殖行動の観察で感じられた疑問もひとまず解決した。「これにて一件落着」のはずだ。しかし，待てよ，異型精子の機能はこれだけだろうか？　そんな疑問がどこからか訪れた。そう考えたとき1つ思い出したことがあった。それは，2-4-3でヨコスジカジカの異型精子の機能について仮説を考えたときに，精子競争にまつわる機能のほかにもう1つの可能性，すなわち，精子輸送に関する機能が残されていたことだ。一仕事終えた気分もつかの間，なんだか次なる欲が湧いてきた。

(a) 解明のヒントは行動の中に

　実は，繁殖行動で，放精のタイミングとあわせてもう1つ引っかかっていたことがあった。それは，雄たちが放精するときの卵からの距離（放精距離）だ。繁殖行動の項で記したように，雄は卵から10cmほど離れたところから放精を行っている。繁殖行動を記録したビデオを基にできる限り正確に放精

2-5 ヨコスジカジカの異型精子の機能　　　　　　　　　　　　　　　　　　73

距離を測ってみると，ペア産卵のときは，初めの2回の放精だけでなく観察したすべての放精を総合しても 9.4 ± 2.8 cm（平均±標準誤差；$n = 21$）で，スニーキングのときでも 8.9 ± 2.1 cm（$n = 6$）であった（Hayakawa et al., 2001c）。わずか10cmにも満たないが，そのときの光景がそれ以来ずっと頭の中に残っていて，「ずいぶん遠くから放精するなぁ…」と思ったものだ。

　水中で放精する魚類にとって，精子を確実に卵に届けるにはできるだけ雄は卵（卵塊）に近づいたほうがいいだろう。なぜなら放出された精液は水の抵抗を受けて水中に拡散してしまい，距離に応じてそれだけ卵とめぐり会う確率が減ってしまうと考えられるからだ。海水中でも正型精子の寿命は長いとはいえ，やはりこうした条件はヨコスジカジカの場合も同様だろう。ヨコスジカジカの雄が卵に近づけない一因は，卵が産み出されるときの物理的条件にあると思われる。成熟した雌は腹部がはち切れんばかりに肥大化しているので，卵は基質と雌の腹部の隙間に産み出される格好となる。このため，背後から放精する雄は雌の腹部が障害となってそれ以上卵に近づけない。だから，雄はある程度の距離からの放精を余儀なくされるのだろう。こうした放精では正型精子を卵に送り届けるうえで異型精子が（正型）精子輸送に何らかの働きをしているに違いないと考えた。

(b) 放精実験

　とはいっても，具体的に異型精子の精子輸送に関する影響を調べるにはどうしたらよいのだろうか。雄が放出する精子量は，おそらく繁殖のたびに雌の体長などを基に調節されているに違いない。というのは，サンゴ礁にすむ魚類では，雄が番う相手の体長を基に産卵数を推定し，それにあわせて放精量を調節しており，他の動物でも類似した放精量調節が行われることがあるからだ（これについては，本シリーズ第1巻1章にある吉川朋子さんの「サンゴ礁魚類における精子の節約」を参照されたい。吉川, 2001）。さらに，雄は常に決まった位置から同じ方向に向かって放精するわけではない。このように複雑な要因が絡んではいるが，問題は精液中に異型精子があることによって精子輸送にもたらされる効果である。ここでは異型精子が精液中にある場合とない場合とで放精後の精液の到達距離を比較すればよいことに気がついた。なぜなら海水に放出された精液は水中ですべてが一塊となって卵に届くわけではなく，白濁して伸びる帯状（例えば真冬の寒気の中でちょっと強

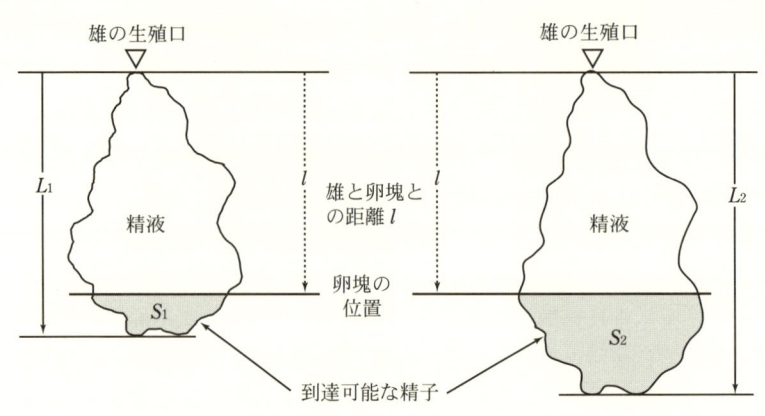

図2-20 ヨコスジカジカの放精で受精に携わることができる精子。（左）精液の到達距離が短い場合。(L_1)：卵塊の位置を越えられるのはl以遠に到達した図中S_1の領域内にある精子。しかし，（右）到達距離が延びることにより(L_2)，卵塊の位置を越えられる精液の領域はS_2に広がり，受精可能な精子量が増える

く吐いたときの白い息，あるいは，吹き出されたタバコの煙のような感じ…といえばご理解いただけるだろうか…）を呈しながら雄から卵に向かって進んでいくし，ヨコスジカジカの卵は雌の腹部にぶら下がっていて位置を変えないため，白濁の先端から順次卵塊に到達し，受精に携わることになるからだ（図2-20）。だから，精液の到達距離が長くなるほど，それだけ卵に到達する正型精子量の増加が期待できるわけだ。

精液の到達距離を比較するための方法を，例えば大小粒子のモデルでの比較など，何かいい方法がないかと考えあぐね，学生時代の友人で物理を専門としている秋山良さん［岡崎国立共同機構・分子科学研究所（現；コーネル大学）］に相談したところ，しばし空を見上げた後「流体は難しいんだよなぁ…。実際に精子を飛ばしてみたら？ それが一番よいと思うよ」との答えが返ってきた。なるほど，そうか！ そうと決まれば何事もやってみなくては！！ そこで，異型精子を含む精液と含まない精液を用いて人工放精実験を行い，両者の放精距離を比較することにした（Hayakawa et al., 2001c）。

(1) パチンコ実験 精液中の異型精子，正型精子，精漿の各成分の容積比を測ってみると，個体差はあるが平均5：3：2であった。これを基に次のような3つの試験精液を作った。すなわち，① 異型精子精液：精液中の細胞

2-5 ヨコスジカジカの異型精子の機能

成分がすべて異型精子。異型精子と精漿を8:2に混合。② 正型精子精液：精液中の細胞がすべて正型精子。正型精子と精漿を8:2に混合。③ 再混合精液：いったん分離した異型精子，正型精子および精漿を精液中の比率（5:3:2）と同様に混合しなおした精液，である。それに，コントロールとして各成分の含有比率が平均値に近い個体の精液を原精液として用いた。

これらの精液を，図2-21に示す精液射出装置を作成し，射出実験を行った。射出装置は，パチンコ鉄砲をアレンジしたようなもので，試験精液を入れた針つき注射器のピストン上端部分をバネに引っかける。射出装置の下には縦長の水槽をおいて海水を満たしておく。そして，バネを止めてある引き金をはずして一気に水槽内に試験精液を射出し，5秒以内に到達した鉛直下向きの距離を測る。5秒以内としたのは，予備実験から浮力の影響で射出精液の降下速度が極端に減るのが10秒以降と確認され，なかでも5秒以内ならバネ

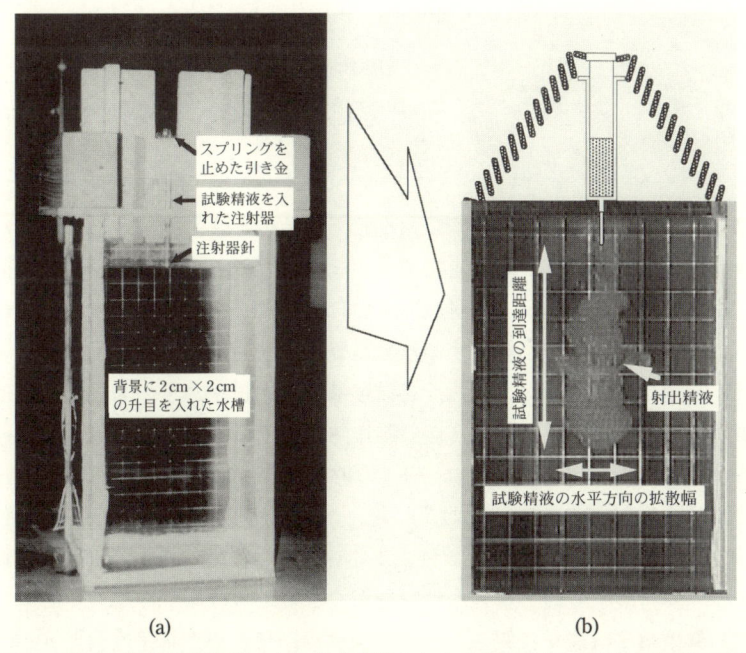

図 2-21 精液の射出実験装置。(a) 海水を満たした水槽の上に注射器を垂直に設定し，ピストン部分に掛けたスプリングの留め金を外すことによってスプリングが瞬時に下り，海水中に精液が射出される。(b) 射出実験の測定部分

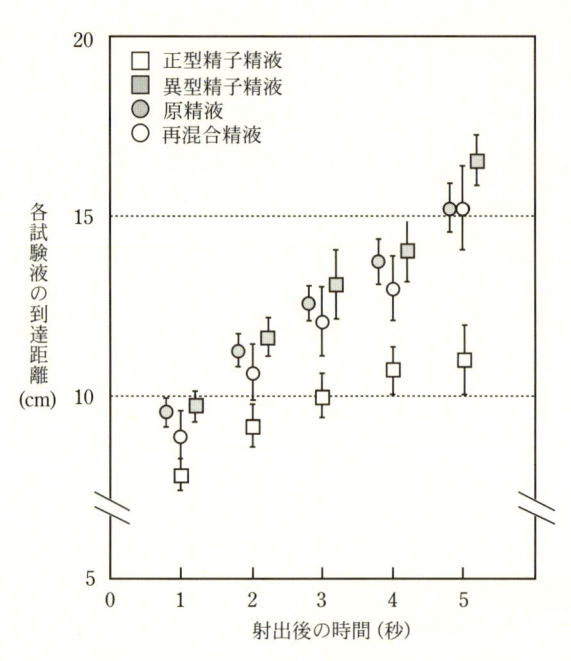

図2-22 精液射出実験の結果。各試験精液の到達距離（平均値±標準誤差）。Hayakawa et al., 2001cより改変

の力を正当に評価できると判断したからだ。そのとき，横方向に拡散した最大幅も記録する。一連の実験をビデオテープに記録し，モニター上で各計測を行い，解析した。先ほども触れたように放精はさまざまな角度から行われるが，ここでは計測を単純化するため試験精液を鉛直下向きに射出することで距離を測りやすくした。また，各試験液の射出量やバネの力は，ペア産卵雄が最初の2回の放精を行うときの雌体外に出ている卵塊を最低限カバーできるように，原精液（コントロール）の射出1秒後の飛距離が9〜10cmで，拡散幅が約5cmであるように設定した。ペア産卵雄の初めの2回の放精における各値を参考にしたのは，これまで述べてきたようにそれら2回の放精がすべての放精の中で最も重要な意味をもつと考えられたからだ。

(2) 異型精子は遠くに飛ぶ　射出実験の結果，異型精子を含むすべての精液が異型精子を含まない場合より放精距離が伸びることが示された（図2-22）。異型精子精液は，射出1秒後ですでに正型精子精液よりも有意に遠く

2-5 ヨコスジカジカの異型精子の機能

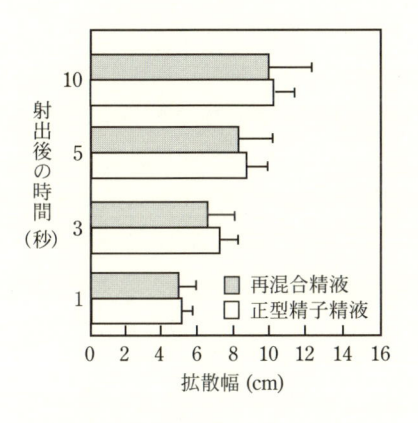

図2-23 精子精液および再混合精液の射出後の水平方向への拡散幅（平均値±標準誤差）。Hayakawa et al., 2001cより改変

に到達しており，約13％の違いがあった。そして，5秒後になると異型精子精液は正型精子精液の1.5倍の距離を飛んでいた。一方，原精液は4秒後以降に，再混合精液は5秒後にそれぞれ正型精子精液と有意差が見られるようになった。また，横方向の拡散幅を比較してみると，異型精子を含む再混合精液では正型精子精液より抑制されることが示された（図2-23）。これは，海水中に精液が散逸せずに，まっすぐに飛んでいることを意味する。

つまり，精液中に異型精子を含むことによって，精液の拡散が抑制され，到達距離が伸びるわけだ。精液を遠心分離すると，異型精子が容器の底に沈殿し，中央部に正型精子が，そして上澄みとして精漿がそれぞれ分離する。このことから，異型精子は正型精子より比重が大きいことがわかる。そのため，白濁の最下端には異型精子のみがあって，正型精子がいき渡っていないことも心配された。しかし，射出後の再混合精液について水槽内に広がった白濁の上部と下部から海水ごと精液を採取し，異型精子と正型精子の個数比を調べたところ，両者に差がないことがわかった。また，白濁の上部，下部，それに射出前の精液の三者間でも異型精子と正型精子の個数比に差がなかった。これらのことから，精液の白濁内では異型精子と正型精子はおおむね均一に分散していて，白濁の先端までちゃんと正型精子が届いていると判断された。しかし，これで安心はできない。なぜなら，精液の到達距離の伸張によって本当に卵塊に到達する正型精子量が増加できるのかを見きわめなくてはならないからだ。

(c) 正型精子はちゃんと届いているか

そこで，射出実験の結果を基に放精距離の違いによる卵塊に到達する正型精子量の変化を，正型精子精液の場合と再混合精液の場合でモデル的に試算し，卵塊への到達正型精子量を比較してみた。計算方法を簡単に説明すると(図2-24)，射出後のある時間における精液の白濁部分を円錐形と見立て，円錐の頂点からのある距離で断面を切る。円錐の頂点と断面との距離は卵塊と放精を行う雄との距離（放精距離）に相当するので，その距離を変化させ，断面より遠くにある正型精子は卵に到達しうる正型精子ということになる。これに，放精が行われるときの卵塊の大きさを考慮し，精液の白濁の中に卵塊があると見立てて，その部分を通過できる正型精子の量（図2-24のSv）を計算する。その結果，図2-25に示すように，再混合精液中の正型精子の卵塊への到達量が正型精子精液の場合を上まわる範囲が存在し，実際に放精が行われる平均的な放精距離付近で比較すると，圧倒的に異型精子を含むほうが到達正型精子量が多いことがわかる。このことから精液中に異型精子を含むことで精液の到達距離が伸張し，正型精子のみの場合に比べ精液中に含ま

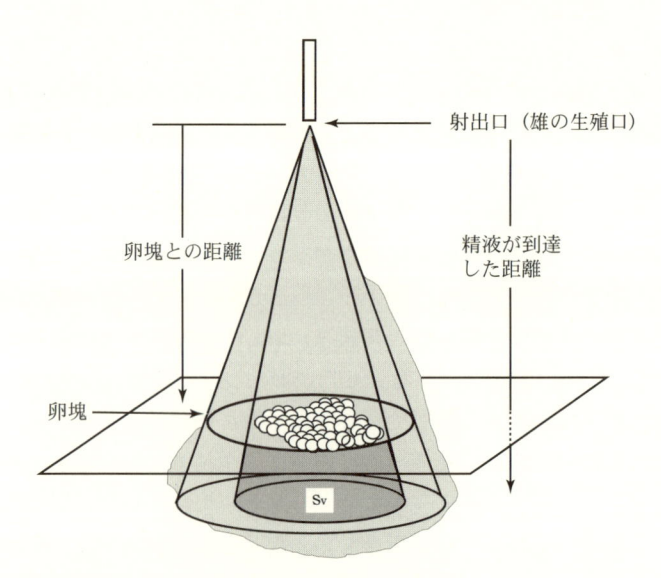

図2-24 試算の概念図。うすいドット部分は精液の拡散部分。放精時の卵塊の大きさを考慮に入れ，Svが卵に到達し受精できる正型精子がある領域

2-5 ヨコスジカジカの異型精子の機能

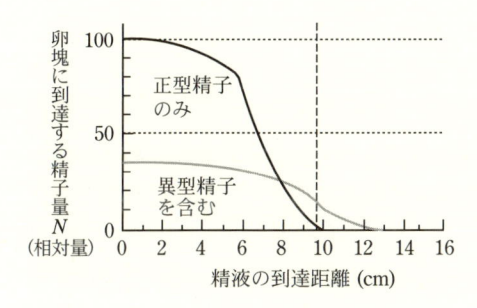

図2-25 射出3秒後における卵塊への到達正型精子量の変化。縦の破線は実際の放精時の平均放精距離を示す

れる正型精子量は少ないにもかかわらず，多くの正型精子を卵塊へ到達可能にすることが，計算上ではあるが証明されたわけだ。

このように，異型精子を含むことで卵塊に到達する正型精子量が増加するといっても，確かにその量は至近距離からの正型精子のみの射出より明らかに少ないし，はたして初めの2回の放精で卵塊全体の受精をまかなうだけの正型精子が送り届けられるのか？　という問題はある。しかし，実際に雄が放精を行う距離の頻度分布を調べてみると，異型精子の効果が発揮される範囲内での放精が全放精の2/3に及んでいた。また，ペア産卵雄にとってはスニーキングの危険があるなかでは，より早くより確実に正型精子を卵塊に送る必要がある。そうした条件下では，異型精子による正型精子輸送の助長は有効に働くに違いない。ここで得られた結果は，雄がより多くの正型精子を卵塊に届けて受精の機会を確保するうえで異型精子が有効に働くことを示している。

こうして，ヨコスジカジカの異型精子による正型精子の輸送機能がわかってきた。ここで示した異型精子の精子輸送を助長する機能は，輸送といっても正型精子が異型精子に付着する場合とは大きく異なり，精液の散逸を抑える方法でまかなわれている。そのため，これまでどこにも紹介されていない斬新な輸送方法を見つけた！　と思っていた。ところが，その後，異型精子の文献をあさっているうちに，Fain-Moreal (1966) がすでに精液の「antidispersive（拡散抑制）」として，その機能の可能性を予想していたことがわかった。それ以降もその仮説に対する具体的な証明はされていないとはいえ，そうしたアイデアを早々と考えていたとは，本当に脱帽の限りだった。

2-6 カジカ類の異型精子

2-6-1 精子競争の中で

ヨコスジカジカでは，異型精子の形成で精液中に含まれる正型精子の絶対量は減少するが，異型精子の精子輸送への貢献によって，雄は受精させられる正型精子量を増やすことができる。そして，卵塊に到達した異型精子がもう1つの機能，つまり敵対する雄の正型精子をブロックする機能を発揮することで，雄は自分の正型精子を確実に受精させる＝すなわち父性を確保することが期待できる，ようになる。無駄ではないどころか，ヨコスジカジカは，異型精子を実に巧妙に，二重の機能によって利用していたのである。

正型精子の輸送を助長する機能は，敵対する雄よりも早く確実に正型精子を卵に送り届けることに直結している。そのため，ヨコスジカジカの異型精子がもつ機能は，ブロック機能とあわせて精子競争にかかわる機能といえる。

精子競争は雄の生殖器官の形態や配偶子の生理的特性の特化，そして動物の繁殖生態や社会構造に大きく影響する一要因と考えられている (Parker, 1970; Smith, 1984)。例えば霊長類では，ゴリラのように雌が1回の発情で1匹の雄としか交尾をしない種に比べて，チンパンジーのように乱婚で雌が複数の雄と交尾を行う種では，より大きな精巣をもち，体重に対する精巣重量比が高い。また，雌が複数の雄と交尾を行う種では，雄が一度に射精する精液量や1日に生産する精子量が，雌が雄1匹のみと交尾する種に比べていずれも多くなる。一方，昆虫類では，ある種のトンボの交接器の先端はノコギリの刃のような形状になっていて，雄はそれを用いて雌が前回交尾したときに別の雄から受け取った精子を掻き出すことも知られている。ヨコスジカジカの異型精子も，こうした数々の例と同様に精子競争を背景にその機能が特化していったと考えられる。

2-6-2 配偶子間の協力

一方，異型精子と正型精子との関係に目を転じてみると，両者の関係は卵との受精をめぐる配偶子間の協力関係と位置づけられる (Trivers, 1985)。

配偶子間の協力関係とは，例えば冒頭で触れたような有袋類のオポッサム

で見られるペア精子があげられる (Moore & Taggart, 1995)。オポッサムの精子は，2つの精子が頭部で接着しあっている。それらの精子は，単独のときよりもペアのときのほうが遊泳能力に優れており，交尾後，雌腹腔内を移動して卵に到達するのを互いに補助しあっているのだ。一方，ヤマトクロスジヘビトンボ *Parachauliodes japonicus* の精子は，ペアを形成する方法とは別のやりかたで卵への到達を助けあっている (林, 1998)。ヘビトンボといってもこれはトンボの仲間ではなく，ウスバカゲロウやカゲロウの仲間に近い。ヤマトクロスジヘビトンボの雄は，精子を交尾によって直接雌の体内に受け渡すわけではない。雄は精子が充満した精包を雌の腹部に取りつける。精子は精包内にある細い菅を通って雌体内（受精嚢）に入っていく。このとき雄は精包を完全に出し切るまで約5時間も雌にしがみついているが，精包の受け渡しを終了すると雌から離れる。そうすると雌はすぐさま精包をはずしにかかる。だから，精子は最長でも5時間以内に精包内を移動しなければならない。精子は単独で行動するわけではなく，数百個の精子の頭部が寄り集まった形で精子束を作り，いっせいに鞭毛を動かして前進する。精子束が大きいほど遊泳速度も速く，粘性が高い雌胎内の体液中ではその効果がより発揮されるようだ。このようなヤマトクロスジヘビトンボの精子の集団移動も，その繁殖生態に対応して配偶子間が協力しあっている一例といえる。

　上述の例では，配偶子間の協力はそれぞれが受精能をもった精子どうしで行われていて，いずれの精子も受精する機会がある。しかし，ヨコスジカジカに限らず，異型精子の形成をともなう場合では，異型精子が一方的に受精能を失っている点で大きく異なっている。これは雄の繁殖のうえで，異型精子の形成によって受精できる精子の絶対数が減少することからもたらされる損失よりも，（どのような機能をもつにせよ）異型精子の働きがもたらす利益のほうが上まわる条件があることを意味する。

　同一個体から放出される精子は，減数分裂の過程で組み替えが生じ，それぞれが微妙に異なる遺伝情報をもつことや，限られた卵をめぐる点では互いに競争関係にあることは事実だが，精子競争が顕著な動物では，他個体由来の精子間との競争のほうがより熾烈であり (Trivers, 1985)，いうまでもなく個体レベルでの受精の成功を優先する。例えば先に紹介したように，精子競争に勝つために精巣機能が発達し，1回の放精量を増やす霊長類の場合で考

えてみよう。精液中の精子量が増えるということは，それを作り出す雄の受精確率を上昇させるが，1つの精子にとっては卵に遭遇して受精する確率が減少することになる。実は，このことは精子競争の有無にかかわらずあてはまることであり，ペア精子にしても精子の集団移動にしても個体レベルでの受精確率を上昇させるうえで機能しているのだ。

ところが異型精子の形成は，受精する精子の量を減らすことになるため，異型化しなかった精子の受精確率は上げるが，個体レベルでの受精確率を必ずしも上げるとは限らない。しかし，何らかの機能，例えば正型精子や胚への栄養あるいは精子輸送，精子競争を克服するというような役割が異型精子に付加され，それを作ることによって遺伝子を共有する「兄弟分」の精子の受精する機会が増加すれば，異型精子の形成は雄にとって適応度を上昇させる有効な投資となるわけだ。

ヨコスジカジカにとって異型精子の形成は，それを維持・促進させる要因が精子競争であり，精子競争に有利に働くように行われる雄の投資と考えられる。ただ，ヨコスジカジカに限らず精子競争に関連する機能をもつ異型精子がほかの場合と大きく異なるのは，その機能は相手（敵対する雄）がいて初めて発揮されるという点である。先にあげた放精量の調節では，精子を作るうえで働く内分泌などの体内コントロールが精子競争によって変化したとしても，受精する精子を作る範囲内の出来事である。一方，胚などへの栄養や精子の輸送などを担う異型精子の場合も，基本的には相手の存在にかかわらず機能しうることだ。もちろん，精子を多く作る繁殖力が高そうな雄，あるいは胚がちゃんと成長するように栄養供給できるような「よい異型精子」を作る雄を雌が好んで選ぶということもあるだろう。しかし，それはあくまで異型精子にもともとある機能が前提となって生じることで，その形成自体はそれほど無駄にはならない。ところが，精子競争に生かされる異型精子は，それが作られる起源的要因（例えば内分泌とか遺伝子の変化など）がどうであれ，その機能と形成の維持は相手が存在して初めて成立するわけだ。そして，精子競争における異型精子の機能は，それが発揮される状況が多々あるからこそ身についていったものといえるだろう。おそらく精子競争にかかわる機能をもつ異型精子は雄の受精率に大きな影響を与えず，ある程度の競争がある限り最低限維持されることになり（Sivinski, 1984)，こうした条件のも

とで異型精子と正型精子との配偶子間の協力は成り立っていると考えられる。

2-6-3 カジカ類の異型精子の起源と機能の付加

2-3-3で触れたように，カジカ類では異型精子（異型精細胞）の形成がいろいろな種で見られる。現在のところヨコスジカジカをはじめ，カンキョウカジカやハナカジカ (Quinitio, 1989; Quinitio & Takahashi, 1992; Quinitio et al., 1988)，イソバテングおよびケムシカジカ *Hemilepterius villosus* (Hann, 1927, 1930; Hayakawa, unpublished) など，淡水産・海水産を問わず14種で確認されている。

カジカ類における異型精子形成の要因は，まだ推測の域を出ない。しかし，カンキョウカジカでは同じ河川でも分布域によって異型精子を形成する個体群とそうでない個体群がある (Hann, 1927; Quinitio et al., 1988, 1992)。このことから，生殖細胞の異型化は水温をはじめとする環境条件が刺激となり，精子形成に関与する内分泌系の変化などによって促進され (Quinitio et al., 1992)，これに雄間競争の強さの違いなどの要因が加わったのかもしれない。

形成後の異型精子の過程に注目すると，いったんできた異型精子が精巣内で退行吸収されるタイプと，体外に放出されるタイプに大別される。退行吸収型にはカンキョウカジカやハナカジカが相当し，異型精子は精巣や貯精嚢内で多くが退行吸収され，体外への放出は少ない (Quinitio, 1989; Quinitio & Takahashi, 1992)。体外に放出されたものも，細胞質や核膜が消失し，核がむきだしの状態である。そのため，こうした種では異型精子が特別な機能をもっているとは考えにくい。

一方，体外放出型には，ヨコスジカジカのほかにはケムシカジカやイソバテングが含まれる。これらはいわゆる「体内配偶子会合型」のカジカたちだが，これらのカジカの雄には精子を雌胎内に送り込むためのペニスがなく，精子の授受は体外で行われる (Munehara, 1996)。どうやって精子の受け渡しをするかというと，雌体外に長く伸ばせる輸卵管を活用するのである。雌はこの輸卵管を文字どおり産卵のときに用いるかたわら，精子を受け取る際には輸卵管を思い切り体外に伸ばして先端からゼリー状の体液を出し，その体液にむけて放出された精液を受け取る。そして，雌は精液がついた体液を卵

巣内に入れるべく輪卵管を体内にしまうのだ (Munehara, 1996)。このとき，雄は雌体外に出された小さな目標に向かって放精することになり，これはヨコスジカジカのペア産卵雄の放精時と類似した条件である。このことから，イソバテングやケムシカジカにおいても異型精子が精子輸送を助長しているかもしれない。これらの種についての異型精子の機能は未解明の部分が多いが，カジカ類では異型精子の「体外への放出」がカギとなり，それによってもたらされた結果が雄の繁殖にとって有利に働いたことにより機能が付加し，特化していったのかもしれない (Hayakawa et al., 2001a, b)。

2-6-4 おわりに

ヨコスジカジカは異型精子を2つの機能によって有効利用していた。それは精子競争と関連していたが，他のカジカの異型精子のすべてが必ずしも精子競争から説明できるものではないだろう。淡水域にすむもの，海産のもの，交尾をしないもの，そして交尾をするものがいるうえ，その交尾（精子の受け渡し）の仕方までさまざまであるカジカだから，思いもよらない役割をもつ異型精子があるかもしれない。ただ，1つだけいえることは，異型精子が無駄なものと一瞥のもとに捨てられる存在ではないことである。それは，カジカ類以外の生きものにもいえることで，今後もさまざまな種で精子多型現象が見つかり，異型精子のさまざまな機能が明らかにされるに違いない。

最後に1つ。ヨコスジカジカは確かに漁師泣かせで商業ベースにはのらない雑魚である。しかし，手に多少の傷を負いながらさばいてみると，白身のこりこりした身は意外とおいしいし，鍋にすると濃厚な出し汁がとれる。唐揚げにするとこれまた酒にあう。本章の内容とあわせて彼らの名誉回復の一助になればと思いつつ筆をおく。

3 フナの有性・無性集団の共存

(箱山 洋)

脊椎動物の大部分は有性生殖を行うが，ごく一部にフナのように無性生殖を行うものがいる。無性生殖のフナはすべて雌であり，雄を産まないため，有性生殖と比べると2倍の出生率をもっている。ではなぜ無性生殖のフナばかりになってしまわないのか？　この章ではフナの無性型と有性型が共存する仕組みについて考えてみる。

3-1　はじめに

フナ属魚類(図3-1)には，有性型と無性型の2タイプがある。有性型には雄と雌があり，精子と卵が受精する有性生殖から息子と娘を作るのに対して，無性型はすべて雌であり遺伝的に同一なクローンの娘だけを作る。有性生殖とは，親と遺伝的に異なる子を作る生殖様式のことであり，無性生殖とは，親の遺伝子が組換えされずに子に伝えられて，親のクローンができる生殖様式のことである。

脊椎動物の有性生殖では，減数分裂による遺伝的組換えと受精による他個体の遺伝子との混ぜ合わせが起こる。減数分裂は，配偶子(卵や精子)形成のときに起こる染色体数を半減させるような細胞分裂である。このとき，交叉によってそれぞれの両親由来の相同染色体の組換えが起こり，新しい遺伝子の組み合わせをもった染色体が作られる。つまり，減数分裂では，組換えされた遺伝子をもつ半数体(一倍体)の卵や精子が作られる。こうして作られた半数体の卵と精子が配偶子合体(受精)することで，細胞内の染色体数は倍化し(二倍体)，卵と精子由来の遺伝子を合わせもつ二倍体の個体となる。

図 3-1 有性型のフナ。諏訪湖・舟渡川に産卵にくる集団の雄(*Carassius auratus bürgeri*)

表 3-1 魚類で無性生殖が見つかっている科/属 (Vrijenhoek et al., 1989 を改変)

コイ科 Cyprinidae
フナ属 *Carassius*
アブラハヤ属 *Phoxinus*
カダヤシ科 Poeciliidae
グッピー属 *Poecilia*
Poeciliopsis 属
ドジョウ科 Cobitidae
シマドジョウ属 *Cobitis*
ドジョウ属 *Misgurnus*
トウゴロウイワシ科 Atherinidae

　ほとんどの魚類はこのような有性生殖だけを行う。無性生殖を行う魚類は、フナの属するコイ科を含め、たったの4科（魚類全科数の1％以下）からしか知られていない（表3-1）。フナの無性型に関する発生学的・細胞学的な研究の始まりは、今から30年ほど前にさかのぼる。関東地方にすむギンブナ *Carassius auratus langsdorfii* には雄が見られないことや、近縁なコイ科魚類の精子をかけることによって母親と同じ形質をもつ雌のギンブナが生じたことから、小林(1967)や中村(1969)は、無性生殖の一種であるジノゲネシス(gynogenesis)の可能性を指摘した。ジノゲネシスとは、雌親の遺伝子だけが無性的に娘に伝えられるが、卵発生を開始する刺激として精子を必要とするような生殖様式のことである（Dawley, 1989を参照）。つまり、ジノゲネシスの個体は有性型の雄と配偶行動をして精子をもらうが、卵と精子は配偶子合体をせず、精子の遺伝子は子どもには伝わらないのである（図3-2）。フナ

3-1 はじめに

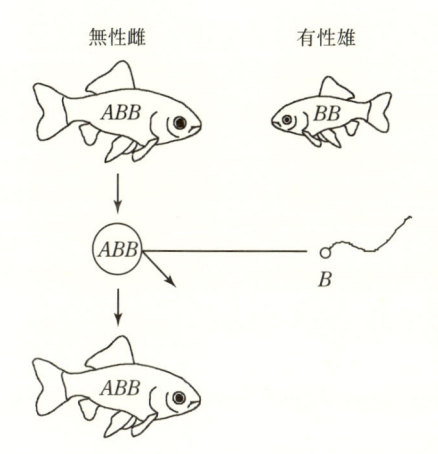

図3-2 ジノゲネシスによる無性生殖。無性型の雌は体細胞と同じ倍数性の配偶子を組換えなしで作り，クローン増殖する（図の無性型の雌は三倍体で雑種起源の*ABB*の遺伝子をもつ場合）。有性型の雄（図は二倍体*BB*）の精子は無性型の卵の発生に単に刺激としてだけ必要である

の無性型の場合，野外では近縁の有性型のフナ類（例えば諏訪湖ではナガブナ *Carassius auratus bürgeri*）の雄から精子をもらっている。小林（1967）や中村（1969）の指摘ののち，細胞学的な研究などからフナ類の無性型は，三倍体と四倍体の個体からなるジノゲネシスであることがわかってきた（例えば小林, 1971）。

なぜフナの無性型は三倍体などの倍数体なのだろうか？ それは無性型の起源に関係がある。魚類の場合，知られている限りでは無性型はすべて雑種起源である（Vrijenhoek et al., 1989）。一般に異種間の交配によって減数分裂が改変されて無性型が生じる可能性は低いのだが，近縁種間で交配が起きた場合など，歴史的にはごくまれに，組換えなし，減数分裂なしの卵を産む雌（無性型）が生まれることがある。この減数分裂を経ていない卵が雄の精子を受け入れるか，卵の遺伝子が倍化するかして倍数性の無性個体が生じたと考えられている。このことから，現在では有性型と無性型の間には遺伝的な交流がないにもかかわらず，無性型は近縁の有性型と遺伝子を共有している可能性が高い（図3-2）。

生殖様式の理解が進んできた一方で，フナのジノゲネシスに関する生態学的・進化生物学的な研究はまだ始まったばかりである。ここでまず問題になるのが，どのようにしてフナの有性生殖集団と無性生殖集団は共存しているのか，という問いである。有性型の精子に依存するジノゲネシスの性質から，

無性集団が単独で存続することはできない。少なくとも，無性型は必ず有性型と同所的に生活しているはずである。一方，有性集団は単独で存続できる。現実には，有性型だけの地域集団はまれであり，北海道から九州まで日本列島の広い範囲で有性集団と無性集団の共存が見られる。しかし，よく考えてみると両者の共存は不思議なことなのだ（詳しくは3-4節で後述）。

本章では，困難であるはずの共存がどのように実現されているかを調べていく研究を紹介したい。まずは，研究に用いたフナのすむ諏訪湖の様子を紹介し（3-2節），有性生殖2倍のコスト（3-3節），共存の困難さ（3-4節），共存理論（3-5節）について説明した後に，病原体が関係した頻度依存淘汰仮説を検証するために行った諏訪湖における野外調査と室内実験（3-6節），そして最後に配偶者選択に関する実験（3-7節）を紹介する。

3-2 諏訪湖のフナ

理論的な話に入る前に，まず調査を行った諏訪湖の繁殖地の様子を紹介しよう。諏訪湖のフナの繁殖期は4〜6月初旬ころで，この間がフナ漁の最盛期となる。支流の1つである舟渡川に産卵にのぼってくるフナの一部は漁業者が大四つ手網で漁獲し，すぐに生きたまま諏訪漁協に水揚げする。大四つ手は諏訪湖の伝統的な漁法の1つで，竹で組んだ非常に大きな網（5×5m程度）を水底に平行に降ろし，しばらくしてからテコの原理を利用して水底から引き上げて魚をとる。大四つ手は目の細かい大きな網であるから，網目以上の大きさの魚はすべてとれると考えてよい。調査地の舟渡川（河口域の川幅およそ15m）には河口に数十の大四つ手が設置されていて，フナのサンプルはここで捕獲された（図3-3a）。漁獲されるフナのなかには，無性型も有性型も含まれていた（Hakoyama et al., 2001a）。

フナの産卵は夜間から明け方に行われる。排卵した雌を雄が追尾し，雌は時折水草などに放卵する（Hakoyama & Iguchi, 2001）。このとき有性型の雄は誤って無性型の雌とも配偶行動をしてしまう。雄の立場からいえば，無性型の雌と配偶しても自分の遺伝子が子に伝わらないので，有性型の雌を選択して繁殖することができればそれに越したことはない。しかし，実際には雄による配偶者選択性の可能性は低そうである（詳しくは3-7節で述べる）。舟渡川の脇には河川と水路でつながっている水田が広がっており，時には産卵

3-2 諏訪湖のフナ　　　　　　　　　　　　　　　　　　　　　　　　　　89

図 3-3　(a) 諏訪湖・舟渡川の産卵場。漁業者が設置している大四つ手がいくつか見える。(b, c) 琵琶湖（近江八幡）の籠漁

にきたフナが水田の中に大量に取り残されているのが観察できたこともある。このとき，水田の浅いところにいるフナをねらってトビがやってきていた。

　私はいつも朝の5時半ころに中央水産研究所の内水面利用部（そこで共同研究をしていた）のある上田を出発し，朝の7時半ころに諏訪漁協で行われるせりに出かけていった。雨で増水した後には漁獲量が多くなるそうだが，確かに天気がよい日が続いた後で漁協に買い取りにいくと，水揚げがないこともしばしばあった。また漁協は自主的に繁殖期間中の休漁を行っており，魚が手に入らないこともあった。水揚げがあった日には，用意していった発砲スチロールの容器におよそ10kg前後のフナを入れ，エアレーションをしながら実験室まで運んだ。湖や河川（内水面）で魚の調査を行うときには知事から特別採捕許可を得なければならないが，この場合は漁業者からの買い取りであったので許可をとる必要はなかった。

　諏訪漁協の話では，これまで諏訪湖以外の地域のフナを放流したことはほとんどないそうだ。数年前に一度ヘラブナを入れたそうで，漁協にも諏訪湖本湖で取られた大きなヘラブナがまれに見られたが，舟渡川などの繁殖地ではヘラブナは漁獲されない。また，舟渡川の繁殖場ではコイなどの混獲もほとんどない。放流の影響が小さいことや，安定して大量の個体が採集できることなどから，諏訪湖はフナの調査地としては最もよい条件を備えた場所であろう。琵琶湖や千曲川などで予備調査をしたが，調査に必要な条件を満たしにくいことから，なかなか諏訪湖のようには調査できないと思った。

　ところで，琵琶湖のフナ漁で興味深いのは伝統的な籠漁である。今では琵琶湖で籠漁を行っている人はほとんどいないが，鮒鮨に使うニゴロブナをねらった籠漁を滋賀県近江八幡市で行っている保智為治氏の漁に同行させていただいたことがある。朝の5時に近江八幡まできてほしいとのことで，宿泊していた京都大学の室町寮を午前3時に出た。3月の朝はまだ寒く，氏の船の上で火を焚きながら，数百の籠が沈めてある漁場に出かけていった。支流域の漁場では，もう朝なのに時折バシャと水音を立てながら産卵を行っている個体もいた。籠漁では餌は使わない。繁殖期にフナが岸辺のアシなどに産卵するために突っ込んでくることから，返しのついた籠を設置しておくと中へ魚が入ってくる。このため，籠の入り口は岸向きではなく河川のほうに向

けなければならない。写真（図3-3b, c）は，保智氏が竹製の鉤棒を使って手探りで籠をあげていくところである。

3-3 有性生殖2倍のコスト

それではフナの有性型と無性型の共存に関して何が問題かを，順を追って説明しよう。有性生殖2倍のコストとは，性比1：1で異形配偶子を作る有性生殖の集団に比べて，無性生殖の集団は2倍の繁殖率をもつことを意味する。ちなみに生態学でコストといえば，適応度を低下させるような効果を意味する。また，異形配偶子とは卵と精子のように大きさなどが異なる配偶子のことである。有性生殖2倍のコストは，雄を作るコスト (Maynard Smith, 1978) ともいわれる。つまり有性生殖する場合に必ず見られるコストではなく，異形配偶子を作る有性生殖の生物（雄は精子を作り，雌は卵を作るような生物）で起こるコストである。

では，なぜ無性生殖の集団は2倍の繁殖率をもつのだろうか。それは，有性生殖の集団では雄の精子が子どもにとっての資源（栄養）として利用されずに，浪費されてしまうためである。生態学で「資源」といえば，餌・水・巣場所などのように個体によって消費されて，結果として他の個体が利用できなくなるものを意味し，資源を手に入れた個体は利益を得る。精子は大量に作られるが，ほとんどは受精の機会がなく死んでしまう。また精子はとても小さいことから，卵に遺伝情報だけを与えて資源を与えない。このことから，ペアが産む子どもの数は，基本的に雌が卵に投資する資源の量（魚でいえば，卵巣の大きさ）だけで決まる。この集団に自分のクローンだけを産む無性型の雌の突然変異個体が現れたとすると，どうなるだろうか。その場合，無性生殖する雌2個体は有性生殖のペアに比べて2倍の子どもを産むために，無性個体は有性個体の2倍の繁殖率で集団に広がることができるのである。別の言い方をすれば，有性型の雌1個体は雌を50％しか産まないが，無性型の雌はすべて雌を産むために無性型は2倍の繁殖率をもつともいえる（図3-4）。

一般に，雄が有性型の子どもを保護する場合は，雄から子どもに資源を与えていることになるので，性のコストは低減する。一方で，雄が保護を行うとしても，無性型と有性型の子どもを区別せずに保護を行うとすれば，有性

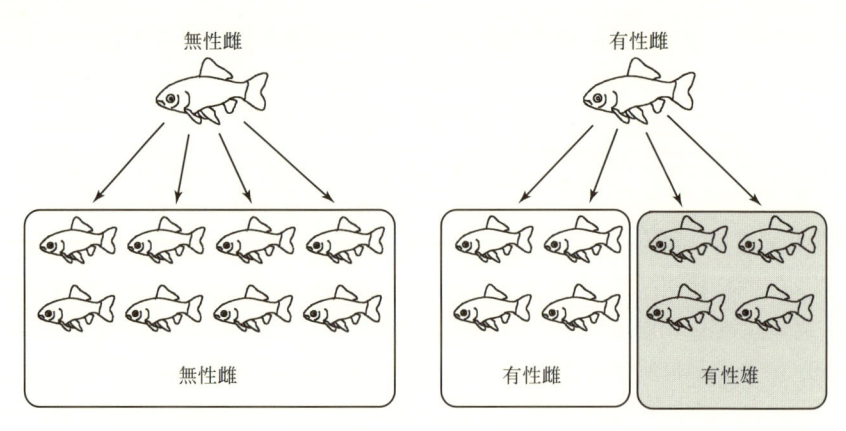

図3-4 有性生殖2倍のコスト。無性型の雌は雌だけを産むが有性型の雌は雄を半分産むために，有性集団の繁殖率は無性集団の1/2になる

生殖の2倍のコストはそのまま残る。しかし，魚類の有性・無性の集団では子の保護は見られないので，このことが有性生殖2倍のコストに影響を与えることはなさそうである。フナ類は放精放卵をして水草などの基質に卵を産み付けた後は雄も雌も子の保護を行わない。*Poecilia* 属などカダヤシ科の無性生殖を行う魚は卵胎生であるが，やはり雄は子の保護などは行わない。

3-4 なぜ共存は困難か

　有性型と無性型の性以外の形質が同一である場合には，両者は共存できない。というのは，先に述べた有性生殖2倍のコストのために，無性型は有性型に比べて2倍の繁殖率をもつ。一方で，ジノゲネシスであるフナの無性型は有性型の雄を繁殖に必要とするため，有性型なしには繁殖できない。他の形質が有性型と無性型で同一だとすると，無性集団は高い増殖率で有性集団を数のうえで圧倒することになるが，やがては自らが繁殖を助けてもらっている雄ブナの減少とともに，無性集団の増殖率も低下し，最終的には両者が滅びると考えられる（図3-5a）。雄ブナの減少とともに無性集団の増殖率が低下するのは，雄ブナが減少すると産卵できない無性雌が増加するためである。雄ブナがある程度少なくなると無性集団の個体数は減少するようになる。相対的には無性集団は常に2倍の繁殖率があるから，有性集団が盛り返すこ

3-4 なぜ共存は困難か

とはなく，雄ブナも減る一方であり，両者の絶滅は必然となる。

言葉は多義的であるから，この説明だけでは本当に両者の共存が不可能なのか疑問に思う人もいるかもしれない。そこで，簡単な個体群動態の数理モデルを作って性質を調べてみよう。モデル化することで議論が明確になる。基本的に個体群の動態は繁殖率（出生率）と死亡率を定式化すればモデル化できる（出生死亡過程）。

有性型の個体数をs，無性型の個体数をuとしよう。有性型のなかには雄と雌が含まれるが，無性型はすべて雌である。ジノゲネシスの制約から，無性型の出生率は無性型の雌の数だけでなく，無性型の雌と配偶する雄の数にも依存する。

$$\frac{1}{\frac{1}{m\eta_u} + \frac{1}{mu}} = \frac{mns}{ns + m(s + 2u)} u \quad (1)$$

ただし，η_uは無性型の雌と配偶する雄の個体数，nは雄1匹あたりの出生率，mは無性雌1匹あたりの出生率を表す。式(1)はη_uとuの増加関数であり，配偶雄が十分にいる場合は無性雌の数uに比例し，無性雌が十分にいる場合

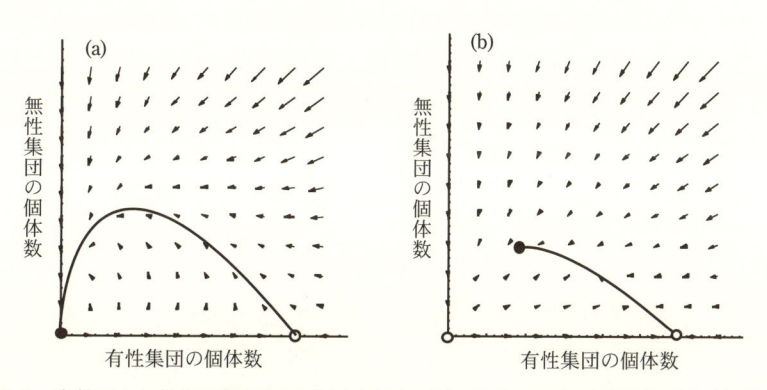

図 3-5 有性型と無性型の個体群動態の概念図。(a) 性以外の形質が両者で同一な場合。○は無性型がいないときの有性集団の不安定な平衡点で，●は両者の個体数が0である絶滅状態の安定な平衡点を表す。有性集団に無性型が侵入した場合，無性集団は2倍の繁殖率で有性型を圧倒するが，やがて雄不足から両者は滅びる（図の曲線に従って○から●へ個体数は変化する）。矢印は個体数の変化率を表し，平衡点以外ではどのような個体数の初期値から始めても両者は滅びてしまう。(b) 何らかの形質の違いによって少数者有利の頻度依存淘汰がある場合。有性集団に無性型が侵入して数を増やしていくが，●の点で安定な共存が起こる（図の曲線に従って○から●へ個体数は変化する）。

は配偶雄の数 η_u に比例する。有性集団の性比が1：1であると仮定すると，雄の個体数は $s/2$ である。また，ランダムな配偶者選択を仮定すると，無性型の雌と配偶する雄の割合は全雌のなかの無性型の雌の割合に等しい。すなわち，無性型の雌と配偶する雄の数は $\eta_u = (s/2) u/(s/2+u)$ となる。これを式 (1) の左辺に代入すると式 (1) の右辺が得られる。

同様に，有性型の出生率は次式のようになる。

$$\frac{1}{\frac{1}{m\eta_u}+\frac{1}{m(s/2)}} = \frac{1}{2}\frac{mns}{ns+m(s+2u)}s \tag{2}$$

ここで，$\eta_u = (s/2)(s/2)/(s/2+u)$ は有性型の雌と配偶する雄の個体数である。式 (1) と (2) を比べると，有性型の1個体あたりの出生率は，常に無性型の1/2であることがわかる。これが有性生殖2倍のコストに相当する。

これらの出生率を用いて，個体群動態の時間変化を次のような微分方程式で表すことにする。

$$\frac{ds}{dt} = \frac{1}{2}\frac{mns}{ns+m(s+2u)}\frac{1}{1+c(s+u)}s - \mu s \tag{3a}$$

$$\frac{du}{dt} = \frac{mns}{ns+m(s+2u)}\frac{1}{1+c(s+u)}u - \mu u \tag{3b}$$

ここで，t は時間である。右辺の第1項では，先の式 (1)，(2) の出生率に $1/[1+c(s+u)]$ を掛けて，出生率に密度効果を仮定する。すなわち，全体の個体数 $(s+u)$ が増加するほど，出生率が低下すると仮定している。c は密度効果の係数である。μ は1個体あたりの死亡率であり，無性型と有性型で死亡率に差はないとする。式 (3) が有性型と無性型の個体群動態のモデルである。

式 (3) の個体群動態モデルに平衡点 (そこでは個体数が変化しない平衡個体数) があるとすれば，平衡点では個体数の変化率は0でなければならない。すなわち，平衡点では $ds/dt = 0$ かつ $du/dt = 0$ である。そこで式 (3) で $ds/dt = 0$，$du/dt = 0$ とおいて得られる s と u の連立方程式を解けば，平衡点を計算することができる。

計算すればすぐにわかるが，このモデルに有性型と無性型の共存平衡点はない。有性型だけが存在する平衡点は $mn/(m+n) > 2\mu$ のときに存在するが，常に不安定である (図3-5aの白丸)。原点 (絶滅状態) は常に安定な平衡

点である（図3-5aの黒丸）。ただし，ここで「安定」というのは，環境変動など何らかの理由によって共存点から個体数が変化したときに，時間がたてばまた元の共存点に戻れるという意味である。たとえ共存点が存在しても，不安定であれば共存できるとはいえない。不安定な平衡点から少しでも個体数が変化すれば，違った個体数（この場合は原点）へどんどん変化していってしまう（図3-5a）。すなわち，定式化した議論が示すとおり，有性型と無性型の性以外の形質が同一である場合両者は共存できないのである。

3-5 共存の理論

となると，3-4節の説明では考慮しなかった何らかのメカニズムが共存には必要になってくるはずだ。どのような仮説や理論が考えられるだろうか。共存を考えるにあたっては，数千・数万世代といった歴史的な時間スケールで無性型が不利になる要因（有性生殖の長期的な遺伝的利点など）は考慮する必要はない。有性生殖2倍のコストは潜在的に2倍もの繁殖率の差をもたらすため，数世代といった短い時間スケールでの無性型と有性型の競争に決定的な影響を及ぼす。このような短い時間スケールでの競争で重要になるのは，何らかの生態的なプロセスである可能性が高い。

共存を説明する仮説としては，病原体を介した頻度依存的な共存理論（詳しくは後述），雄の配偶者選択（Moore & McKay, 1971; Hakoyama & Iguchi, 2001），生態的ニッチの違いに基づく理論（Vrijenhoek, 1979; Doncaster et al., 2000），雌に偏った投資仮説（Hakoyama et al., 2001b），中立説（巌佐庸，私信）などが提案されている。それぞれの「種」の無性型と有性型の複合集団では，繁殖システム，個体群の構造，生活史といった生物学的な特徴が異なっており，単一の説明が可能だと考えるのは現実的ではない。具体的にどのような生態的なプロセスが重要であるかは種ごとに大きく異なるのではないかと私は考えている。フナにはフナのシステムがあるはずで，そこに特定の系を調べる面白さがある。私が特に着目したのは，種内多型の維持を説明する理論として広く受け入れられている頻度依存淘汰の考え方である。少数者が有利になるような（負の）頻度依存淘汰がある場合，多型が安定して維持される。負の頻度依存淘汰（negative frequency dependent selection）とは，ある表現型の頻度が低いほど，その適応度が高くなる淘汰を意味する。環境の変動な

ど何らかの理由で，一方のタイプがたまたま少数になったとしても，少数者有利の頻度依存淘汰があれば再び個体数を増加させる可能性が高い（図3-5b）。

ここでは，病原体を介した頻度依存的な共存理論として，（1）赤の女王仮説 (Van Valen, 1973; Hamilton, 1980)，そして，（2）非特異的免疫仮説 (Hakoyama et al., 2001a; Hakoyama & Iwasa, 未発表) の2つを紹介しよう。3-6節で紹介するフナの野外調査で主な検証対象とした仮説は後者である。

3-5-1 赤の女王仮説

遺伝的組換えは性の最も重要な特徴であるため，無性生殖に対抗するような性の利点は組換えそのものにあると考えられる (Hamilton et al., 1990)。有害な突然変異を組換えによって除去すること (Muller, 1964) などは，組換えの長期的な利点であると考えられている。しかし，先に少し述べたように，性の長期的な利点は生態的な時間スケールでの共存を促進することはない。これに対して，Jaenike (1978) や Hamilton (1980) は，有性生殖の組換えはさまざまな病原体を打ち負かすための共進化的な防御に有効なのだという仮説を提唱した。

Lewis Carroll の『鏡の国のアリス』の赤の女王から，この仮説は「赤の女王仮説」(Van Valen, 1973; Bell, 1982) とよばれる。現状を維持する（絶滅しない）ために進化的に常に変化し続けることを，同じ所にとどまるためには走り続けなければいけないという赤の女王の話になぞらえている。

赤の女王仮説も組換えによる性の利点を考えているが，病原体への対抗は素早い共進化を引き起こすために，短期的な性の利益を生み出す可能性がある。特定の免疫反応には個別の遺伝的基盤があるため，ある寄主（ここでは有性型や無性型の個体をさす）がすべての寄生者に抵抗できると考えるのは現実的ではないだろう。また，同様に，ある寄生者はすべての寄主に感染することはできないだろう。Hamilton (1980) は，このような寄主–寄生者のシステムをパスワードシステムと表現している。他の例えでは，寄生者と寄主の関係は「鍵と鍵穴」であり，どの個体も違った鍵と鍵穴をもっているようなものである。ここでは病気に強い個体というのは寄生者の鍵がなかなか合わない鍵穴をもっている個体ということになり，そのような強さは常に相対

的なものである。

具体的には，組織適合性抗原の同種抗原のように遺伝的に決定されていて，特定の（自己の）抗原以外には免疫応答を起こすような何らかの免疫機構を想定している (Hamilton, 1980)。組織適合性抗原はMHC (major histocompatibility complex; 主要組織適合複合体) からなり，高い遺伝的多様性を示す。組織適合性抗原はフナなどの魚類にも見られる (Nakanishi, 1987)。

このようなパスワードシステムが重要である場合，寄生者との敵対的な共進化の結果として，世代時間の短い寄生者は寄主のある種の抗原に免疫応答を起こさないように（免疫機構を突破できるように）短期間に進化するだろう。一般的な（多数派の）表現型の寄主を攻撃できる寄生者が淘汰のうえで有利になって，相対的な頻度を増加させることになる。

つまり，有性・無性の混合集団のなかで，一般的な表現型の寄主が寄生者に重点的に攻撃されることになり，まれな表現型の寄主は寄生者の影響を受けにくくなる。この場合，有性型の寄主は組換えによって毎世代まれな子孫を生み出すことで有利になり，結果として，頻度依存的なメカニズムが働き，有性型と無性型の共存やクローン多型の維持が可能になるかもしれない。これが赤の女王仮説による共存のシナリオである。Hamilton et al. (1990) はコンピュータ・シミュレーションで，赤の女王プロセスによって有性集団と無性集団が長い世代にわたって存続することを示している。

3-5-2 非特異的免疫仮説

寄主や寄生者の遺伝的基盤の多様性に基づいた特異的な免疫反応を仮定した赤の女王仮説に対して，単に非特異的な免疫反応を主とした寄生プロセスでも安定な共存を実現できる可能性がある（非特異的免疫仮説; Hakoyama & Iwasa, 未発表）。「非特異的免疫」とは，物理的な防御壁や好中球などの食細胞による食食や殺菌作用のように，外界からのさまざまな異物に対して非特異的に反応するような免疫をさす。ここでは，Hamilton (1980) が想定したような寄生者と寄主の間のパスワードシステムはない。非特異的免疫において病気に強いとは，より防御壁が厚いとか，より免疫活性が強いといったように絶対的なものである。非特異的免疫仮説では，(1) ある非特異的免疫の遺伝的基盤が有性型と無性型の間で異なっていて，(2) さらに，無性型のほう

が有性型よりも免疫活性が低いと仮定する。この場合，無性型の感染率や死亡率が有性型よりも高くなるだろう。もしそうだとすれば，有性生殖2倍のコストはその分だけ補償され，無性型と有性型の共存が可能となりうる。

　実際，免疫防御の低下だけではなく，一般に脊椎動物などの無性型の適応度が有性型より低くなる有力なシナリオが2つある (Hakoyama et al. 2001a)。第一に，ヘテロシス (heterosis) によって無性型の適応度が低下する可能性がある (Ladle, 1992)。heterosis は「雑種強勢」と訳されることもあるが，親種より雑種の適応度が増加する場合だけでなく低下する場合もあるので「ヘテロシス」としておく。ほとんどの脊椎動物で無性型は雑種起源であるから (Dawley, 1989)，雑種形成の過程で免疫システムの一部が損なわれて適応度が低下することがあるかもしれない (Ladle, 1992)。

　第二に，「細胞サイズ仮説」がある (Hakoyama et al., 2001a)。無性型は倍数性（三倍体や四倍体などのような染色体数の増加）を獲得することが多い (Dawley, 1989; Vrijenhoek et al., 1989)。フナの無性型も倍数体である。一般に脊椎動物などでは，倍数性を獲得した個体の細胞は，通常の二倍体の細胞よりも大きく，変型したものになる。一方，体の大きさは倍数体と二倍体で大きな違いがない。これは，倍数体では細胞のサイズが大きくなった分だけ，細胞数を減らすという補償作用が働いているからである (Fankhauser, 1945)。このような倍数化にともなった細胞の大型化やその補償作用は，細胞サイズと細胞数が影響するようなすべての生理的な活性に影響するだろう。例えば人工的に二倍体から作られた三倍体のイトヨ *Gasterosteus aculeatus* の酸素消費量は二倍体のそれより低く，三倍体において一般に行動活性が低下することを示唆している (Swarup, 1959)。この効果は，脳や免疫機構などにも同様の悪影響を与えるかもしれない。この細胞サイズ仮説が正しいとすれば，ほとんどの脊椎動物の無性型は倍数化をともなっているため，無性型の適応度が低下することは広く一般的なこととみなしてよいだろう。

　しかし，無性型の死亡率が有性型よりも高くなって有性生殖2倍のコストを補償できたとしても，それだけでは安定な共存にはならない。共存には無性・有性集団の個体群動態を安定化させるような何らかのメカニズム（例えば負の頻度依存淘汰）が必要である。実は非特異的免疫仮説では病原体が負の頻度依存淘汰を引き起こすのである。それは次のようなシンプルなメカニ

ズムに基づいている。非特異的免疫仮説では無性型のほうが有性型よりも感染率が高いと仮定していたから，病気が流行すると（病原体の密度が高まると），病気にかかりやすい無性型が少なくなる。一方，無性型が少なくなると，病気に強い有性型が多数派になるため病気が流行しなくなり，やがて無性型が増加する。無性型が増加すれば，また病気が流行することになる。結果的にはこのような病原体を介した負の頻度依存淘汰によって，無性型と有性型が安定に共存できる（非特異的免疫仮説；Hakoyama & Iwasa, 未発表）。

3-6 寄生虫と非特異的免疫仮説の検証

前節で述べたように無性型と有性型の共存に関して，寄生虫が果たす役割は重要であると考えられる。赤の女王仮説と非特異的免疫仮説は，それぞれ異なったメカニズムではあるが，寄生者が個体群を安定に調節する負の密度効果をもたらすのだ。そこで私と共同研究者の西村定一氏・松原尚人氏・井口恵一朗氏は，2つの仮説を念頭におきながら，諏訪湖においてフナの有性・無性の混合集団の野外調査や，野生個体の無性型と有性型の間で非特異的免疫の活性を比較するためのバイオアッセイを行った。

赤の女王仮説の予測によれば，最も数の多い優勢なクローンに比べて多様な遺伝子型をもつ有性型の感染率は低いはずである（Lively et al., 1990）。さらに，クローン多型がそれほど多様でない場合は，平均的にみて，無性型は有性型より感染しやすいだろう（Moritz et al., 1991）。一方，非特異的免疫仮説では無性型が有性型より感染しやすいことを仮定しているので，この点に関しては両者の予測は同一である。それぞれの仮説の予測として，赤の女王仮説は多数派のタイプがより感染しやすいことを予測するが，非特異的免疫仮説はそのようなことは予測しない。赤の女王仮説は無性型と有性型の非特異的な免疫反応の差に関しては予測をもっていない。つまり，2つの仮説は互いに相反するものではなく，同時に相補的にそれぞれのプロセスが働く可能性もある。

以上のような観点から，(1) 寄生虫感染率と，(2) 食細胞の免疫活性（非特異的免疫）に関して，諏訪湖のフナの有性・無性の混合集団において調べてみた。

3-6-1 飼育，性判別，有性無性判別

　野外調査やバイオアッセイに使った魚は諏訪湖の野生個体で，3-2節で述べたように諏訪漁協から上田にある中央水研の実験棟まで車で輸送した。調査は1997年と1998年に行った。運んできた魚は用意しておいた薬浴水の入ったいくつかの飼育水槽で雄，有性雌，無性雌に分けて飼育した。このとき，まず魚の性と健康状態で仮にいくつかの水槽へ分けておいて，すぐに体長・体重測定，有性型・無性型の判別，寄生虫（吸虫）の感染数の測定，年齢査定を行った。年齢査定は個体群の構造を知るために行ったが（Hakoyama et al., 2001a)，本書では詳しく述べない。吸虫の測定に関しては次節で詳しく述べる。測定は麻酔を使って短い時間内で行った。測定後の魚が正常に麻酔から回復したことから，麻酔による大きな影響はなかったと考えられる。採集してきた個体はすべて成熟していたので，性別は簡単に判別できた。この時期，総排出腔を手でそっと押すと，雄では精子を出し，雌では卵が覗く。非繁殖期にはフナの性別を判別するのは難しい。

　採集してきた数百尾のフナは，無性型がギンブナ *C. a. langsdorfii*，有性型がナガブナ *C. a. bürgeri* であった。形態的に両者は異なっており，ギンブナは銀白色で体高が高く，ナガブナは黄褐色で体高が低いことなどで区別できる（中村，1969)。しかし今回は形態ではなく，より正確な判別ができる赤血球の大きさで有性型・無性型の判別を行った（瀬崎ほか，1977；小野里ほか，1983)。魚の尾柄の血管から採血し，塗沫標本を作り，倍率400倍の光学顕微鏡で赤血球の長軸の長さを測定した。瀬崎ほか（1977）と小野里ほか（1983）によれば，赤血球の長軸の長さで倍数性を判別して，15が二倍体と三倍体の判別境界，19が三倍体と四倍体の判別境界とされている。これらの判別境界は一応の目安であるが，実際には二倍体と三倍体の赤血球サイズにははっきりした違いがあり，判別に困るようなサイズの赤血球はほとんどなかった。血球の長軸の大きさは，二倍体と三倍体でそれぞれ，平均13.1 μm と 17.1 μm であった（それぞれ10個体計測)。また，赤血球の大きさで判別した無性型と有性型は，形態で見てもそれぞれギンブナ，ナガブナに一致していた。諏訪湖では四倍体の個体はごくまれにしか見られず（1％以下)，主に二倍体と三倍体から有性・無性型の混合集団は構成されていた。

野外の魚のコンディションを整えるのは難しかったが，薬浴，飼育密度，流水系の飼育水槽などに関した試行錯誤から，よいやり方がわかってきて，なんとか健康な魚を維持することができた。魚病学が専門の共同研究者 西村定一氏のアドバイスも大きかった。しかし，初めの状態が悪かった一部の魚はやはり実験には使うことはできなかった。薬浴としては1％食塩水を基本として，穴あき病，水カビ対策の薬を適時用いた。また，実験棟では地下水を汲み上げて飼育水としており，これによって安定した流水環境を作れることが飼育のうえで非常に大きなポイントであった。飼育水槽の水温は，12±1℃に保った。飼育中の餌は配合飼料を与えた。免疫活性の測定には1ヵ月ほど飼育してコンディションを整えた魚を用いたが，この間に吸虫の感染を示す黒点などはほとんど見えなくなっていた。

3-6-2　吸虫の野外感染率の測定，免疫活性測定

フナ類の寄生虫の1つとして二生目 (Digenea) の吸虫 *Metagonnimus* sp. がある。*M. takahashii* は，フナ属を含んだいくつかの淡水魚に感染して鰭などの表皮に黒色点を発生させる (黒点病)。

黒点病は魚類には明確な悪影響を与えないといわれている (江草, 1978)。このような病原体は致死的な毒性をもたないため，直接には頻度依存的な淘汰を引き起こすことはない。しかしながら，非特異的免疫が原因の場合，ある病原体の感染率は他の病原体の感染率の指標になる。すなわち，*M. takahashii* の感染率に差があったとすれば，毒性の高い他の病原体でも感染率に差があると推測される。このような理由から，感染数を定量的に測定するのが容易である *M. takahashii* の感染率を調べることにした。

一般に，二生目吸虫の第一中間宿主は巻貝類，第二中間宿主は魚類，最終宿主は陸上の鳥類や哺乳類である。卵から孵化した吸虫の仔虫は遊泳して巻貝類に感染し，さらに運動能力のあるセルカリア期の吸虫は巻貝類から遊泳して魚類の表皮組織内に移動する。第二中間宿主の魚類が鳥などに捕食されることで吸虫は最終宿主へ移動する。魚類の表皮組織内では吸虫は自ら分泌液を出して被囊を形成し，被囊内で移動性のないメタセルカリアとなる。被囊の周辺には魚の黒色色素が増生するので，1つの被囊 (1個体の吸虫) は1つの黒点として見える。実際，実体顕微鏡 (50〜100倍) を使って鰭の黒点にあ

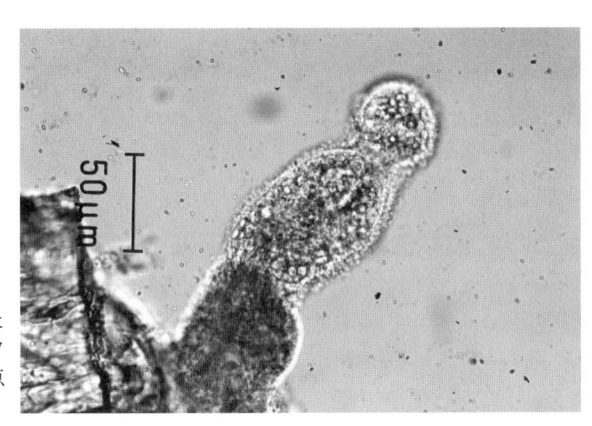

図3-6 被嚢から顕微鏡と針を使って取り出したメタセルカリア期の吸虫。黒点に1個体ずつ入っている

る被嚢を破ってみると，中から1個体の吸虫を取り出すことができる(図3-6)。そこで，吸虫の感染率として，野外から採集してきたフナの尾鰭の黒点の数(吸虫の数)を測定した。そのうえで，有性型と無性型の雌で黒点の数を比較した。感染率の性差による影響を除くために雄は解析に用いなかった。

　食細胞の非特異的な免疫活性を測定するために，実験室で十分にコンディションを整えた健康な魚から血液を採取してNBT (nitroblue tetrazolium)テストを行った (Siwicki & Anderson, 1993)。好中球や白血球からの活性酸素によってNBTはformazanという化合物に還元するが，この還元量は簡便に測定することができ，食細胞の殺菌作用に関した免疫活性の指標となる。NBT法の詳細はHakoyama et al. (2001b)を参照されたい。

3-6-3 感染率が高い無性型

　フナ類の有性・無性型の混合集団では，有性型に比べて無性型のほうが吸虫への感染率が平均で3～5倍高かった(図3-7)。この結果は，先に述べたように，(1) 遺伝的に多様な有性型が遺伝的に均一な無性型よりも感染されにくかった(赤の女王仮説)，(2) ジノゲネシスの無性型で非特異的な免疫反応が低い(非特異的免疫仮説)という2つの異なる仮説からの予測と一致する。

　一方，NBTテストによって無性型の雌(血液1mlあたり平均0.98mg NBT formate, $n = 12$) より，有性型の雌(平均1.51, $n = 12$)のほうが食細胞などの活性酸素などによる殺菌作用に関する免疫活性が高いことがはっきりと示

された (Mann-Whitney検定, $p<0.001$)。このことから，少なくとも，食細胞による非特異的な免疫活性の差が，野外における感染率の差をもたらす原因の一部であると考えてよいだろう。無性型における非特異的な免疫活性の低さは，無性型の感染率を上昇させるだけではなく，毒性の高い病原体に対して，無性型の死亡率を上昇させる可能性もある。

　感染率が無性型で高かったことは赤の女王仮説でも説明できるが，今回の研究ではこれ以外に赤の女王仮説をサポートするデータを得ることはできなかった。今後，遺伝子マーカーを使ってクローン間の遺伝的な変異を区別して多数派のクローンの感染率が高いかを調べたり，同所的な寄生者が異所的な寄生者より同所的な寄主に感染しやすいかを接種実験で調べたりするなど，赤の女王仮説に特有の予測を調べていく必要があるだろう (3-6-4節も参照)。しかしながら，野外集団の観察から赤の女王仮説の予測を検証するのは難しいといわれている (Ebert & Hamilton, 1996)。有性集団の近親交配の効果 (Lively et al., 1990)，寄主-寄生者の共進化における時間遅れの効果 (Dybdhal & Lively, 1998)，地域集団間の寄主と寄生者の分散 (Vernon et al., 1996) といった要因によって，シンプルなバージョンの赤の女王仮説からの予測が野外集団では成り立たないかもしれないからである。というのも，近親交配が強ければ，有性型の遺伝子の多様性は小さくなるし，寄主-寄生者の共進化に時間遅れの効果があれば，必ずしもそのときの多数派の寄主が最も感染されやすいとも限らない。さらに移動分散の問題を考えて空間構造を考慮すれば，寄主と寄生者の個体数の間にはさらに複雑な関係が現れる可能性もある。フナの共存系では，これらの要因に着目した長期的な研究が今後の課題になるだろう。

　無性型の雌間の寄生率のばらつき (分散) は，有性型の雌間の感染率のばらつきよりも大きかった (図3-7)。赤の女王仮説の観点から，クローン間の遺伝的な変異がこの結果を説明するかもしれない。単一系統のクローン個体間の感染率の分散は，感染率に遺伝的な変異をもつ有性個体の分散よりも小さい傾向がある (Lively et al., 1990)。しかしながら，諏訪湖の無性型フナではクローン多型が見られる (Murayama et al., 1984)。この場合，ここでのデータはクローン系統を区別せずに野外集団から無作為採集したものであるから，多数派のクローン系統は有性集団に比較して高い感染率を示しやすいが，

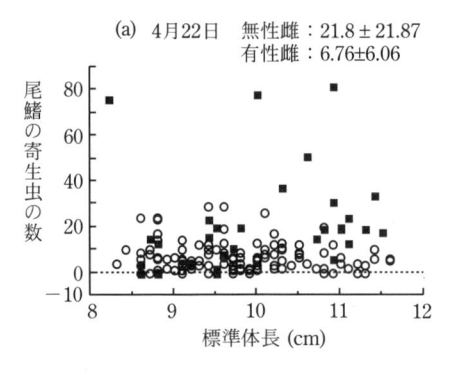

図 3-7 体長と尾鰭の吸虫数の関係（Hakoyama et al., 2001b を改変）。無性雌のほうが有性雌より吸虫の感染数が多い。■ が無性，○ が有性雌を表す。体サイズとともに感染率が上昇することが予測されるが，体長と吸虫数には相関はない。統計解析は Hakoyama et al., 2001b を参照

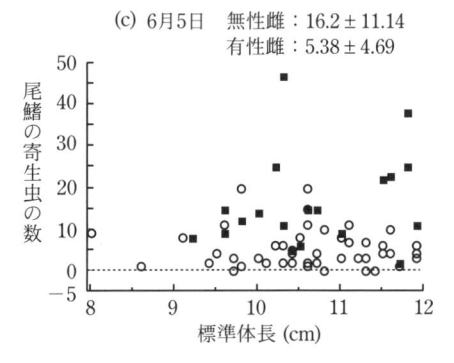

いくつかの少数派のクローン系統は必ずしも有性型よりも感染率が高くなるとは限らないだろう。このため，結果的に無性型では感染率の変異が大きかったのかもしれない。遺伝子マーカーを使うことで（Vernon et al., 1996），クローン間の感染性の違いや特定のクローン内の感染性のばらつきを調べることができるので，これも今後の課題である。

3-6-4 病原体の接種実験

赤の女王仮説は，自分たちが適応した寄主の遺伝子型に対して寄生者はより高い毒性を示すという予測をもっている。この赤の女王の予測をテストするため，私と西村定一氏は1997年に病原体の接種実験も行った。病原体の特徴として，先に述べたように黒点病の吸虫の感染数は測定しやすいのだが致死的な効果がない。一方で穴あき病などは，病状が進めば致死的な毒性を

もつが，野外の個体がどの程度病原体に犯されているのかを定量的に測定するのは難しいという問題があった．そこで穴あき病を引き起こすといわれている細菌 Aeromonas salmonicida にねらいをつけ，接種実験を行ってみた．これにはかなりの労力をさいたにもかかわらずはっきりした結果が得られなかったのだが，その経緯を簡単に紹介しておこう．

　実験では野外の穴あき病にかかっている有性型と無性型のフナの患部からそれぞれ細菌を単離・培養し，Aeromonas 属まで同定して病原菌とあたりをつけた（私たちの用いた細菌の同定キットでは種まで判定することはできなかった）．また，諏訪湖原産ではない穴あき病の菌も取り寄せた．これによって同所的な菌と異所的な菌で寄主に対する感染率が異なるかを調べようとしたのである．赤の女王仮説は短期間の寄主-寄生者の共進化を前提としているので，寄主と同じ場所に生息している同所的な菌の毒性が高いことを予測する．

　有性型と無性型のフナから採卵して子どもを作り，1ヵ月飼育した（それぞれ繰り返しを考えて5腹ずつ，計10腹）．この際，有性型の雌は有性型の雄，無性型はウグイの精子を紫外線処理して遺伝子を不活化したものを用いた．またコントロールとして，有性型の雌の卵にもウグイの精子を一部用いて正常に発生しないことを確認した．

　このような準備をして稚魚を病原菌にさらす実験を行ったが，予想された時間内ではまったく死亡が起こらず，有性型と無性型の間で死亡率の差を検出することができなかった．原因はわからないが，病原菌がうまく単離できていなかったのかもしれない．落ち着いて実験をやれる時間がもっとあったら工夫できたのにと，今も残念に思っている．Lively & Dybdhal (2000) は巻貝の仲間 Potamopyrgus antipodarum の無性・有性集団で接種実験を行い，赤の女王仮説をサポートする結果を得ている．

3-7　雄による配偶者選択

　実は私のフナの研究は，雄の配偶者選択の実験から始まったのだが，最後にそれを紹介しておこう．すでに述べたように，フナ類の無性型は有性型の雄と繁殖行動をして精子を供給してもらわなければならない．しかし，雄にとっては無性型の雌と繁殖行動を行っても，自分の遺伝子を子どもに伝える

ことができないので適応的とはいえない。したがって，雄には無性型の雌と繁殖行動を行わないような淘汰が働くであろう。一方，無性型の雌は雄を引き付けなければならない。雄が配偶者選択において有性型の雌へ好みを示すとすれば，有性型の相対的な繁殖成功はそれだけ増加することになる。雄が無性型とほとんど配偶行動をしてくれない状況では，無性型の雌は雄不足に苦しむことになるだろう。

ちなみに，コイ科の他種の精子を使った人工媒精で，無性型のフナの卵が正常に発生することはよく知られているが，このことから，野外でも他魚種が精子供給者になっているのではないかと推測する向きもある。しかし，フナ類の繁殖行動においては，雌雄の間で相互作用の結果，特異的な性腺刺激ホルモンの大量分泌と性行動が引き起こされる（小林，1995）。おそらく他のコイ科魚類ではこういったメカニズムを共有している種はほとんどいないと思われる。それでも，念のためということで，フナのペア産卵実験を行ったときに，成熟したウグイとドジョウの雄を用意して無性型の雌ブナとペア産卵実験を行ってみた。予想どおり，産卵行動は1回も観察されなかった。

一般にフナ類は自然状態では集団繁殖（集団で同所的に同時に行う放精放卵）をするといわれている（Stacey et al., 1994; Hakoyama et al., 2001a）。しかもフナの産卵は夜間から明け方に行われるので（Hakoyama & Iguchi, 2001），視覚を使って配偶者選択ができる可能性は低いと思われた。はたして実験の結果（Hakoyama & Iguchi, 2001）はどうだったのだろうか。

3-7-1　実験設定

実験には幅120 cm，奥行き45 cmのアクリル水槽を用いた（水位35 cm）。魚を驚かさないように水槽の横と後ろの面を黒色のアクリル板で覆い，水槽の底面には細かい砂利を入れた。卵を産み付ける水草や水温の上昇は，フナ類の雌の排卵を引き起こすきっかけになる。そこで，実験水槽の水温は，ヒーターを使って飼育水槽（12 ± 1℃）の水温よりも高く20 ± 1℃に設定し，実験水槽内には人工の産卵草を入れた。また，有性型と無性型の雌の排卵を同期させるのは難しかったので，排卵を促進させる性ホルモン（PUBEROGEN）を実験前に投与した。採血のやり方や，ホルモンの扱い方に関しては，実験を行った内水面利用部で魚類生理学が専門の伊藤文成氏に教えていただ

3-7 雄による配偶者選択

いた。

　配偶者選択の実験では，1個体ごとの配偶者選択実験と集団配偶者選択実験の2種類の実験を行った。前者では，雄にとって有性型と無性型の雌を見分けやすい状況設定を行い，後者では，より野外の環境に近い集団で自由に産卵行動が行えるような状況を設定した（図3-8）。

　1個体ごとの配偶者選択実験では，はじめは匂いに対する選好性の実験でよく使われるようなY字水路を使おうかとも考えたが，狭い水路は臆病なフナには向かないと考えて，水槽の中にアクリル板で仕切りを作ることにした。水槽内を2枚のアクリル板で仕切り，無性型・有性型の雌のための区画を両脇に作り，雄のための区画を中央に作った。さらにアクリル板に穴を開けてモンドリ（川魚をとる罠の1種）の口を切り取った円錐状の通路を取りつけた（図3-8a）。これによって，中央の雄ブナは両脇の雌ブナの区画に移動できるが，雌や，いったん両脇の区画に入った雄は中央の区画に移動できないように工夫した。両端の区画にはフナやコイなどの採卵に使われる人工の水草を入れた。また，ポンプで水流を作り，両端の区画から中央の区画へ流れが生じるように設定した。これは排卵した雌が出すフェロモンに雄が反応することが知られていたからである（Stacey et al., 1994）。実験では排卵した雌を両方の区画に入れて，中央の雄がどちらの区画に入るかで配偶者選択を調べた。雄は，雌の識別に十分であろうと思われる時間（十数分）の間にどちらかの区画へ移動した。実験にあたっては，場所の効果が出ないように左右の区画に有性無性の雌を交互に入れたり，雌のサイズ差の影響がないようにするなど工夫した。

　一方，集団配偶者選択実験では，アクリル板の仕切りを取り除き，有性の雄を2個体，有性の雌を1個体，無性の雌を1個体の計4個体を水槽に入れて繁殖行動を観察した（図3-8b）。雄は相対的なサイズの違いで区別して，大きな雄と小さな雄の繁殖行動の違い（雌を追尾する回数，雌と放精放卵する回数，攻撃行動）を観察した。また雌は前述の形態の差で区別し，それぞれの産卵回数を記録した。一般に，有性型の雌のサイズは雄よりも大きい（Hakoyama et al., 2001a）。実験に使った雌（無性・有性）は体長10〜13cm程度で，雄は体長8〜10cm程度だった。

　フナ類の産卵は夜に行われるので，実験は夜間に行った。実験棟内は暗く，

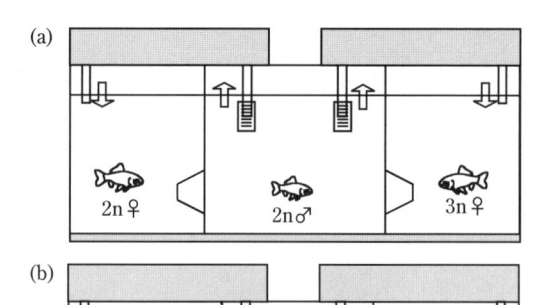

図 3-8 配偶者選択実験の実験水槽（Hakoyama & Iguchi, 2001b を改変）。(a) 1 個体ごとの配偶者選択実験と，(b) 集団配偶者選択実験。上部には濾過層があり，矢印は水の流れを表す

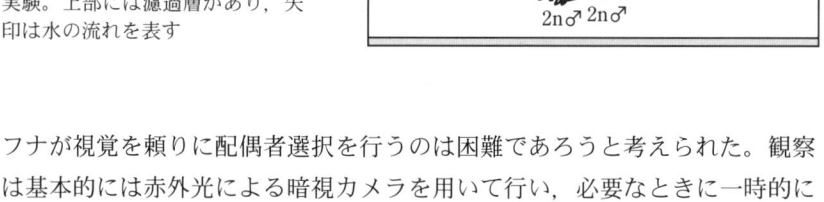

フナが視覚を頼りに配偶者選択を行うのは困難であろうと考えられた。観察は基本的には赤外光による暗視カメラを用いて行い，必要なときに一時的に赤色光で水槽内を確認した。実験は何回か繰り返して行ったが，同じ個体は一度しか使わなかった。

3-7-2 実験結果

フナの1個体ごとの配偶者選択実験では，実験に用いたすべての雄が無性型の雌より有性型の雌を好んだ（二項検定，$n = 8$, $p < 0.01$）。暗闇のなかでの夜間産卵の間，排卵した（もしくは排卵直前の）雌が出しているフェロモン（プロスタグランジン）によって，雄は雌を認知することができ，雄の追尾行動が引き起こされる (Stacey et al., 1994; 小林, 1995)。実験中には水槽の両端の仕切り部屋にいる有性と無性の雌から中央の雄に向かってポンプで流れを作っていたが，おそらく無性型と有性型の雌が出すフェロモンの違いが流れによってはっきりしていたため，雄は両者を区別できたと考えられる。

これに対して集団配偶者選択実験では，雄は無性型の雌と有性型の雌の両者と繁殖行動を行い，雄の追尾行動の頻度にも雌の産卵回数にも有意差はなかった。相対的なサイズが大きな雄も小さな雄も同じように有性・無性の雌に対して追尾行動や放精行動を行った（図3-9, 3-10）。この間，個体間で攻撃

行動(素早く近づいて追い払うような行動)は観察されなかった。各個体は入り乱れて水槽内を泳ぎ回り、排卵した雌を雄が時折追尾したり、雌が雄をともなって人工の水草に産卵したりした。

集団配偶者選択の状況では、すべての個体が混合して配偶行動を行っていたために、フェロモンも混ざりあっていたと考えられる。このとき有性雌へ有意な好みが見られなかったのは、雄が雌を識別するときに誤りを犯す可能性が増加したためか、雄が無作為な配偶行動をとらざるをえないほど識別の

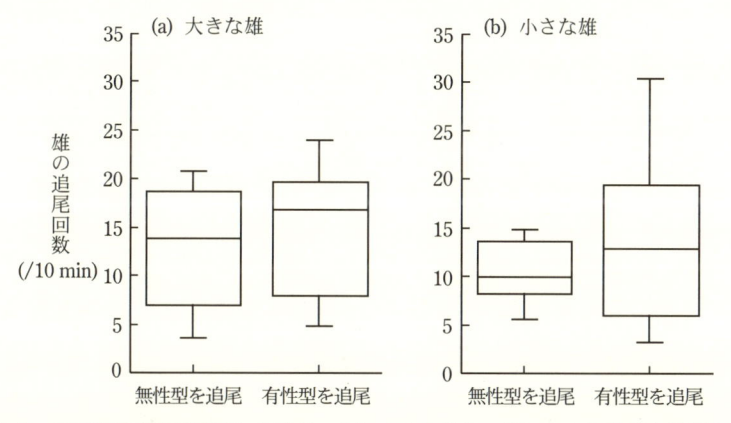

図3-9 集団配偶者選択実験における、(a) 大きな雄と、(b) 小さな雄が有性型と無性型の雌を追尾行動(繁殖行動)した数をボックスプロットで示す(Hakoyama & Iguchi, 2001bを改変)。ボックスの下部と上部は四分位を示す(25%, 75%パーセンタイル)。垂直線の下部と上部は10%と90%パーセンタイルを示す。ボックス内の線は中央値を示す

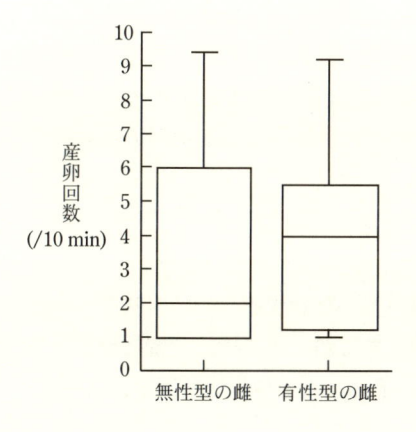

図3-10 集団配偶者選択実験における、有性型の雌と無性型の雌の10分あたりの産卵行動の回数をボックスプロットで示す(Hakoyama & Iguchi, 2001を改変)

コストが増加したためかもしれない。そのような状況で配偶者選択に時間をかけていては，有性の雌と放精放卵するチャンスを逃してしまうだろう。無性の雌と配偶してしまうことで失う時間とエネルギーを考慮しても，無作為な配偶行動によってある程度有性の雌と配偶したほうが繁殖成功が大きいのかもしれない。また集団配偶者選択実験では性比を1：1に設定したが，雌に偏った野外の性比が雄の配偶者選択に影響する可能性がある (Hakoyama et al., 2001a)。野外で実際に雄ブナが雌を選んでいるのかどうかについては，これらの点に関してさらに研究を進める必要があるだろう。

ジノゲネシスの無性型と有性型の共存という観点では，少なくとも雄の有性型の雌に対する好みは不完全でなければならない。無性型も雄に精子を供給してもらう必要がある。予測していたように，ペア繁殖実験や集団配偶者選択実験では，有性型の雄は，有性型の雌に対するのと同様に無性型の雌に対しても自発的な放精行動を行った。しかしながら，先にも述べたように，他の形質が同一であるという最もシンプルな仮定のもとでは，雄のランダムな繁殖行動は無性型と有性型の両方の絶滅を引き起こす。

一方，雄の配偶者選択に関して適度な負の密度依存性がある場合は共存を可能にする。例えばカダヤシ科の*Poeciliopsis*の混合集団では，有性型個体が多い場合，少数の優位な雄が有性型の雌を独占し，有性型の雌が得られない劣位の雄が無性型の雌と繁殖行動をする。逆に無性型個体が多い場合，ほとんどの雄が有性型の雌と交配できる。このような配偶者選択に関する負の頻度依存淘汰は，有性型と無性型の共存を可能にする (Moore & McKay, 1971)。これに対してフナ類では，繁殖の際に雄間で攻撃行動は見られず，体サイズに応じた順位も確認できなかった。攻撃行動が見られなかったことと，集団配偶者選択実験で雄が配偶者への好みを示さなかったことを考え合わせると，雄の配偶者選択はフナの有性型と無性型が共存するための主要な要因ではなさそうだと，現時点では結論できる。

3-8 まとめと課題

フナの無性型と有性型の共存という現象が，なぜ生態学的に興味深いのかを説明してきた。重要な仮説や要因は多数あるが，ここでは，特に病原体を介した仮説を重点的に紹介した。諏訪湖の野外調査や免疫活性測定の結果は，

3-8 まとめと課題

非特異的免疫仮説の予測を支持しているし，非特異的免疫仮説によれば共存が可能であることが明らかになったと思う。

　しかしながら，どのようにしてフナの有性-無性共存系は維持されているのかという問いには，ここまで調べてきたことだけではまだ答えることができない。有性-無性型の共存を説明する努力は他のさまざまな共存系 (例えばカダヤシの仲間の無性-有性共存系など) でも行われているが，なにぶん野外のダイナミクスを理解することであるから決定的な説明がなされた系はまだない。赤の女王仮説にしても非特異的免疫仮説にしても，仮説が提出する予測を野外調査などから検証することができても，特定の仮説が正しいと信じるに至るほどの強力な結果は得られていないのが現状である。一般に自然科学の仮説に対する，より強いサポートは実験によって得られる。しかし，どんな実験デザインにするかは野外観察などの先行研究に大きな影響を受ける。また，実験をすれば自然科学の理論が証明されるというものでもない。どんなに確からしい事実に基づいた理論であっても，自然科学の理論は決して証明されず反証されるのみであることを忘れてはならない。いろいろな角度からの検証や推定を積み重ねていくしかないであろう。ここでは，長期的な野外個体群の調査や精緻な半野外・室内の実験を通して，提出された仮説や問題点を調べていかなければなるまい。そうすれば少しずつ全体像が見えてくるのではないだろうか。

　今回紹介した病気の効果や雄の配偶者選択以外にも，有性集団の雌に偏った性比 (Hakoyama et al., 2001a) などが共存に影響する重要な要因であることがわかっている。病気の効果を含めて，それぞれの仮説は相補的に働くことができ，1つの要因で共存できないときにも他の要因が助けることで共存が可能になることがある (Hakoyama & Iwasa, 準備中)。これらの仮説の紹介は別の機会に譲りたい。

4 ホンソメワケベラの雌がハレムを離れるとき

(坂井　陽一)

　掃除魚ホンソメワケベラは，安定したハレム社会をもち，雌が雄に性転換することで知られている．近年，雌が別のハレム雄と産卵したり，早く性転換できるようハレムを引っ越したりと，従来のイメージからは遠い行動が発見された．繁殖戦術は生息環境に応じて柔軟に変化しうるようだ．

4-1　性転換するさんぱつ屋

　ホンソメワケベラというお馴染みの和名は，実は「細い体型で色分け模様のベラ」を意味する「ホ"ソ"ソメワケベラ」の伝達間違いが始まりである．南はグレートバリアリーフから，北は千葉県まで，インド・太平洋の温帯・サンゴ礁域に広く分布しており，日本近海でも黒潮に近い沿岸域で普通に見られる．体の大きさは10 cmほどで，ちょうど太めのクレヨンくらいのサイズ．黒白のツートンカラーを基調とした体色で，見てくれはサンゴ礁の他のベラの仲間たちに比べればどちらかといえば地味．だけど，その行動が面白い．見ていて飽きない魚だ．

　自分の何十倍もある大きな魚のそばでダンスを踊るように泳いでいたかと思うと，その大きな魚は催眠術にかかったかのように静止してしまう．ホンソメワケベラはその魚の体表を滑るように泳ぎ始め，口の中や鰓の中に入ったりもする．

　ホンソメワケベラ *Labroides dimidiatus*は，他の魚についた外部寄生虫や体表粘膜を食べる掃除型の採餌行動（クリーニング）でよく知られている（図4-1）．ホンソメワケベラは寄生虫を食べて利益を得，周りにいる魚たちは寄生虫を除去してもらって利益を得る．互いの存在と協力関係がより大きな利益

4-1 性転換するさんぱつ屋

図4-1 ホンソメワケベラのクリーニング採餌（イラスト：田畑健志）

をもたらす共生関係の代表例としてよく知られている（Grutter, 1999）。私がこのホンソメワケベラの行動と生態について調査を行った四国宇和海では，地元の漁師や真珠養殖の人たちが，この魚を「散髪屋」と呼んでいた。江戸の昔には散髪はマッサージを兼ねた商売だったらしいし，掃除されている魚の心地よさそうな姿を見ると，なるほど散髪はぴったりかもしれない。

散髪屋ホンソメワケベラが雌から雄へと性転換することは，グレートバリアリーフでの野外調査による1972年の論文で初めて報告された（Robertson, 1972）。ある年齢やサイズに達したときに性転換が自動的に始まるのではなく，グループのメンバー間の社会的な優劣関係によって性転換の発現がコントロールされていることが発見された。当時，雌から雄へ性を変える一夫多妻魚の発見はセンセーショナルなニュースとして取り上げられ成人向けの大衆娯楽雑誌にも記事が掲載されたという。海水魚フィールド研究の創始期のことである。この研究とほぼ同時期には世界各地で浅海魚類の野外研究がスタートしており，他のベラやクマノミなどからも性転換が確認されることになる（中園・桑村, 1987）。

ホンソメワケベラの社会についての基礎的なことは，1980年代半ばまでに，ほぼ明らかにされている（中園・桑村, 1987）。一夫多妻の婚姻社会にはさまざまなタイプがあるが，そのうち，雌が雄のなわばり内に定住し，安定した繁殖関係を維持するものはハレムとよばれる。ホンソメワケベラはハレム魚の代表例である（図4-2）。浅海魚類の繁殖システム，性転換の解釈を進めるうえでの「比較基準」としてホンソメワケベラの生態情報は重要な役割を担ってきた。

私が大学に入学した1980年代後半から，ハレム魚類の性転換が決して一

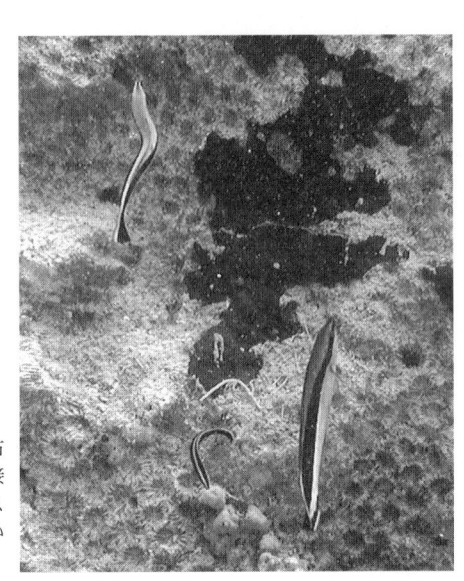

図4-2 ホンソメワケベラのハレム。右から順に雄，幼魚，雌。この雌は雄の接近に対して，劣位個体特有のS字ディスプレイを行い，自分が攻撃対象ではないことをアピールしている

様なタイミングで見られるものとは限らないことが報告され始めた（中園・桑村, 1987; 坂井, 1997）。行動生態学の主要なテーマの1つである代替戦略・戦術の視点から，性転換魚の生態を詳しく調査する研究が盛んに行われていたためだ。代替戦略とは，同じような効果をもたらす複数の戦略が種内に共存している場合に，主な戦略のかわりに採用されるものをいう。性転換現象は，一生どちらかの性ですごす雌雄異体の代替戦略と位置づけることができる (Krebs & Davies, 1987)。詳しくは後述するが，ハレム社会をもつ魚では，一生雄，一生雌でいるよりも，雌から雄へ性転換することで，生涯の繁殖成功をより高めることができる。ホンソメワケベラのみならず，多くの一夫多妻魚で，個体間関係（社会的地位）が性転換の発現と深くかかわっていることが明らかにされている。しかし，ライバルの存在や死亡率，成長率など，個体のおかれた生息環境の条件によっては，性転換のタイミングや性転換を早く行うためのふるまいが複数タイプ出現するのだ。

この新しい視点でホンソメワケベラの繁殖戦略をとらえ直そうと考えたのが，私が研究をスタートさせたきっかけだ。その前年となる1991年まで沖縄のサンゴ礁でキンチャクダイ科のアカハラヤッコ *Centropyge ferrugata* とい

うハレム魚を約3年間調査し，性転換の起こり方に応じて雌が産卵頻度を変化させるというデータを得ていた(坂井, 1997)。きっと同じような雌のふるまいがホンソメワケベラでも見られるに違いないと期待したのだ。が，意外なふるまいを目にすることになる。ハレム魚では雌がグループから離れることは滅多にないものと思われてきた。しかし，生息場所の条件によっては，雄のなわばりを渡り歩く大胆さも見せるのだ。ここではそんな雌がハレムを離れる状況に注目しながら，ホンソメワケベラの繁殖戦略を読みといていこう。

4-2 船越のホンソメワケベラの産卵時刻とハレム外産卵

4-2-1 ホンソメワケベラの研究に着手する

かくして私は1992年から1994年まで，宇和海に面する四国南西部の内海湾の岩礁でホンソメワケベラの性転換と繁殖生態の調査を始めた。当時，私は博士課程在籍中の大学院生であった。愛媛県南部の由良半島のほぼ真ん中に，半島を縦断する船越運河がある。半島の付け根から，曲がりくねった細い山道を20分ほどドライブすると，運河に近接する海岸が見えてくる。そこが調査地だ(図4-3, 4-4)。特に名前のついていない海岸なのだが，船越運河の隣なので「船越」とよぶことにする。ちなみに次章を執筆している松本一範氏もこの船越からさらに4〜5km西の海岸で同時期に調査を行っていた。

船越のある由良半島は，急勾配の山がそのまま海へと落ち込んでいる(図4-3)。宇和海によく見られるリアス式の海岸地形である。そのため船越は海岸からエントリーしてすぐに水深のあるリーフが始まる。転石からなるリーフは崖から沖へ60〜70m伸びており，リーフはその幅のままに半島に沿って発達している。そこには暖温帯性の魚と亜熱帯性の魚が混合した魚類群集が見られる(坂井ら, 1994)。沖縄で見なれた塊状ハマサンゴやキクメイシ類など造礁サンゴもところどころにある。約2年半の調査の間，ほぼ毎日険しく細い山道をドライブするストレスを吹っ飛ばしてくれる素晴らしい水中景観であった。

この船越から南東へ30kmほど離れた町よりの場所には，愛媛大学の柳沢康信教授を中心に維持運営されている海洋研究所がある。先のシリーズで執筆している奥田昇氏や，次シリーズの大西信弘氏など，たくさんの仲間がそ

こにいた。ちなみにこの2人が調査地探しに協力してくれたおかげで船越に出合うことができた。この研究所を基地にして，調査に必要な潜水タンクなどの機材と，ポリタンクに詰めたシャワーかわりの水を車に積んで，船越への往復を重ねた。風の強い冬場に，船越での潜水を終えて着替える際に，海岸でスーツを脱ぎ，冷えきった体に水をかぶるときはいつも気絶しそうだっ

図4-3 運河の東対岸より調査区域である船越の海岸を望む。右手前が運河。桟橋の奥の湾に調査区域を設定した

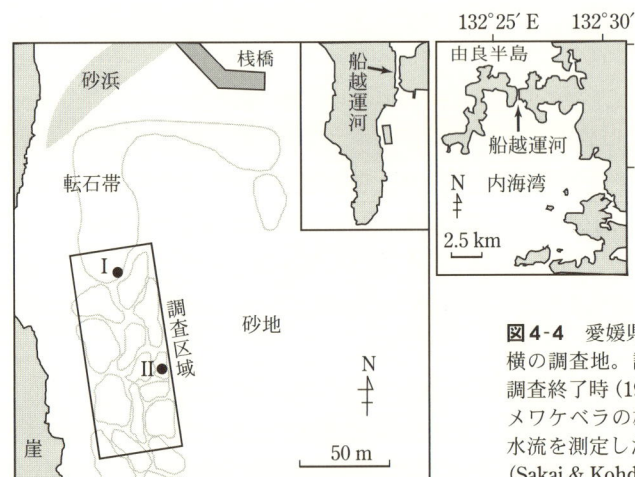

図4-4 愛媛県由良半島の船越運河横の調査地。調査区域内の薄線は，調査終了時（1994年10月）のホンソメワケベラの雄のなわばりを示す。水流を測定した2地点（I, II）も示す（Sakai & Kohda, 2001より改変）

た。さすがに調査2年目の冬には、顔見知りになった地元の方にお風呂のお湯をいただいた。忘れられない思い出の1つだ。

　船越はそれまで本格的なフィールド調査が実施されたことがなく、まずは海底の地形図を作る必要があった。そこで、別の研究テーマで調査を始めることになっていた愛媛大学理学部の小谷和彦氏、村尾智裕氏と協力して地図づくりを進めた。エントリーしてすぐの水深3mの場所から、幅110m、沖へ45mの長方形になるようにクレモナ糸を水底にひき、さらに5mごとに区切りながら、それぞれの区画の水深や石、サンゴの大きさ、砂地の広さなどを詳しく記録して地図を作成した。この調査区域内の最も沖よりの最深部の水深は12mであった。行動観察のためにはどうしても長時間水中に滞在する必要がある。これくらいの深度が限界だ。

　この船越のホンソメワケベラの個体群の特徴は、密に隣り合うハレム分布である。調査区域内には常に15ハレムほどが存在し、それぞれが2～6ハレムと隣接していた（図4-4）。いろいろな海で潜ってきたが、いまだに船越ほどハレムの混み合った場所は他に見たことがない。普通だとせいぜい1～2ハレムが隣り合っているくらいだ。

　船越でのホンソメワケベラの調査を始めたころ、私の一番の興味は、性転換と雌の繁殖戦術であった。船越はそのハレム密度の高さゆえ、個体間の競争などもハレム内外で激しくなり、面白い行動が見られるかもしれないと期待しながら、まずは調査域内にいる個体の性を確認するために産卵行動を観察することにした。ここで「おや変だ」と気づいたことがあった。それは毎日の産卵時刻の変化パターンが、従来の報告例と異なっていたのである。

4-2-2　産卵時刻のバリエーション

　ホンソメワケベラの産卵は、まず雌雄のペアが水底から、からみ合いながら数mゆっくりと上昇し、最後にタイミングをあわせてスピードを上げて1mほど上昇し、その頂点で行われる（図4-5）。雌雄同時の放卵放精である。数多くの生物のすむリーフのすぐ近くで産卵するのは卵にとって危険だ。格好の餌食となってしまう。上昇により、リーフからできるだけ離れた場所で、なおかつ、すばやい拡散と沖への運搬効率の高い場所、すなわち流れの速い場所を産卵地点にすることで、卵の捕食をできる限り回避するわけである。

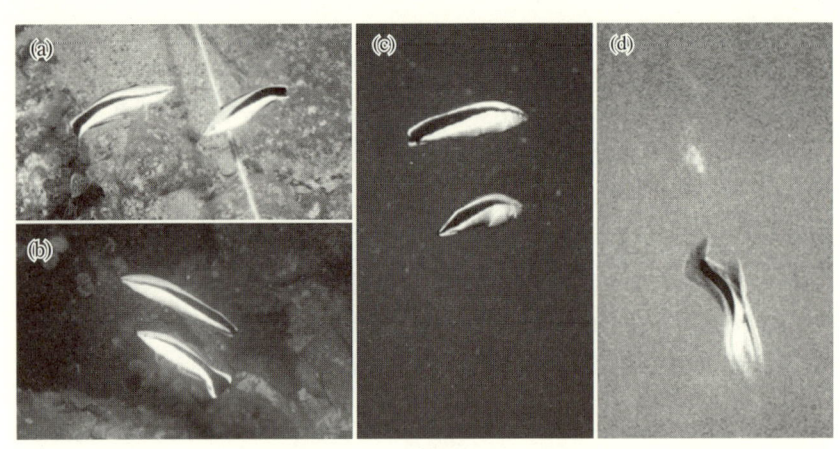

図4-5 ホンソメワケベラの産卵行動。(a) 産卵時刻になると雄 (左) が雌を訪問し求愛する。(b) 産卵準備が整った雌は雄の下に位置して平行に泳ぎ始め、(c) そのまま上昇し、(d) その頂点で同時に放卵放精する (白い雲状のものはたくさんの卵)。産卵後すぐに水底へと戻り、雄は別の雌の求愛に向かう

　産卵直後、水中に放出された卵は雲のように白く見える。卵は次第に水の流れでばらける。ホンソメワケベラの産卵直後の卵を静かに観察すると1分間に7～44cmのスピードで水面に向かってゆっくりと上昇していた ($n = 14$)。その産卵行動を観察するために、船越の調査域内の15ハレムのうちのどれか1ハレムに毎日張り付いた。2～3時間連続で雄を追跡し、雌が産卵した場所、水深、時刻などのデータを記録した。もちろん追跡といっても、追い立てるかのように魚にぴったりとついているわけではない。観察の際にあまり近付づきすぎると、向うから寄ってきて、体の周りをまとわりついてクリーニングを始めてしまう。魚の2～3m上方から脅かさないように、またこちらにクリーニングにこないよう気遣いながら観察しなければならなかった。
　ホンソメワケベラをはじめ、ベラ科魚類の多くは卵を保護しない。地中海や北海などに生息するベラには沈性卵を雄が保護するものもいるが、インド・太平洋にはそのようなタイプは存在せず、受精卵は潮の流れにまかせるままである。このような繁殖スタイルは少なくとも36科の魚類から報告されている (Thresher, 1984; Robertson, 1991)。その産卵タイミングは日没前

4-2 船越のホンソメワケベラの産卵時刻とハレム外産卵

後の薄暗い時間帯か，日中ならば満潮時刻前後であることが多い。これらは卵の生存を高めるタイミングと考えられている。卵を食べる可能性の高いプランクトン食の魚たちは，日中活発に摂餌するものが多く，それらが日没前になると睡眠場所へと隠れ始める (Johannes, 1978)。つまり，日没に産卵することで，プランクトン食魚類の脅威を軽減させることが可能になる。

ただし，この時間帯は魚食性の魚の活動性が高くなる時間帯でもある。産卵する魚は，自身の捕食の危険を負うことになる。ただし，ある程度水中が明るい間は，親魚もうまく捕食者を回避できるだろう。プランクトン食魚の多くは，日没前のまだ明るいうちに採餌を切り上げて寝床に入ろうとする。このプランクトン食魚が寝始めてから完全に日が暮れて暗くなるまでの短い時間に産卵するのだ。ちなみに私がホンソメワケベラより前に研究していたアカハラヤッコはこのタイプの産卵時刻であった (坂井, 1997)。沖縄には3年間滞在していたものの，産卵観察のためにサンゴ礁に沈むあの美しい夕陽をほとんど見る機会がなかった。これはちょっと悲しい。

一方，日中に産卵する場合は，親個体への捕食圧は日没産卵よりも低いが，プランクトン食魚は活発に採餌しているため，卵への捕食圧は高くなる。その卵捕食を可能な限り回避するために，水が大きく動き，速い流れの生じる満潮直後の引き潮にあわせて産卵するのである。

満潮後，潮が引き始めると，リーフ内に大きな流れが生じる。特に水路部とよばれるサンゴ礁のリーフ内の水が集中してくる地形や運河では，激流のようになる。この満潮後の引き潮が産卵する魚たちにとって重要なのだ。満潮にあわせて産卵すると，産卵直後の卵を早く拡散させることができ，また，リーフに密着して生息しているプランクトン食の魚や底生生物の手の届かないリーフの外へ卵を早く逃がすのに最適な潮時なのである (Johannes ,1978; Thresher, 1984; Robertson, 1991)。

ホンソメワケベラは日中に産卵するタイプの魚であるが，その産卵のタイミングに大きな地域変異が見られる。サンゴ礁では満潮にあわせて産卵することが知られている (Robertson, 1974; Robertson & Hoffman, 1977; Colin & Bell, 1991)。月齢とともに毎日ずれる満潮時刻にあわせて産卵時刻が早朝から夕刻までスライドする。対照的に，温帯の和歌山県田辺湾白浜の個体群では，潮汐周期にかかわらず常に正午付近に産卵することが知られている

(Kuwamura, 1981a)。この白浜では，満潮後も特に明確な沖への流れが生じず，潮流の明確なパターンがないという。このように地域ごとの生息場所の特性，特に潮流のコンディションにあわせて産卵のタイミングを柔軟に変化させうる柔軟性をもつようだ。私が観察した船越のホンソメワケベラの産卵パターンは，簡単にいえばこれらの2つがミックスされたようなものだった。性転換がらみの繁殖戦略の話の前に，まずはその産卵時刻にまつわる研究(Sakai & Kohda, 2001)を紹介し，その調査中に確認した「雌のハレム離れ」の1つ目のパターンの生じる状況を見てみることにしよう。

4-2-3 船越のホンソメワケベラはいつ産卵する？

　船越でのホンソメワケベラの産卵観察を始めるにあたって一番悩んだのが「何時から海に入るか」であった。サンゴ礁のデータに従って満潮時刻に産卵すると予想するか，あるいは白浜のデータのように潮汐とは無関係に昼間に産卵すると予想するかで，潜り始める時間が大きく違ってくる（最大5〜6時間）。こういう場合に，根性シュノーケリングで体力の続くまで粘りの観察を行うというのは，日本の若手研究者の定石手段である。しかし，船越のある内海湾は暖かい季節に植物プランクトンが大発生して水面近くが濁ってしまい，また調査区域の深度もほどほどにあるため，シュノーケリングでの水面からの観察は困難だった。スキューバタンクの空気は，10m前後の水深の調査地では3時間が観察の限度だった。たまたま産卵直前の雌を見つけたとき，潜水開始時刻を決める目安が目の前にあることに気づいた。それは，雌の腹の膨れ具合だった。

　雌は産卵の準備ができると極端に腹が大きく膨れる（図4-6）。産卵準備が整うと，腹の卵が水を吸って膨れるのだ。見ていてこちらが苦しくなるくらいの張りだ。産卵を終えた瞬間は，腹がみごとにへこむ。観察している私も気分がすっとする。後年，沖縄のサンゴ礁でホンソメワケベラを調査したときに，船越の雌ほどグラマラスでないものが多いことに驚いた。産卵前なのに腹がたいして膨れていなかったのである。群れ魚の多い船越はサンゴ礁よりも餌環境がよかったのかもしれない。

　話を戻そう。潜り始めたときにまだ雌の腹が膨れていれば，これから産卵するはずだ。もし腹がへこんでいれば，すでにその日の産卵は終了している

4-2 船越のホンソメワケベラの産卵時刻とハレム外産卵

図4-6 腹の大きく膨らんだホンソメワケベラの雌(両個体とも)。産卵が終わると、この腹部がしぼむ

可能性が高い。まず、いろいろな時間帯に潜って雌の腹の膨れ具合をチェックする予備調査を行い、産卵観察のための潜水開始時刻を絞り込んだ。

船越のある宇和海内海湾では、海は6時間ほどかけて潮が満ち、ほぼ同じペースで潮が引く。つまり1日に2回、満潮と干潮が生じる。実際にはこの間隔は6時間を少し超えるため、満潮時刻、干潮時刻が毎日約1〜2時間ずつ遅れてスライドする。そのスライドは月の満ち欠けと同調しており、半月周期(新月から満月まで、または満月から新月まで)の約14日でぐるりと回って満潮時刻がほぼもとに戻る。満月／新月のタイミングは、この潮の干満の差が最も大きくなる時期である。この周辺の時期を大潮といい、潮干狩りに最も適した月齢である。宇和海内海湾では、大潮時に1.6〜2.4mの潮位差が生じる。日の出ころと日没ころに満潮、お昼に干潮となる。一方、上弦の月、下弦の月とよばれる半月時が、最も干満の差の小さい小潮である。宇和海内海湾では小潮時は0.3〜1.2mほどの潮位差にとどまる。このような船越の潮汐パターンは沖縄のサンゴ礁などと大きく違わない。

船越でのホンソメワケベラの産卵は、水温が20℃を超え始める6月初旬から、水温が徐々に下がり始める9月下旬まで見られた。この繁殖期の日没時刻は18時半から19時半の間であった。まず新月／満月から半月までの月齢では、産卵は13時から17時の間に見られた(図4-7)。産卵時刻には4時間もの幅があるが、これはさまざまなハレムの個体のデータをプールしたためである。個体別に見ると、産卵時刻は1日に約10分ずつ早くなる傾向があっ

た．内海湾では新月／満月から半月までの月齢では，満潮が午前中（5時から11時）に生じ，干潮が午後（13時から18時）に生じる．つまり，この産卵時刻は干潮後の上げ潮（潮位が上昇する潮時）にあたる（図4-7）．これは白浜の産卵タイミング（11時から14時ころ）よりも少し時刻が遅いものの，ほぼ一定時刻で産卵する点は類似している．上げ潮時に産卵するのは卵の生残にとって有利ではないように思えるが，実はかなりの流れが生じていた．詳しくは少し後で話そう．

一方，半月から新月／満月までの月齢では，産卵は11時から17時の幅で，毎日推移する満潮時刻の周辺で産卵していた（図4-7）．この月齢では満潮が主に午後（13時から夕刻19時）に生じ，干潮が主に午前中（5時から13時の間）に生じる．産卵時刻は毎日約15分ずつ遅れていく傾向があった．これは満潮時刻の経日変化である約55分には追いつかないスピードだったが，引き潮時を利用できる産卵時刻と思われる．この産卵時刻の変化するパターンはサンゴ礁での報告と似ている．

予備調査でこの産卵タイミングをつかみ，予想されるパターンに沿って，14ハレム52雌について374回の産卵観察を試みたが，その89％の331産卵を確認できた．産卵が確認できなかった43例のうち31例は，ハレム内の他雌の産卵が終了しており，ターゲット雌への求愛が進行中であったが，私の

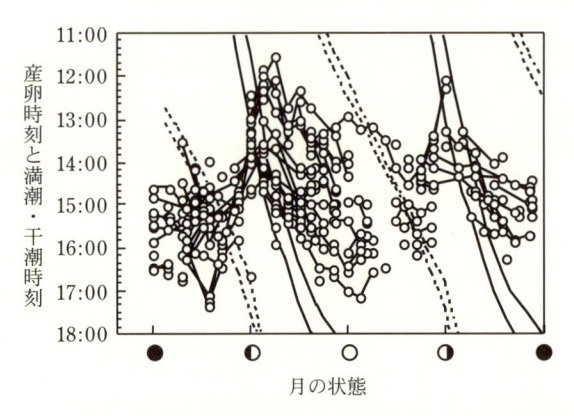

図4-7 船越のホンソメワケベラの産卵時刻．それぞれの点が1回の産卵を示す．連日観察できたデータについては線でつないでいる．新月／満月から半月までに示された破線は干潮時刻，半月からの実線は満潮時刻の遷移を示す（Sakai & Kohda, 2001より改変）

時刻予想が少し早すぎたためにスキューバタンクのエアの残圧が足りず，時間切れで最後まで観察できなかったものだった。雌の腹は膨れていた。つまり，これらもこの産卵時刻のパターンから大きく外れたデータではないだろう。ホンソメワケベラの調査では，1日の産卵観察を終えた後で，宇和海に沈みゆく美しい夕焼けを拝むことができた。贅沢な話だ。

4-2-4 船越の水流パターンを探る

では次に，船越の調査地内の水流のパターンを見てみよう。白浜のように明確な沖への流れが生じないのか，それともサンゴ礁のように速い流れが引き潮時に生じているのだろうか。次のような方法で潮の干満によって調査区域内に生じる流れの向きと相対的な強さを把握することにした。海水で満タンに膨らせたポリエチレン製のチャックつき透明袋（14 cm×10 cm）を1 mの釣り糸で結んで，その一方を水底の大きな石や構造物に固定する。そこから静かに袋をリリースし，流れにまかせて，釣り糸がピンと張るまで何秒要するか（袋が1 m移動するのに何秒かかるか），そしてどの方向に動いたかを記録した。袋を水平に移動させるため，袋には小さな噛み潰し錘を入れ中性浮力を維持させた。他に水流の強さを見積もる方法として，濃度を一定にした絵の具や牛乳をシリンジから一気に雲のように放出し，その色が見えなくなるまでの経過時間を記録するというものや，水面に浮かべたブイの移動スピードを測るというやり方もある。船越では，色の変化をはっきり追えるほど透明度がよくないこと（船越は温帯ではかなりよいほうだが），調査水域の水深がかなりあり，水面とは異なる水の動きも予想されたため，上記の中性浮力の透明袋による手法を開発した。

調査区域内で一番岸よりのハレムのなわばり内の水深5.3 mの地点と，沖合のハレムの9 mの地点の2か所で，同日に調査を実施した（図4-4参照）。小潮と大潮のそれぞれの産卵時間帯の約4時間分のデータになるよう，両地点30分ごとに流速を計測した。その結果，水流の向きと流れについて以下のような傾向が判明した。まず，船越における沖へ向かう流れの出現は単純に潮汐に対応しているわけではなかった。引き潮時に必ず生じるというわけでもなく，また上げ潮時でも生じていた（図4-8）。運河の大きな水の動きを遮断するように桟橋が設置されていることが影響して（図4-4），調査地の湾

内を回るように水が複雑な動きをしていたのかもしれない。

次に流れの速さを見てみると，小潮の産卵時間帯では予想どおりに満潮直後の引き潮で速い流れが生じていることが明らかとなった（図4-8a）。ただし，これは深場に限ったことであり，浅場ではほとんど流れていなかった。一方，大潮時の産卵時間帯では，干潮後の上げ潮にもかかわらず両計測地点ともに速い流れが生じていた（図4-8b）。当然ながら，この月齢での引き潮時にはさらに強い流れが生じているはずだが，潮位差が大きいために上げ潮時でも水が動くほどのパワーがあるのだろう。湾内外の水の通り道である運河が海岸に隣接していることが，大きな水の動きの生じる原因となっているのかもしれない。

水中に産出された卵がいつまでも雲のように見える集合した状態にあると捕食されやすいため危険である。サンゴ礁の報告例と同様，転石のリーフにおいても，このように潮の速い流れを利用して放卵直後の卵をできるだけ早く拡散させることは，卵の生存にプラスになるだろう。しかし，ここで1つの疑問が浮かぶ。

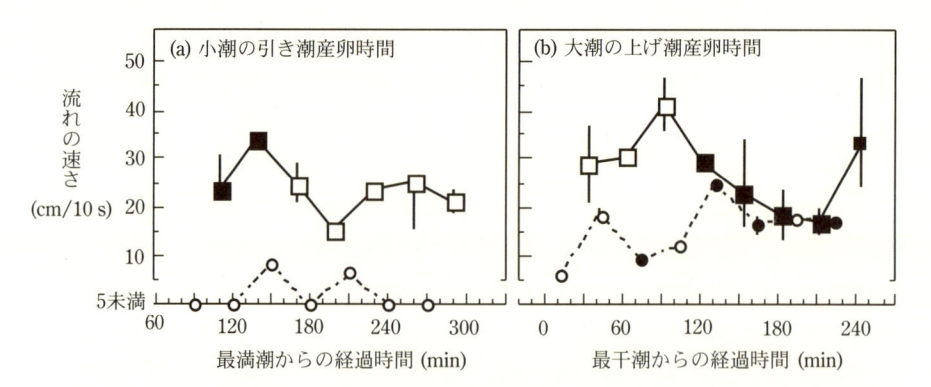

図4-8 船越の調査区域内における水中の流れの変化。(a) 小潮の引き潮にあたる産卵時刻（満潮11:26，調査時刻12:50〜16:10），(b) 大潮の上げ潮にあたる産卵時刻（満潮18:42，調査時刻12:50〜16:40），それぞれの30分ごとの水流の速さの中央値とレンジを示す。○，●は岸よりの浅場の測定ポイント，□，■は沖合の測定ポイントのデータを示す（図4-4参照）。黒ぬりは沖方向への流れを，白抜きは岸方向への流れを示す。流れがほとんどなく，200秒の測定の間に袋が1mに達しなかった場合は，相対流速を5cm/10s未満とした（Sakai & Kohda, 2001より改変）

4-2 船越のホンソメワケベラの産卵時刻とハレム外産卵

先に見たように，新月／満月の大潮時では，上げ潮時の産卵であっても卵の素早い拡散には十分な流れの条件だとする。しかし，大潮のタイミングから月齢がさらに進み，半月，すなわち小潮に近づくに従って，この上げ潮時の流れはどんどん弱まるはずだ。しかし，産卵が早い時刻にスイッチされる直前を見ると，ホンソメワケベラは小潮の上げ潮という卵の生存にとって最悪の条件でも産卵している。この月齢では早朝あるいは夕刻遅くに満潮を迎える。なぜ，満潮後の引き潮時に完全同調した産卵するパターンをもたないのだろうか。

これについては直接検証したデータがないが，卵の都合よりも親魚の都合を優先させた結果，つまり魚食性の魚の摂食活動の盛んな薄明薄暮時を避けているためではないだろうか。ホンソメワケベラなどのクリーナーは捕食されにくいことが知られているが，まったく危険がないわけではない。Lobel (1976) はハワイのワイキキビーチでホンソメワケベラの近縁種ハワイアンクリーナーラスが魚食性の魚イソゴンベに食べられる瞬間を観察している。また，Randall (1958) は水槽でハワイアンクリーナーラスが魚食性のベラに捕食されたことを報告している。同様に温帯のリーフでも捕食の報告例がある。Kuwamura (1981b) は白浜での研究において，捕獲したホンソメワケベラを元いたリーフに放流する際に，エソに捕食されたと述べている。クリーナーといえども，慣れた場所で落ち着いて行動しているときでなければ襲われることがあるのだ。船越では，中層を泳ぐ小魚の群れにエソが突進し，捕食する光景を何度も目にした。早朝や日没付近のように薄暗くクリーナーの体色をアピールしにくい時刻帯は，ホンソメワケベラの親魚にとって捕食の危険性が高まるだろう。このような魚食性の魚からの捕食回避は，船越や白浜のような明るい日中に偏った産卵時刻パターンをもつ個体にとって大きな利点であろう。

しかし，サンゴ礁においても早朝や日没が親魚にとって危険なのは同じである。にもかかわらず，そのような時間帯でも産卵している。それは，サンゴ礁では親魚の都合よりも，卵の生残（リーフ外への運搬）を優先させているためではないだろうか。温帯のリーフではサンゴ礁ほど卵への捕食圧が高くないのかもしれない。この見解をさらに検討するべく，船越におけるホンソメワケベラの産卵上昇力と卵の捕食状況について見てみよう。

4-2-5 ペアの高い上昇力と卵捕食

　産卵時の上昇力は一般に成魚の体長と相関する (Thresher, 1984)。大きな魚は遊泳力があり，また捕食される可能性も低いために高く上昇できる。体長10cmほどのサイズの魚だと，魚種により幅はあるものの上昇はせいぜい1mほどである。しかし，船越のホンソメワケベラの産卵ペアは最大6.5mも水底から上昇していた（最小値1.0m，中央値4.0m，$n=35$）。このようなホンソメワケベラの高い上昇能力は，サンゴ礁での研究からも報告されており，日中に捕食者に襲われにくいというクリーナーの特性が活かされたものと考えられている (Robertson & Hoffman, 1977; Thresher, 1984)。

　船越での調査で300回を超える産卵を観察したが，プランクトン食魚による産卵直後の卵の食害は1度もなかった。ペア産卵の際に，摂餌中のナガサキスズメダイ，スズメダイ，マツバスズメダイなどのプランクトン食魚が水底から2～5mまで群がっていることがあった。しかし，その群れの上方には必ず，プランクトン食魚のいない水面下3～8mのスペースが広がっていた。

　船越では岸からの水底の落ち込みが急であり，プランクトン食魚の垂直分布がシェルターである水底付近に制限されるため，その上方にプランクトン食魚のいない安全なスペースが生じうる。サンゴ礁では，プランクトン食魚はリーフエッジの内側に発達したリーフやラグーンなど浅場に高密度に生息していることが多い (Hobson, 1991)。そこでは安全なスペースは生じにくい。船越では，水面下のプランクトン食魚の少ない空間の存在が，卵の捕食を避けるうえで好条件に働いていた（図4-9）。

　プランクトン食魚の群れに上方を覆われたホンソメワケベラの産卵ペアを船越で19例観察したが，いずれも群れに突入した時点でゆっくりとした上昇と求愛をいったん止め，群れている魚に対してクリーニングを始めた。5～10分ほどクリーニングを続けた後，ペアは群れの最頂点からあらためてタイミングをあわせて素早い上昇を開始し，群れの0.5～3.5m上方で産卵していた。スズメダイの仲間が求愛中の小型魚のペアを徹底マークし，産卵直後の卵を食べることがサンゴ礁では報告されているが (Sakai & Kohda, 1995)，船越の場合はプランクトン食魚が完全に置き去りにされ，1匹たりともホンソメワケベラのペアの上昇についていくことができなかった。

図 4-9 サンゴ礁と温帯岩礁の地形の違いに由来する産卵時の卵捕食圧の差の模式図。ホンソメワケベラ（黒）の産卵ペアはいずれも水面近くまで上昇できるが、プランクトン魚（白）は水底のシェルターからあまり離れられない。勾配の急な温帯地形では水面下に卵捕食者の少ない空間（網の範囲）が生じる。一方、サンゴ礁ではそのような空間は生じにくい（Sakai & Kohda, 2001 に基づき作成）

　温帯や亜熱帯の岩礁に生息するベラ類で正午から午後にかけて産卵するものは少なくない。例えば、ニュージーランドと宇和海のササノハベラ属、三宅島と口永良部島のキュウセン属、三宅島のイトヒキベラなどがある。そして、これらはいずれも、遊泳力が高く、産卵上昇は2～3mにもなる。これらの魚の調査地では岩礁が急に傾斜しているという共通点がある。船越と同様に高い上昇による空間利用で、日中の卵捕食をうまく避けることができているのかもしれない。

　日中産卵は親魚にとっては捕食リスクが低いものの、プランクトン食魚の活動が盛んなため卵の捕食リスクは高い。親魚の高い上昇力と地形の利点により、このように日中でも卵の生残を高めることのできる状況下にあるのなら、速い流れの生じる潮時を追って薄明薄暮に産卵する必要はないだろう。これが船越や白浜で「日中制限型」の産卵パターンが見られる理由だと考えている。

4-2-6　雌のハレム外産卵

　ホンソメワケベラのハレムでは、小さな雌の行動圏を、より強い大きな雌の行動圏が覆い、それを雄がなわばりで覆うという入れ子式の空間配置が見られる。そして安定した婚姻関係をもつ魚である。雌が雄のなわばりを離れることの報告はあまりない。しかし、船越では少し様子が違っていた。

岸よりの浅いハレムを観察していると，いつもハレム内にいるはずの雌が数個体，産卵時間帯に見当たらないのだ。しばらくすると，沖方面から隣のハレムを乗り越えてすいすいと戻ってくるではないか。すぐさま，雄が雌を出迎えるように接近し，求愛を互いに行い，ペアで産卵上昇が始まる。しかし，特にメスに上昇スピードの勢いがなく，中途半端な高さで上昇が中断された。プランクトンネットで卵の採集を試みたが，上昇の頂点の水塊に卵はみあたらない。ホンソメワケベラでは放卵を伴わない産卵上昇が，非繁殖期や通常の産卵後などに見られることがある（にせの産卵；中園・桑村，1987）。この上昇も「にせの産卵」であった。その後は，雌は何ごともなかったかのように雄のなわばり内のいつもの場所で他魚種をクリーニングしていた。これらの雌は外から戻ってきたとき，膨れているはずの腹がすでにへこんでいた。

このような産卵時間帯に一時的にハレムを留守にする行動は，岸よりのハレムAとC（図4-10）にいた雌5個体に見られた。これらの個体の体長は7.5～10.0cmで，いずれも雌としては十分に大きく，卵をつくっていないはずはない。「きっと別のハレムで産卵しているに違いない」。そう考えて，産卵予定時刻より少し早めに潜り始め，これらのあやしい雌を追いかけてみることにした。

結果は予想どおりだった。やはりこれらの雌は，摂餌や他個体との社会行動を見せている自分のハレムでは産卵せず，別のハレムで産卵していたのだ。雌の侵入先は，ハレムB，D，E，Fと，いずれもより沖合の深い場所のハレムであった（図4-10）。手近な隣のハレムへ侵入するのではなく，ほとんどのケースが大胆にも隣のハレムを飛び越していた。

合計33回のハレム外産卵を確認したが，いずれも雌は求愛の始まる時間帯になってからハレムを離れ，産卵後にすぐに元のハレムに戻っていた。産卵相手となる雄が，雌を誘いにやってくるわけではない。雌はいきなりハレムを飛び出すのだ。元のハレムの雄は雌がなわばりから離れるのを阻止できないようだ。

産卵先のハレムでは，この侵入雌に対して攻撃する雌もいた。雄との産卵のみが目的であるためか，侵入雌は積極的に闘争しない。侵入雌は底を泳がず中層を大胆に一定のスピードで移動し，目的のハレムに到着すると産卵上昇を開始する場所で待機する。そして雄は優先的にこの侵入雌への求愛を行

4-2 船越のホンソメワケベラの産卵時刻とハレム外産卵   129

っていた。
　実はグレートバリアリーフ・ヘロン島のホンソメワケベラでもよく似たハレム外産卵が確認されている（Robertson, 1974）。ただしそこでの出現頻度は400産卵中の約3％と，船越ほどの頻度（331産卵中の約10％；全52雌中の5雌）ではない。船越のハレム外産卵の頻度は，これまで観察されているハレム魚類の中では最も高い値である。
　船越のホンソメワケベラの各ハレム内での通常の産卵は，雄のなわばりの

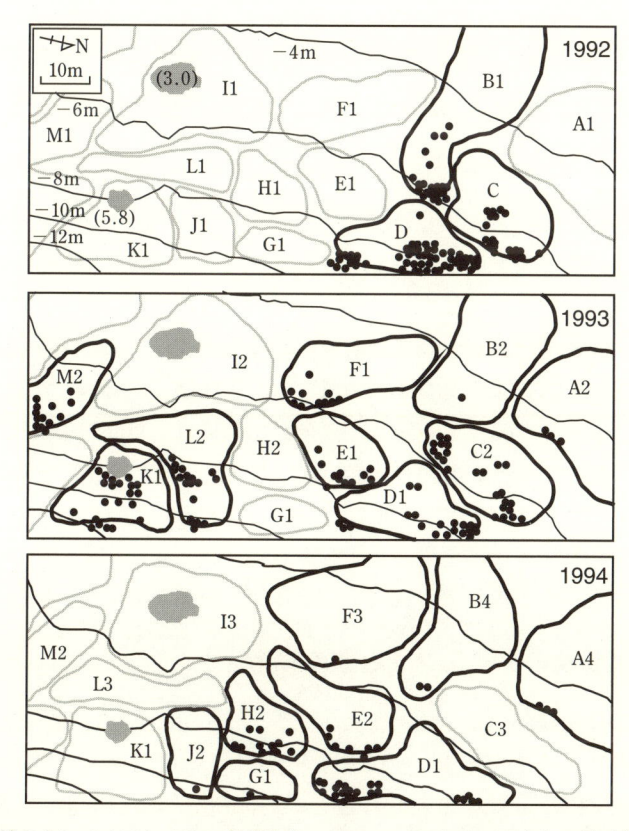

図4-10 船越のホンソメワケベラの産卵地点．1992〜1994年までの各年の繁殖期のデータ．それぞれの点は1雌の1回の産卵を示す．太線は雄のなわばり．データのないハレムのなわばりは薄線で示す．ハレムの名称をあわせて示す．細線は2mごとの深度．塊状サンゴの塔が2か所あり，（　）内はその頂上の深度（Sakai & Kohda, 2001より改変）

中でも沖よりの深い場所で見られていた (図4-10)。すでに見たように，水の動きがよいこと，プランクトン食魚の上方のスペースを効果的に活かせることが，沖合に産卵が集中する理由だと考えられる。そして，このハレム外産卵も，やはり「雌が流れの強い沖合の深場を産卵に好む」ことの延長であろう。卵の生残を高める1つの策だと考えられる。

　雄のなわばり内に雌が同居するハレム的な空間配置をもつサンゴ礁のベラ，カザリキュウセン *Halichoeres melanurus* では，やはり雌が時折産卵相手の雄を変えることが報告されている (Karino et al., 2000)。また，なわばり内に定住せず，産卵直前になわばりを訪問してくるような雌もいるという。このカザリキュウセンの社会は，雌が雄 (あるいは産卵場所) を選り好みする程度が，ホンソメワケベラよりも強い社会である。カリブ海のサンゴ礁の代表種ブルーヘッドラスは，雄のなわばり外に行動圏をもつ雌が多く，カザリキュウセンよりもさらに雌が産卵時に雄を選ぶ傾向の強い社会 (なわばり訪問型複婚) をもつことでよく知られている (中園・桑村, 1987)。これまで見てきたように，婚姻関係の安定した典型的なハレム社会をもつとされるホンソメワケベラにおいても，船越のようにハレム密度が高いと，雌は自分のハレムだけでなく，他のハレムでも産卵できる。逆に，カザリキュウセンやブルーヘッドラスのようなタイプの魚でも，個体密度が低いと安定した婚姻関係のハレムタイプになるだろう。魚の婚姻関係は，雄間競争や配偶者選択の機会の程度など個々のおかれた環境に応じて，柔軟に変化しうるのである。

　船越のホンソメワケベラの雌がハレムを離れる行動はこれだけで終わらなかった。産卵とは無関係にハレムを離れ，所属ハレムを変えてしまう雌が多数出現したのだ。そして，この引っ越しは性転換と深くかかわっていた。

4-3　性転換のタイミングと雌の戦術

　性転換は隣接的雌雄同体ともよばれる。一生の間に両方の性をこなすゆえ，雌雄同体の一形態である。性転換は魚類をはじめとする数多くの動物から報告がある (Policansky, 1982; 中園・桑村, 1987; Kuwamura & Nakashima, 1998; Devlin & Nagahama, 2002)。

　浮性卵を産出し卵の保護を行わないベラやキンチャクダイでは，精子を生産する性である雄の繁殖準備が整うスピードは卵を作る雌よりも早く，複数

の雌と繁殖することが潜在的に可能になる。体が大きく闘争に強い個体が，雌の好む資源や，雌を直接に防衛することで一夫多妻が成立しやすい。そんな一夫多妻の繁殖システムをもつものに雌性先熟型の性転換が進化しうることは，成長とともに変化する雌雄それぞれの潜在的な繁殖成功を比較する「体長有利性モデル」によってうまく説明されている（中園・桑村，1987; Warner, 1988）。複数の雌との産卵機会を独占する大きな優位雄は，雌よりも高い繁殖成功を得ることができる。また，もし小型雄が存在しても，大型雄との雌をめぐる競争に勝てる可能性は低く，ほとんど繁殖できない。魚のけんかは噛みついたり，突進して体当たりしたりする。そのため勝負の決着には体長が大きな影響を与える。優位雄が劣位個体を強くコントロールし，小型の雄がまず繁殖に参加できる見込みのないハレム社会では，小さいうちは雌として繁殖に参加し，ハレムを支配できるほどに大きく成長した後に雄になることで生涯繁殖成功を最大にできると予想される（図4-11）。これまでに数多くの一夫多妻魚類で雌性先熟型の性転換が確認され，モデルの有効性が確かめられている（中園・桑村，1987）。ハレム内に体長に依存した優劣関係があり，その最大個体が雄として機能して産卵を独占するホンソメワケベラは，このモデルにぴったりの特徴をもつ。

　ここで注意してもらいたいのは，このモデルは性転換の「方向性」を説明

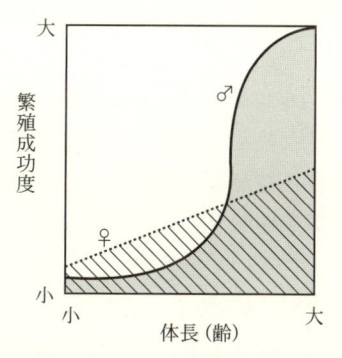

図4-11 一夫多妻の繁殖システムにおける体長有利性モデル。雌の繁殖成功（自身の生産する卵数）は体長とともに直線的に増加する（一生雌の繁殖成功は斜線部分）。一方，雄では，大きな個体が繁殖機会を独占するため，小さい個体はほとんど繁殖成功（受精卵数）を得ることができない（一生雄の繁殖成功は網かけ部分）。そこでは，小さいうちは雌として繁殖に参加し，大きく成長した後に雄へと性転換することで，生涯の繁殖成功を高めることができる（網かけ部分と斜線部分が繁殖成功に相当）

するものであり，性転換の起こるタイミングを予測するものではないということだ (Warner, 1988)。モデルの2つの線はあくまで概念的なものであり，性転換のスイッチが入る交差点の位置を厳密に求めようとするモデルではない。各個体の属するグループの状況によって性転換するべきタイミングは変わってくる。もし，ある年齢やサイズで自動的に性転換するように遺伝子にプログラムされていたら，優位雄が長生きした場合に対応できない。早まった性転換はグループから追い出されてしまうだけだ（ただし，あえて早めに性転換する戦術もある。以下を参照）。環境に応じて性を決めるほうが適格なタイミングでの性転換が可能だ。そう，性転換のきっかけは主にハレム雄の消失という社会的変化である。

ハレムを支配する雄の消失後に，最大雌が性転換によってハレムを引き継ぐ。この現象を野外で最初に確認したのがホンソメワケベラの研究 (Robertson, 1972) だった。雄の存在が雌の性転換を抑制しているという意味で，「性転換の社会的調節」とよばれている（中園・桑村, 1987）。ホンソメワケベラの雄は雌に対して攻撃し，自身の優位性を確立する。攻撃といっても雌が傷つくことはない。2個体が出会ったときには，少し追いかけるような突進行動が見られるくらいで，すぐに喧嘩はおさまり，2匹が一緒にクリーニングを始めたりする。劣位個体は，優位個体である雄の接近を察知すると，少し逃げたり，逆に自分から接近して雌特有のディスプレイをしたりして（図4-2），うまく攻撃を避けるのだ。もちろんそのようにうまくふるまえないと（例えば侵入した隣ハレムの雄など），激しく追い立てられて，追い出されることになる。同じような攻撃は雌どうしにも見られる。この攻撃によって，ハレム内の各個体の相対的な強さが決まり，劣位個体は性を雌のままに維持する。このように優劣関係と性が深くかかわっている。しかし，社会条件によっては，雄の存在下で雌が性転換することもある。

ハレム魚類における雄存在下の性転換には，性転換後にすぐにハレムを分割して乗っ取るタイプ（分割性転換）と，性転換後にハレムを離れて独身雄になるタイプ（独身性転換）がある（詳しくは坂井, 1997を参照）。分割性転換はキンチャクダイ科の1種，アカハラヤッコでその起こり方が詳しく調査されている。ハレム合併などでハレムサイズが急に拡大した場合には，雄が雌に対して十分に攻撃できなくなる。これが性転換のきっかけと示唆されてい

4-3 性転換のタイミングと雌の戦術

る。雄は存在するものの，実際には優位性を保てなくなっており，これは雄が消失した場合と同じような状態といえる。つまり「もし優位なら雄になれ」という社会調節に従った性転換である。ホンソメワケベラでも同様の性転換例が記録されている (Robertson, 1974; 中園・桑村, 1987)。

独身性転換もキンチャクダイやベラの仲間から報告されている。雄存在下でハレム内の雌が性転換し，ハレムを離れてしまうという。この独身雄は雌よりも成長と生存がよく，雄の消失したハレムを素早く乗っ取ることで早くハレム雄になると考えられている (中園・桑村, 1987; Iwasa, 1991; Warner, 1991; 坂井, 1997)。雄消失後に性転換を開始しようとする雌は，ハレム雄の立場を横取りされることになる。独身個体は一時的に繁殖できなくなるが，その後，雄としてハレムを獲得できれば，そのコストを上回る利益を得ることができると推察されている。ハレム社会以外でも，なわばり訪問型複婚のブルーヘッドラスの中サイズ個体が，性転換の後，かなりの独身期間をすごすことが報告されており，繁殖地位をめぐる競争を有利に進める戦術の1つとしての意義が議論されている (Warner, 1991)。この独身性転換のきっかけとなる社会状況がどのようなものかはまだはっきりしていない。このタイプの性転換は，ホンソメワケベラではまだ確認されていない。

性転換するタイミングが違えば，雌のそれまでの準備もまた大きく違ってくる。つまり，性転換の可能性を高めるような，雌の戦術の存在である。先に述べた分割性転換を見せるアカハラヤッコでは，体サイズの近いライバルが隣接する雌が，雄の求愛を積極的に拒否して産卵頻度を下げ，早く成長する (坂井, 1997)。一方，独身性転換では雌が産卵を完全に止める。この場合はさらにハレムを離れて移動するというオプションも加わる。近年，これら2つの戦術が，雌の死亡率，ハレムサイズ，性転換の社会的制御といった条件の程度によって，いずれも生じうることが，数理モデルから予測されている (Hamaguchi et al., 2001)。これらの戦術はいずれも雌にとってハレム雄の立場をめぐる競争を有利に運ぶものと考えられている。雌は性転換のチャンスをただ受け身で待つわけではないのだ。

ホンソメワケベラの雌も性転換をめぐる競争が激しくなると，同じような戦術を見せるかもしれない。船越を調査地に決めて，私はそう期待していた。実は雌が別のハレムに移入することは，例数は多くないものの過去に報告さ

れていた (Robertson, 1974; Kuwamura, 1984)。上で紹介したようなハレム外産卵のための一時的な侵入とはパターンの異なる移動である。いわば引っ越しだ。しかし、なぜ雌がハレムを引っ越す必要があるのか、どのような状況で引っ越しが見られるのかは、長らく不明であった。これらの引っ越し個体が、放浪する独身雄になるという報告はないが、やはり性転換に関連のある繁殖戦術とは考えられないだろうか。それでは雌のハレム引っ越しの起こる社会条件と、その戦術的意味を調査した研究 (Sakai et al., 2001) を詳しく紹介しよう。

4-4 ホンソメワケベラの引っ越し戦術

4-4-1 お出かけとお引っ越し

この調査区域は先の産卵時刻の調査のものと同じである (図4-3)。ホンソメワケベラの雄のなわばりサイズは、かなり幅が広い。場所によっては10〜20 m^2 ほどのコンパクトなこともあり、そのサイズだと繁殖グループの変化を継続的に捉えるのも容易である。ただ温帯では、サンゴ礁に比べて行動を制限する要因が少ないのか、なわばりサイズが10,000 m^2 にもなる巨大ハレムもまれにある。船越は温帯だが、幸いにもなわばりサイズは300 m^2 ほどと比較的コンパクトであった。

個体の消失などハレムの社会変化を見落とさないよう、調査区域内に存在する個体の分布を5日ごとに調べ始めた。このセンサスは1992年6月から1994年の10月まで続けた。1月と2月の冬場は、水温が15℃を下回り、その寒さのためにホンソメワケベラはねぐらに入ったきりで日中ほとんど出てこない。冬眠するのだ。この時期はこのセンサスはお休みとした。12月や3月でも、潜水を始めて1時間ほどすぎると、手足がかじかみ、頭がぼおっと真っ白になる。魚を観察しながら自動的に行動を記録するように訓練していたつもりなのだが、あまりに寒いといつの間にやら目で魚を追うだけになる。水中で記録したはずなのに、実は指が動いておらず、陸にあがってから、データ記録が欠けていることに気づき呆然としたことがある。また、水中での丁寧な記録を心がけていても、手がかじかんでとても読めない文字になってしまうこともあった。秋ころまでに黒潮に運ばれて船越に定着したチョウチョウウオの仲間などの南方系魚類の幼魚も寒さで動きが鈍り、多くが冬場に

4-4 ホンソメワケベラの引っ越し戦術

姿を消してしまう。

　船越のホンソメワケベラはよく移動するだけに，個体の消失が死亡によるものか移動によるものなのかは慎重に区別しなければならない。調査区域の個体分布センサスの際に，ある個体がハレムから見つからないとする。その場合は，調査区域外に移動した可能性もあるため，さらに30m沖までセンサス範囲を広げ，そこで見つからなければ死亡と判断した。

　個体識別と体長測定には，捕獲作業による行動への影響を避けるよう工夫する必要があった。というのは，予備調査時にホンソメワケベラを数匹捕獲してアクリル絵の具の皮下注射による入れ墨標識と体長の実測を試みたのだが，捕獲作業の際にホンソメワケベラはハレムの境界を飛び越えて逃げていってしまった。船越は平坦な地形のためか，こちらが追えば追うだけそのまま中層をすいすい泳ぎ，まったく隠れようともしないので困った。これでは，私が強制的に社会変化を生じさせてしまうことになる。そのため捕獲をあきらめ，個体識別は体側のストライプ模様の特徴をスケッチし，さらに3ヵ月ごとに接近写真を撮影し，それらから個体台帳を作成して行った。あまり目立つ模様がない魚だが，白黒のシンプルなデザインゆえに意外に個体変異がわかりやすい（図4-12）。継続的に観察する限りは，この方法で十分に個体識別できる。全長の推定には，太さ2mmのグラスファイバー製の棒（長さ50cm）を2本用いた。棒の根元を可動金具で固定し，静かに棒の先を泳いでいるホンソメワケベラの頭部と尾部にそっとできる限り近づけ，棒の幅を全長とほぼ同じになるまで何度も微調節することで，5mmサイズクラスを推定した。個体の性は産卵行動によって判別した。10月から5月の非繁殖期の性は優劣関係から推定した。

　調査開始時には15ハレムが存在し，その2年半後の調査終了時までに29ハレムが新しくできていた。つまり合計44ハレムを確認した。ここでいう新ハレムとは，新しい雄がハレムを引き継いだものをいう。生成のきっかけは，雌の性転換と，隣のハレム雄の侵入である。ハレムの名前はアルファベットでよぶが，もしハレムの配置が変わらないまま新ハレムができた場合は，同じアルファベットに数字をつける。例えば，ハレムAの場所でできた新しいハレムはA2とよぶ。ハレムの雄のなわばりと雌の行動圏は，20分間の行動観察を各個体に1～10回行うことで把握した。ハレム内で雄の次に大きな

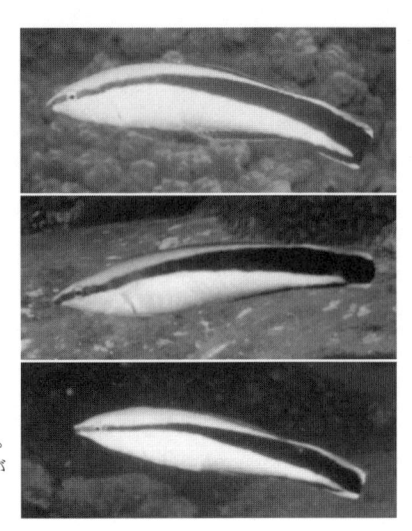

図4-12 ホンソメワケベラの模様の個体差。特に眼の後ろから胴部までの黒線の太さやゆがみなどに注目した

　雌の最大個体を「優位雌」, それ以下のサイズのものをまとめて「劣位雌」とよぶ。また, 劣位雌を詳しく識別するときには, 体長順に, 2位雌, 3位雌とよぶ。
　ここでホンソメワケベラのハレム形態に2タイプあることを説明しておこう。ハレム内の雌どうしの空間関係はその体長差に大きく影響されている (Kuwamura, 1984)。すべての雌が仲良く同居できるわけではないのだ。ホンソメワケベラには大きな個体が喧嘩に強いという体長差に基づいた優劣関係がある。体長の近い雌どうしはお互い排他的になり, 時に激しい攻撃が見られ, 同居できない。一方, サイズ差が大きい個体どうしは同居が可能だ。これは優劣関係の決着がつきやすいからだろう。多くのハレムはそのような直線的な順位関係をもつ個体から構成されるハレムである。これは共存型ハレムとよばれる (図4-13)。
　しかし, 同じハレムに体長の近い大きな雌が2個体いる場合は, 雄のなわばりは2つの雌のサブグループに分割されることになる。このようなハレム構造は分割型ハレムとよばれる (図4-13)。各サブグループ内では, 雌の行動圏が大きく重なるものの, サブグループのそれぞれの最大雌は互いになわばり関係になる。ハレム魚において, 分割型ハレムが生成するきっかけはさまざまだが, 隣り合うハレムの片方の雄の消失に伴うハレム合併が少なくな

4-4 ホンソメワケベラの引っ越し戦術

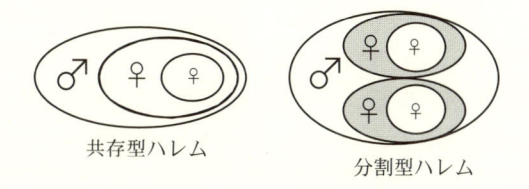

図 4-13 ホンソメワケベラの2タイプのハレム構造。記号の大きさにそれぞれの個体の相対体長を反映させる。ハレム内の行動圏の配置関係を模式的に示す。実線はそれぞれ1個体の行動圏。直線的な優劣関係にある個体が同居する共存型ハレムと，行動圏が重ならない大雌のサブグループ（網かけ）の存在する分割型ハレムがある

い（坂井, 1997）。このような雌の同居・排他関係とハレム構造は，性転換をめぐる競争と大きく関係していると考えられている。

サイズ差の大きく異なる個体どうしは，将来的に新たな繁殖パートナーになる可能性が高い。つまり大雌が性転換した場合，小雌はその新雄と繁殖することになる。その将来のために，大雌は小雌を確保し，また小雌もあぶれないよう，お互いが同居することは都合よい。逆に，性転換のライバルとなりうる体長差の近い大雌が近くにすんでいる場合は，小雌をとられないよう，互いになわばり関係になると考えられる。これらの2タイプのハレムをもつ魚類としては，カリブ海のベラの1種スパニッシュホグフィッシュや，キンチャクダイ科のロックビューティー，アブラヤッコ属の数種も知られている（坂井, 1997）。船越のホンソメワケベラでは分割型ハレムを7例確認したが，一時的ながら3つのサブグループからなるハレムも生じていた。

さて，このような状況で調査を進めていたのだが，残念ながらそこで見られた性転換のバリエーションは乏しかった。「分割性転換や独身性転換に応じた雌の戦術を突き止めたい」という私の当初のプランはかなわなかった。しかし，雌の大胆な行動を見るには最高の個体群だった。

船越ではホンソメワケベラの雌がハレムを数時間離れて，別のハレムに侵入することが少なくなかった。産卵時間帯に見られるものは，すでに触れたハレム外産卵である。それ以外に産卵とは無関係に行われるものがある。そのような短期間のハレム侵入を「お出かけ」とよぶ。また，雌が別のハレムに侵入し，長期間，元のハレムに戻ることなく，そのハレムにとどまり続け

る例も確認した。この移動をお出かけと区別するため，4回のセンサスの間に一度も元のハレムに戻らなかったものを「引っ越し」，その雌を「引っ越し雌」とよぶ。引っ越しを通じて，劣位雌の社会順位がどのように変化していくのかに注目する必要があるため，データは（1）調査開始時に調査区域内に存在していた劣位雌14個体と，（2）その年にはまだ未成熟であった17個体の幼魚，の2グループに絞って解析した。この幼魚は，翌年にはすべてが雌として繁殖していた。つまり，調査開始時にすでに優位雌であった個体は解析データから除いた。

4-4-2 引っ越しの起こる状況

　調査開始時に劣位雌であったものと，まだ未成熟であったもののうち，それぞれ5個体と10個体が引っ越した。つまり15個体が引っ越し雌である。もちろん，すべての雌が引っ越すわけではなかった。調査期間中に一度も引っ越さず，ハレムから離れなかった雌を「定住雌」とよぶ。2グループそれぞれから引っ越し雌を除いた残りの9個体と7個体は，その行動圏を421〜853日間変化させなかった（中央値612日，$n = 16$）。この定住時間に幅があるのは，その個体が死亡消失したり，雄に性転換したりしたためである。これらの16個体が定住雌である。

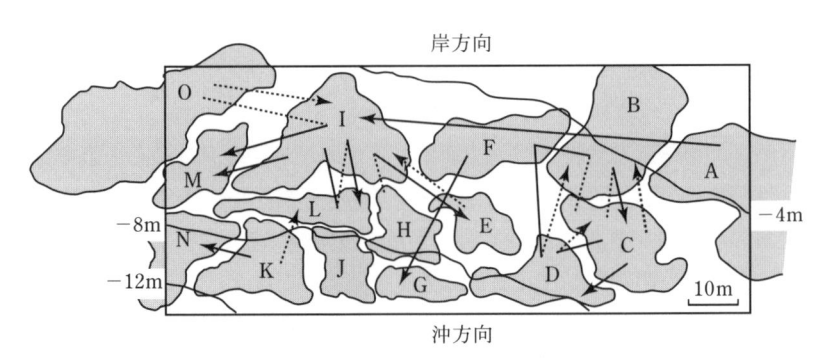

図4-14 船越のホンソメワケベラの雌の引っ越し先。調査期間中に見られたすべての引っ越しを示す。網かけは調査開始時の雄のなわばりを示す（ハレム配置には調査終了時まで大きな変化はない）。アルファベットはハレム名。実線矢印はより深いハレムへの引っ越し，破線はより浅いハレムへの引っ越しを示す。二度以上引っ越した個体は矢印をつなげている（Sakai et al., 2001より改変）

4-4 ホンソメワケベラの引っ越し戦術

雌が繁殖相手を選り好む現象は魚類からも数多く報告されている。キュウセン属やニシキベラ属などの一夫多妻社会をもつベラには体色の性的二形の著しい種が多く，雌が産卵場所や，雄の体長・体色などの外見の特徴に対して選択性をもつことが知られている (狩野, 1996)。産卵場所の環境の変化や，なわばり雄の顔ぶれの変化に応じて，雌は産卵相手を変えることがある。ホンソメワケベラでもそのような配偶者選択の結果として，雌が繁殖グループを引っ越しているのだろうか。

15個体の引っ越し雌は，総計24回引っ越していた（図4-14）。そのうちの20回は隣接するハレムへのものであった。ハレム外産卵で説明したように，船越では沖合のハレムほど水の流れが早く，産卵場所として好ましい。しかし，より深いハレムへと引っ越しているわけではなかった（表4-1）。また，引っ越し前の元ハレム雄の体長（中央値10.5 cm, レンジ10.0〜11.0 cm, $n=24$）と，引っ越し先のハレム雄の体長（10.5 cm, 9.5〜11.5 cm, $n=24$）にも有意差は認められなかった（Wilcoxon検定；$T=45$, $p=0.4$）。つまり，引っ越しは，より好ましい産卵場所を求めての移動でも，大きな雄を求めての移動でもない。配偶者選択は引っ越しに強く関係していないようだ。

引っ越しは，繁殖期（12ヵ月の間に11回）にも非繁殖期（17ヵ月で13回）にも見られた。その頻度に有意差はなかった。6個体が2回以上引っ越していたが（中央値2回，最大値4回），これらの同じ個体が複数回引っ越したケースについて，その引っ越しの時間間隔を見ると21〜219日と大きな幅があった（中央値103日，$n=9$）。一定間隔で引っ越すわけではないようだ。では，どういうきっかけで引っ越すのだろうか。

24回の引っ越しのうちの15回は，何らかのハレムメンバーが消失したハレムへのものであった（図4-15a）。このうちの11回は雄の消失したハレムへ，残り4回は雌が1個体消失したハレムへ引っ越したものであった。引っ越し雌はメンバーの消失に伴って生じた空きスペースへと入り込んでいた。このタイプの引っ越しは，個体消失の1〜54日後に見られた（中央値9日，$n=15$）。一方，メンバー消失のない状態のハレムへの引っ越しも見られた（図4-15b）。残りの9例はすべてこのタイプにあたる。優位雌では前者のタイプの引っ越しが3例，後者のタイプが1例であった。劣位雌では前者が12例，後者が8例であり，これらの両タイプの頻度について優位雌と劣位雌で有意差

表4-1 船越のホンソメワケベラの引っ越し先は元のハレムよりも深いハレムか (Sakai et al., 2001より改変)*

	引っ越し先	他ハレム
YES	10	44
NO	10	41

＊ 24回の引っ越しのうち，隣接するハレムに引っ越した20例についてのデータを集計した (より深いハレムはYES)。他ハレムのデータは，引っ越し前に隣接していたハレムのうち，より深いハレム (YES)，浅いハレム (NO) の数について集計した。有意差は認められない (Fisherの直接確率計算法; $p = 0.5$)。

表4-2 船越のホンソメワケベラの引っ越し先は以前にお出かけしたことがあるハレムか (Sakai et al., 2001より改変)*

	引っ越し先	他ハレム
YES	12	18
NO	8	67

＊ 24回の引っ越しのうち，隣接するハレムに引っ越した20例についてのデータを集計した (以前にお出かけありはYES)。他ハレムのデータは，引っ越し前に隣接していたハレムのうち，お出かけしたことのあるハレム (YES)，ないハレム (NO) について集計した。有意差が認められた (Fisherの直接確率計算法; $p = 0.001$)。

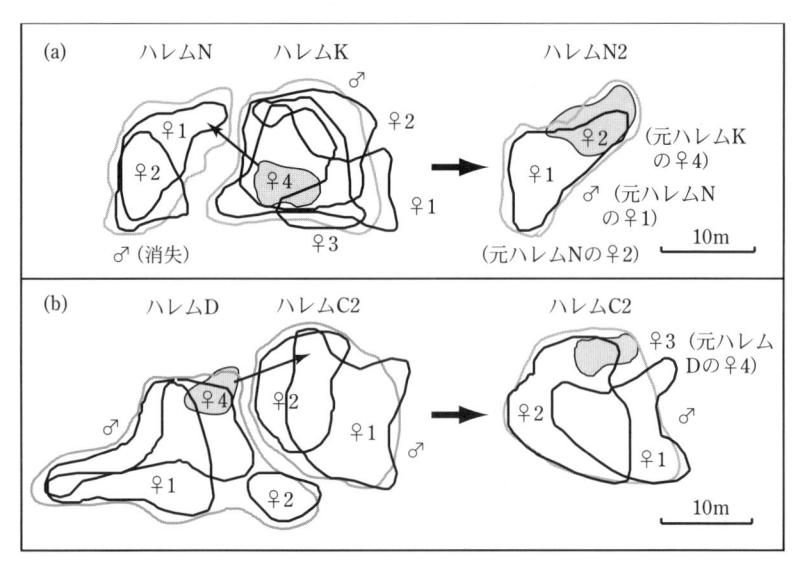

図4-15 船越のホンソメワケベラにおける雌の引っ越しの2タイプ。薄線と実線は，それぞれ雄のなわばりと雌の行動圏を示す。引っ越し個体の行動圏には影をつけた。それぞれのハレムでの雌の社会順位は♀の横に数字をつけて示す (例えば♀1は優位雌)。(a) 雄の消失後に最大雌が性転換しているハレムN2へ，ハレムKの♀4が♀2として入り込む。(b) ハレムDの♀4が，個体の消失のないハレムC2へ♀3 (最下位) として入り込む (Sakai et al., 2001より改変)

は認められなかった。どうやら引っ越し雌は周辺ハレムの変化を把握したうえで，行動している例が少なくないようだ。何らかの方法で他ハレムの変化を知り得ているのではないだろうか。

雌の短時間のハレム外出「お出かけ」は，その後に引っ越した15雌のうち11個体で見られていた（総計49回）。これらをさらに解析してみると，以前お出かけしたハレムへと引っ越す傾向が認められた（表4-2）。つまり，すでに侵入したことのある場所に引っ越しているのだ。このお出かけは，おそらくハレムの社会状況（ハレムサイズやメンバーの体長やメンバーの消失の有無など）を調べる機会として機能しており，その情報が引っ越しのターゲットとタイミングの決定に活かされているのではないだろうか。

4-4-3 引っ越しの効果

引っ越しの利点とは何だろうか。24例の引っ越しのうち，4例はすでに優位雌の地位に到達してからのものだった。そして残りの20例は劣位雌のときに行われていた（表4-3）。

まず，この劣位雌の引っ越しを詳しく見てみよう。20例の引っ越しのうち，16例で引っ越し雌は自身の社会順位を上げていた。つまり，ハレムはまったくの別物ではあるがハレム内順位が改善されているのである。

劣位雌の引っ越し前の社会順位を調べてみると，20例のうち14例がハレム内の最下位であった。そして，引っ越し先での順位を見てみると13例でやはり最下位なのである。最下位で移入するというのは，受け入れる側の雌

表4-3 船越のホンソメワケベラの引っ越しごとの社会順位の変化 (Sakai et al., 2001 より改変)

引っ越し前の順位	引っ越し後の順位			引っ越し回数
	上昇	同じ	下降	（個体数）
優位雌	0	4	0	4 (4)*
劣位雌				
第2位	6	1	3	10
第3位	5	0	0	5
第4位	5	0	0	5
小計	16	1	3	20 (14)
合計	16	5	3	24 (15)

＊ 3個体は劣位雌時にも引っ越していた。

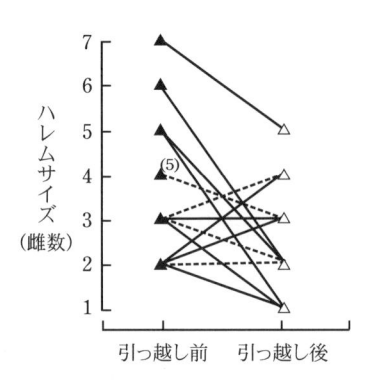

図4-16 引っ越しの前後でのハレムサイズの変化。20回の引っ越しについてのデータ。同値が2つあるものは点線でつなぎ，それ以上の同値があるものはさらに（ ）内にサンプル数を示す。引っ越し前後のハレムサイズに有意差が認められる（Wilcoxon検定；$T = 25$, $n = 20$, $p = 0.03$）（Sakai et al., 2001より作成）

の事情から考えても利にかなっているように思える。なぜなら，大雌にしてみれば最下位の小雌の加入は将来の繁殖相手の増加になるからだ。

では，どうして最下位の雌が最下位として移入することで，どうして順位が上がるのだろうか。船越の各ハレムの雌数は1～7とかなり幅があった。実は，より雌の数の少ないハレムへと引っ越す傾向があるのだ（図4-16）。これが最下位としての移入でも順位が上がる仕組みである。

引っ越しで順位が上がるということは，早く優位雌になれるということであろうか。そこで，この劣位雌が優位雌になるまでに要した時間を引っ越し雌と定住雌で比較してみると，やはり有意差が認められた（表4-4）。引っ越した劣位雌は早く優位雌になっていたのだ。

では次に，優位雌の引っ越しの効果を見てみよう。優位雌の場合，引っ越しの後，すぐにハレム雄になれるわけではなかった。優位雌の引っ越しでは，すべての例で順位は変わらなかった。つまり別のハレムの優位雌となるのだ（表4-3）。さらに引っ越し前の社会状況を細かく整理してみると，すべての例で同サイズの雌の存在する分割型ハレムに所属していたことが明らかとなった。いずれもハレム内のライバル雌とのサイズ差は小さく，5mmサイズクラス以下であった（$n = 4$）。

ホンソメワケベラやキンチャクダイなどの分割型ハレムでは，雄の存在中

表4-4 劣位雌が優位雌になるまでに要した時間 (Sakai et al., 2001より改変)*

	中央値	レンジ	個対数
引っ越し雌	289	110～465	$n=11$
定住雌	407	316～711	$n=6$

* Mann-Whitney U 検定; $U=12.5$, $p=0.04$

の性転換の報告例が多く，その際，どちらか一方の雄のみがハレムを引き継ぐことが多い (Robertson, 1974; 坂井, 1997)。つまり，分割型ハレムの優位雌どうしは性転換をめぐるライバルとなる可能性が高い。船越のホンソメワケベラの優位雌の引っ越し先は，分割型ハレムではなく，いずれも共存型ハレムであった。その引っ越し先のハレムでの，最も順位の近い雌とのサイズ差は15～40mm (中央値18mm, $n=4$) と，いずれの例でも引っ越し前の分割型ハレム時よりも広がっていた。つまり，自分よりはっきりと小さい雌のいるハレムに引っ越していた。分割型ハレムにおいてライバルとのハレム支配競争に負けた場合のリスクは大きい。もし，引っ越し先が分割型ハレムではなく，そこで同じ優位雌の地位を手に入れることができるのならば，これは性転換の可能性を高めることにつながるのではないだろうか。

4-4-4 引っ越し雌は早く性転換できる？

性転換は，繁殖期終了の間際あるいは直後に5例，繁殖期直前に2例，繁殖盛期に1例見られた。これらのうち引っ越し雌によるものが6例，定住雌によるものが2例であった (表4-5)。いずれも，雄消失後に性転換を開始し，1～4個体の雌のハレムを引き継いでいた (中央値2雌, $n=8$)。

では，性転換までに要した日数を引っ越し雌と定住雌で比較してみよう。上記の性転換8個体のみでは残念ながら検定に必要なサンプル数に満たない。しかし，調査開始時にすでに定住雌であった個体のうち，2個体が調査終了時 (866日後) まで性転換することなく定住雌として生き残っていた (表4-5)。これらの定住雌2個体の体長は調査終了時には十分大きく (全長10.0cm, 10.5cm)，性転換した個体の体長 (中央値10.3cm, レンジ9.5～11.0cm, $n=8$) との有意差はなかった (Mann-Whitney U 検定, $U=7.5$, $p=0.9$)。一方，引っ越し雌では，雌のまま調査終了時まで生存していたも

表4-5 調査開始時に劣位雌，未成熟幼魚であった個体の社会順位と性の変化 (Sakai et al., 2001 より改変)

調査開始時			調査終了時までの変化			
		雌で消失	劣位雌	優位雌	雄	性転換までに雌としてすごした日数*
引っ越し雌						
劣位雌	$n=5$	1	0	0	4	319, 653, 819, 820
未成魚	$n=10$	3	0	5	2	459, 473
定住雌						
劣位雌	$n=9$	5	0	2	2	742, 833 (866, 866)
未成魚	$n=7$	3	2	2	0	

＊ 劣位雌で調査終了時まで性転換しないまま生存している個体は，雌としての滞在日数を（　）内に記す。これらを加えた性転換日数の比較において有意差が認められた (Mann-Whitney U 検定，引っ越し雌 vs 定住雌，$U=2$, $p=0.03$)。

のはない。すべて性転換をしたか，死亡していた。この定住雌2個体は，性転換まで866日以上要したことが明らかなので，これらを加えて性転換までに要する時間を見積もり，両タイプの比較を試みた（表4-5）。その結果，引っ越し雌の値は，定住雌のものよりも有意に小さかった。やはり，引っ越し雌は早く性転換できていた。

　生存率や成長率が改善されることは，雌としての繁殖成功を高め，また性転換する可能性を高める。それでは，この生存と成長における両雌の間の差の有無についても検討しておこう。調査終了時までに，定住雌は16個体中の8個体が，引っ越し雌は15個体中の4個体が，性転換することなく雌のまま消失していた（表4-5）。この生存率に有意な差は認められなかった（Fisherの直接確率計算法，$p=0.2$）。また，生存個体の成長においても，定住雌（中央値1.0 cm/年，0.5〜2.5 cm，$n=8$）と引っ越し雌（1.5 cm，0.5〜4.0 cm，$n=11$）の間に有意差は認められなかった（Mann-Whitney U 検定，$U=32.5$, $p=0.3$）。つまり，早く成長できるために引っ越し雌が早く性転換できているわけではなかった。また，調査開始時に劣位雌であった個体の社会順位についても見てみると，引っ越し雌のもの（2個体が2位，3個体が3位）は，定住雌（6個体が2位，3個体が3位）よりあらかじめ高かったわけでもなかった（Mann-Whitney U 検定，$U=16.5$, $p=0.4$）。つまり，引っ越しを繰り返すことだけで雄になる日を早めているのである。

4-4-5 引っ越し雌の産卵成功は？

　性転換をめぐる競争を勝ち抜こうという雌の戦術には産卵数への負の効果がつきまとうことが多い。これは，卵の生産への投資するエネルギーを成長，闘争，移動などのコストのかかる戦術的形質に再分配するため，あるいは戦術的行動自体がエネルギー供給である採餌行動を制限するためと理解されている (Hamaguchi et al., 2001)。そこで，船越のホンソメワケベラの引っ越し雌の繁殖への投資量を推定し，定住雌と比較するため，引っ越し雌6個体を含む13ハレム15雌について，4～29日間連続での集中的な産卵観察と卵採集を試みた（総計151産卵）。

　意外かもしれないが，分離浮性卵を産む魚の実際の産卵量を測定する試みは1990年代まで存在しなかった。産卵能力の指標としては，開腹した魚の卵巣重量を用いる方法もあるが，これではその都度，魚を殺してしまうことになり，観察と平行して産卵能力のデータをとることができない。浮性卵の野外採集は今では常套手段だが，1990年前後に世界各地で同時的に試行が始まった近年の調査法である。ホンソメワケベラの研究以前のアカハラヤッコの調査でのことだが，観察個体群に産卵頻度の低い雌が出現し，その雌が1回の産卵でどのくらいの卵数を放出しているのか突き止める必要が生じた。しかし，当時は確立した方法も参考資料もなく，卵採集方法を独自に開発した経験がある (坂井, 1997)。ホンソメワケベラの引っ越し雌は同じように産卵頻度を下げているのだろうか，また卵数はどれほどだろうか。

　卵の採集の手順は以下のように行う。把手のついた，たも網型の直径47 cm，深さ55 cmのプランクトンネットで，産卵直後の卵が白く雲のように見えるうちに，その範囲をまるごとゆっくりと水面まですくい上げる。ホンソメワケベラの卵の直径は0.7 mmほどである (Kuwamura, 1981a)。網のメッシュはプランクトンネットとしては少し粗めの0.3 mmで十分だ。プランクトンネットの端には，同じネット生地の内ぶたをつけた100 mlポリ瓶を脱着できるようにしてある。卵をすくったままの姿勢で水面までゆっくりと浮上し，潜水用のBCジャケットを膨らませて体を水面で安定させ，海水をプランクトンネットの外側からやさしくかけ，ネットについた卵を洗い落としてポリ瓶に移す。ポリ瓶をネットから外し，蓋をして回収するのだが，波

が高いときには特に慎重に作業しなければならない。この水面での作業にはどうしても約1〜2分を要する。すぐにBCジャケットのポケットにポリ瓶を収納し，逆のポケットから次の雌用のポリ瓶を取り出し，ネットに装着しながら潜行し，産卵の観察を再開する。ホンソメワケベラではまれに複数の雌が連続的に産卵する。そういう場合は水面での作業を優先させるため，次の産卵での卵採集はいさぎよくあきらめなければならない。

　この水面での作業をゆっくり観察終了後にまとめて行うことの可能な卵採集もある。ビニール袋で水塊ごと回収する方法である（吉川，2001；Sakai et al., 2002）。ビニール袋の口を折り畳んでクリップでとめ，そのまま水底においておけば，水中にいながらにしてすぐに次の観察に移行できる。ただし卵にかなり接近して水を吸い込むビニール袋法は，このプランクトンネット法よりも熟練技術を要する。というのも，ビニール袋の容積以上は水を回収できないため，卵の位置を見誤って袋を開け始めてしまうことが許されない。袋をいったん閉じて採集を最初からやり直そうとすると，乱流が生じ卵を散らしてしてしまう。一長一短である。どちらの方法も産卵位置をしっかりと見定めることがポイントだが，透明度のあまり高くない場合には，卵をすくい始めてから位置の微調整の可能なプランクトンネット法のほうが向いている。

　船越ではプランクトンネットで卵を採集した。潜水調査を終えた後，5％ホルマリンを加えてポリ瓶の中の卵をすべて固定した。これは受精率などのデータを捨てることになってしまうが，プランクトンネット法は受精率の正確な見積りには不向きであり（吉川，2001），またプランクトンの豊富な温帯海域ゆえにやむを得ない策である。というのも，ホルマリンで固定することで卵がすぐに白濁して沈み，混獲されたさまざまなプランクトンや有機浮遊物から卵を分離させやすいのだ。そして，採集できたすべての卵数を計測した。

　まず，産卵頻度を見てみよう。船越のホンソメワケベラのでは，必ずしもすべての雌が毎日産卵するわけではなかった。産卵を観察した日数のうち産卵を確認できた日の割合（％）を産卵頻度として計算すると，定住雌の産卵頻度は83.3〜100％（中央値95, $n=9$）であった。一方，引っ越し雌を見てみると，最初の引っ越し前（36〜336日前）の産卵頻度は75.0〜100％（中央

4-4 ホンソメワケベラの引っ越し戦術

値100, $n=4$) と, 定住雌と有意差のない高い値であった (Mann-Whitney U 検定, $U=15$, $p=0.6$)。引っ越し後 (1～57日後) の産卵頻度もすべて 100% ($n=4$) であった。このように産卵頻度については, 引っ越し雌に負の効果が現れる傾向はなかった。

では産卵量はどうだろうか。解析の結果, 引っ越し前の雌と定住雌の産卵量に有意差は認められなかった (Mann-Whitney U検定, $U=13$, $p=0.4$; 図4-17)。一方, 引っ越し後の産卵量は定住雌よりも有意に低かった (Mann-Whitney U検定, $U=1$, $p=0.009$)。ここで, 産卵頻度と産卵量をかけ合わせた値, つまり産卵成功を産出してみる。その結果, 引っ越し前の産卵成功は定住雌と有意差がなかったが, 引っ越し後の産卵成功は定住雌より有意に低いものであった (表4-6)。産卵成功は引っ越し後に落ちてしまうようであ

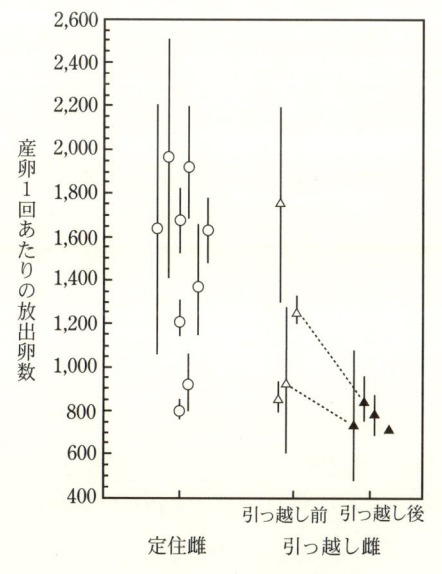

図4-17 船越のホンソメワケベラにおける定住雌(9個体)と引っ越し雌(6個体)の産卵量。それぞれの個体の平均値と標準偏差を示す。引っ越し雌については, 最初の引っ越しの36～336日前 (引っ越し前) と, 最後に確認した引っ越しの1～57日後 (引っ越し後) のデータを示す。同じ個体のデータについては点線で結ぶ。3つのカテゴリーの雌の体長に有意差はない (定住雌: 中央値8.5cmTL, レンジ7.0～10.0cm; 引っ越し前: 中央値9.0cm, レンジ7.5～9.5cm; 引っ越し後: 中央値8.3cm, レンジ6.5～10.0cm; Kruskal-Wallis検定: $H=0.5$, $p=0.8$) (Sakai et al., 2001より改変)

表4-6　引っ越し雌と定住雌の産卵成功 (Sakai et al., 2001より作成)*

	産卵成功 (個/日)		個体数
	中央値	レンジ	
引っ越し雌			
引っ越し前	1,100	642〜1,750	$n=4$
引っ越し後	760	709〜 838	$n=4$
定住雌	1,549	642〜1,750	$n=9$

* それぞれの雌について産卵頻度 (産卵日/観察日) と1回の産卵量 (卵数/産卵日) のデータを掛け合わせた (Mann-Whitney U 検定; 定住雌vs引っ越し前: $U=12$, $p=0.4$, 定住雌vs引っ越し後: $U=5$, $p=0.045$)。

る。おそらくは，引っ越し先での摂餌場所 (クリーニングサイト) の確保に手間取ること，順位関係の確立のために攻撃など社会行動が増加することなどが原因ではないだろうか。残念ながら，産卵のコストを生じさせる原因について詳しく検討できるだけの採餌行動や社会行動についてのデータはない。

4-4-6　引っ越し戦術の位置づけ

　引っ越し雌は早く雄へ性転換できていた。これは早くハレムを支配できることを意味する。このことで，引っ越し個体は，引っ越しにともなう低い産卵成功を補うことができているのではないだろうか。この調査期間では劣位雌あるいは未成熟個体が雄に性転換するところまで確認するのが限界であった。そのため，生涯繁殖成功を厳密に見積もることができないが，引っ越した個体にとっては，そこに定住し続けたよりは，引っ越したほうが繁殖成功を稼げたのではないだろうか。

　引っ越しをしなかった定住雌も「お出かけ」することがある。定住雌16個体のうちの9個体が総計29回のお出かけをしていた。このお出かけをした個体の割合に，引っ越し雌と定住雌の間で有意差は認められなかった (Fisherの直接確率計算法，$p=0.3$)。また，各個体の「お出かけ」頻度についても，引っ越し雌 (中央値3回/30ヵ月，レンジ0〜9回，$n=15$) と定住雌 (1回, 0〜7回, $n=16$) で有意差はなかった (Mann-Whitney U 検定，$U=83.5$, $p=0.2$)。さらに，お出かけしたハレムの数についても引っ越し雌 (中央値2ハレム，レンジ0〜4ハレム，$n=15$) と定住雌 (1ハレム, 0〜4ハレム, $n=16$) に有意差は認められなかった (Mann-Whitney U 検定，$U=79.5$, $p=0.1$)。

ほぼすべての雌がお出かけによって引っ越しの準備をしているかのようだ。
　また，引っ越し前における産卵量も，引っ越し雌と定住雌で違いがなかったことから，「引っ越し」は潜在的にはすべての雌が条件に応じてとりうる戦術だと推察している。「もし近くに自分より大きな雌がいないハレムがあれば引っ越し，そうでなければ現在のハレムに定住を続けよ」という条件戦術である。つまり，定住雌は引っ越すべき状況になかったゆえに，結果として調査期間中に引っ越さなかったのではないだろうか。
　船越は常に2〜6ハレムが互いに隣接しており，これまで調査されたホンソメワケベラの個体群の中でも最も密度の高い場所である。ハレム密度が高いとハレムが互いに離れている場合よりも，他のハレムの社会状況を把握しやすいだろう。その結果，引っ越し戦術も成立しやすいのではないだろうか。
　この引っ越し戦術は，元のハレムを離れるという点で，放浪独身になる独身性転換に似ている。ただし，雌として産卵を継続するため，独身性転換よりも繁殖のロスは少ない。その点からも，引っ越し戦術は独身性転換よりも広く見られそうだ。ただし，その魚はホンソメワケベラほどではなくとも，ハレムを自由に離れて行動できるような高い遊泳力をもっている必要はあるだろう。

4-5　結　び

　ホンソメワケベラはサンゴ礁から温帯まで広く分布している。さまざまな地域での生態調査から，地形，水流，水深，同種の個体密度など，多様な環境に柔軟に対応した産卵行動・生態をもちあわせていることが明らかとなっている。ホンソメワケベラと同様に産卵タイミングの種内変異をもつベラ類は少なくないが (Kuwamura, 1981b; Robertson, 1991)，潮の流れなどの環境条件のデータを押さえながら，産卵タイミングの変異をもたらす原因を積極的に突きとめようとするアプローチをもった研究はまだ少ない。
　また，これまでのホンソメワケベラの研究は，比較的密度の低い個体群で行われていた。そのため，ホンソメワケベラはハレムの典型ともいうべき，安定した婚姻関係ばかりがクローズアップされていた。性転換をめぐる競争が激しければ，雌も悠長に構えていられない。引っ越しという大胆な行動で，早くハレムを支配する雄になれるよう努力していた。これは，夕方の混雑し

たスーパーマーケットで，買い物カゴをもったお客さんが，少しでも順番の早いレジの列を求めて列を大胆に移動するのに似ている。

　このような雌の行動や生活史戦術に注目する研究が，ホンソメワケベラのような雌の動きを追跡しやすいハレム魚類で進むのは当然だ。なわばり訪問型複婚社会をもつベラの仲間や，キンギョハナダイなどの中層を群泳するタイプの魚では，雌の継続観察が難しい。ただし，ハレム魚類を材料にしたからといって，簡単に成果が得られるわけではない。個体識別と数年にわたる長期観察を武器にするスタイルの人口学的研究は，さすがに気力と体力の充実した若手でなければ実践できない。この研究スタイルは現在，海外では少なく，日本のお家芸ともいえる。今後，性転換魚類の生活史戦術にアプローチする研究を遂行する若手が現れ，さらなる戦術の発見などが進み，戦術間の相互の関係性についての議論がさらに発展することを期待している。

　ホンソメワケベラは過去に詳しく生態が調査されていた種ではあったが，90年代以降，ホンソメワケベラ第二期黄金時代ともいえる大きな成果が得られている。ここでは紹介しきれなかったが，グレートバリアリーフで研究を進めるGrutter女史らのチームを中心に，クリーニング行動のメカニズムと機能についての大きな研究の進展がある (Grutter, 1999, 2001)。また，性転換プロセスに注目した研究では，性行動が生殖腺の状態とは独立に発現しうることが証明されている。産卵準備の整った卵巣をもつ雌でも，雄が消失するとすぐに完全な雄の性的行動をとりうるのだ (Nakashima et al., 2000)。そして小雌がその求愛に応じて未受精に終わる産卵をしてしまうという。また，性転換の方向性についての驚くべき実験結果も報告されている。雌が雄に性転換するだけではないのだ (Kuwamura et al., 2002)。ホンソメワケベラを用いた研究は，サンゴ礁の群集構造にかかわるものから，性の発現メカニズムにかかわるものまで多様度を増している。基礎的な生態情報が充実しているために，モデル生物としての重要性はますます高まっている。ホンソメワケベラを用いた研究のさらなる発展を楽しみにしておいてもらいたい。

5 タカノハダイの重複なわばりと摂餌行動

(松本 一範)

　この章では岩礁性魚類であるタカノハダイに見られる特異ななわばり配置を紹介する。底質が大きく異なる2地点でその摂餌行動や食性を比較し，摂餌なわばりが維持される要因を考えていく。また，環境の違いをもとに，2地点でこの魚の体の形態などが異なることも紹介する。

5-1 はじめに

　水中マスクをつけて海の中を覗かれたことがあるだろうか。色とりどりの魚たちが水中を舞う光景はぞっとするほど美しく，同じ地球の一部であるとはとうてい思えないような不思議な世界が広がっている。重力ではなく，水による粘性が生きものたちの動きを妨げる世界，それが水中である。たいていの魚たちは流線型をし，水の粘性を振りほどきながら3次元的に移動する。重力に縛られた陸上の動物とはかけ離れた形や動きをもつ魚であるが，彼らの生活様式は陸上の動物とほとんど変わるところがない。スズメのように群れる魚もいれば，ネコのようになわばりを張る魚もいる。また，繁殖や餌などをめぐる社会的な現象ももちろん見ることができる。動物の行動や社会は多様であるが，それらはすべて普遍性というものに裏打ちされている。魚を知ることは，魚だけでなく，動物全体を理解することにもつながるのだ。

　魚を研究対象とするメリットは，1つには観察のしやすさにある。水に入れば，人間も重力から解放されふわふわと水中に漂う。透明度のよい海では，まるで空中に浮いているかのような錯覚を覚える。視線を海底に向ければ，魚の生活がすぐそこにうかがえる。障害物がなければ，魚のやっていることは上からすべて丸見えなのだ。これが陸上だとそうはいかない。空中浮遊を

して空から動物を観察することはほとんど不可能に近い。野外研究では，その対象となる動物に研究者が思い入れがある場合，観察がどんなに困難であっても必死にそれを調査しようとする。対象動物への執着心は，研究には大切なことであるが，研究対象を決めかねている場合は，観察のしやすい動物を選んだほうが絶対によい。これは，研究動物をないがしろにすることではない。むしろその逆である。その動物のことを本当に理解しようとするならば，それをじっくり見ないと話しにならないからだ。

本章では，南西日本の各地の磯で普通に見られるタカノハダイ *Goniistius zonatus* の生活の一部を紹介する。タカノハダイは，磯釣りでは外道とされる魚である。肉はヨード臭く，まずくて食えない魚として知られているが，学問の世界に外道は存在しない。どんな動物でもそれぞれ独特な生活をしており，深く観察すればするほど興味深い生態を見せてくれる。今回は特に，タカノハダイの特異ななわばり配置に焦点を当て，それが維持される仕組みを紐解く。タカノハダイは餌を守るために同種に対してなわばりを張る。しかも，餌条件に応じて自分のなわばりから追い出す相手を変える。さらに，タカノハダイの形態などさまざまなことが，生息環境によって異なることについても報告し，その要因を考える。一般的に魚類の生態学的な研究がどのように行われているのかはあまり知られていないが，それに関して興味をおもちの方も少なくないと思われるので，この研究が行われた過程を紹介しながら話を進めることにする。研究には面白さはもちろんのこと，多くの苦労もともなうことがおわかりいただけるかと思う。

5-2 研究準備

5-2-1 研究室配属

私は大阪市立大学理学部生物学科に属していた。3回生も終わり間近の3月になると，研究室の配属が決まる。私は躊躇なく「動物社会学研究室」を選んだ。この研究室は野外調査に基づいて脊椎動物の行動や生態を個体レベルで研究し，その社会の仕組みを探ることを目的としている。「動物社会学」という名前を掲げている研究室は，他大学にはない。そもそも私がこの大学に入学した理由は，野外で生きものを見ることのできるこの研究室があるからだった。実験室にこもって生物の体を切り刻んだりすりつぶしたりして，

生命活動の一部だけを取り出すことにはほとんど魅力を感じていなかった。それよりも，その動物が生きている姿をまるごととらえてみたいという気持ちだけしかもち合わせていなかった。私にとってはこのうえもない研究室だった。

動物社会学研究室では3人の先生方がそれぞれ魚類，鳥類，哺乳類を研究されていた。私には特にこれといって思い入れのある動物はなく，研究対象にこだわりはなかった。同期の学生は私を含め3人おり，他の2人はそれぞれ鳥類，哺乳類を研究することが決定していたので，私は残る魚類の先生（本シリーズの編者でもある幸田正典氏）について海水魚を研究することになった。幸田氏は先生とよばれることが嫌いのようで，学生たちに「幸田さん」とよばせていた。学生の視点に立っていっしょに考えようとする，親しみやすい先生である。「松本，魚の研究やってめーへんか」，「はい，やります」。すべてはこの対話から始まった。他力本願の選択だったが，そもそも水辺の生きものについて興味があったので，渡りに船という感じでもあった。今では，観察しやすい魚を偶然にも材料に選んだことを本当にラッキーだったと思っている。

5-2-2 潜水訓練

海水魚の野外観察には，当然，潜水が必要となる。透明度のよい浅瀬で観察するぶんには素潜りで十分だが，浅瀬から深みまで泳ぎ回る魚種を追跡調査するには，やはり，スキューバを用いて長時間海に潜らなければならない。私は遊び程度に素潜りをしたことはあったが，スキューバ潜水の経験はまったくなかった。いったん自然の懐に飛び込めば，人間の力など風前の灯火である。ましてや空気呼吸ができない水中では常に命の危険がつきまとう。すなわち，安易な心構えでは潜水調査はできない。そのため，調査を始める前にしっかりと訓練を行い，高度な潜水技術をマスターする必要がある。そこで私は，愛媛大学理学部生態学講座が毎年行っている潜水訓練に参加させてもらうことにした。なお，潜水調査をするに当たっては，もちろん潜水技術認定証であるCカードも必要である。

宇和海に面する愛媛県室手海岸でその訓練は行われた（図5-1）。室手海岸は温暖な四国のほぼ南端にあるのだが，3月の海水温は13〜14℃と1年のう

図5-1 調査地である室手海岸。中央に見える白い堤防の奥で調査を行った

ちで最も低く，寒がりの私には耐え難いものであった。4〜5日かけて，素潜りからスキューバ潜水の訓練まで，さまざまなメニューをこなしていくわけだが，体が小さく体力のない私はその過酷さにつくづく閉口した。なにせ，潜水器材の装着から，はやくも試練が始まったのだ。潜水では体温を保つために厚さ数mmのネオプレーン・ゴムでできたウエットスーツを着用する。これは体に密着するように仕立てられており，装着すると，息が苦しくなるほどに胴体が締め付けられる。また，伸縮性がほとんどないため，関節の自由が奪われ，手足が棒のように突っ張る。さらに同じ生地でできたフードを頭部全体にすっぽりかぶると，音がほとんど聞こえなくなり，閉所恐怖症気味の私は言いようのない不安に襲われる。そして，水中マスクを装着すると側面の視界が失われ，ますますどこか狭い場所に閉じ込められたような気分になる。最後に，ウエットスーツの浮力を打ち消すために5kgの錘(おもり)を腰に巻き，16kgの空気タンクを背負うと，体の自由は完全に奪われ，もうほとんどパニック状態（器材の総重量は私の体重の半分にも達する！）。解放されたい思いをなんとか押し殺して海岸を歩けば，丸いゴロタ石に足をとられ，バランスを崩してひっくり返りそうになる。「潜水調査なんかできるんやろか，やっぱり魚の研究なんかやめといたらよかった」。器材を装着しただけで，早くもギブアップしそうになった。私の潜水調査は恐怖との戦いから始まっ

たのだ。

　訓練の前段階ですらそんな調子だったので，当然，私は8人ほどいた訓練生のうちで最も技術習得の遅い落ちこぼれであった。仲間が平然とメニューをこなしているのを尻目に，非力で不器用な私は同じ訓練を繰り返しやらされていた。フィンを着けずにタンクを背負って泳ぐ訓練では，うまく息継ぎができずにパニックに陥り，もう少しのところで溺れるところだった。救い上げられた海岸縁で海に向かって石を投げながら，魚の調査を選択したことをつくづく心の底から後悔した。「やっぱり，潜水調査は自分には向いてへん」。海水とも涙とも区別がつかない塩辛い液体をぐっと飲み込み，冷えきった体で奥歯をがたがた鳴らしていたことを思い出す。

5-2-3　研究対象種と調査地

　潜水に恐怖を感じていた私に対して，諸先輩方はほとんどマンツーマンで懇切丁寧に指導してくれた。そのおかげで，劣等生なりにも全メニューをこなし，根性だけで潜水訓練をなんとかやり遂げた。今から思えばなぜギブアップをしなかったのか不思議なのだが，やはりあこがれの野外研究をしたい一心だったのであろう。また，匙を投げずに根気強く指導してくれた先輩方のあたたかさに報いるためにも，途中で訓練を投げ出すわけにはいかなかった。これでようやく，室手海岸での潜水調査は免許皆伝となった。次は研究材料の選択だ。先ほども述べたが，私が魚を研究することになったのはまったくの偶然であり，最初から魚に興味があったわけではない。海水魚などは，魚屋の店頭に並んでいる程度のものでさえ区別がつかず，どんな魚を研究対象にするのかは幸田さん任せとなった。

　幸田さんは鹿児島で，岩礁域に生息するセダカスズメダイ *Stegastes altus* について研究していた。セダカスズメダイは藻を食べる10cmほどの小さな魚であり，同種・他種魚から餌を守るためのなわばり（＝摂餌なわばり）をもっている。このセダカスズメダイが攻撃対象とする魚に「タカノハダイ」（図5-2）が含まれる (Kohda, 1981)。スズメダイの研究のかたわら，幸田さんはこのタカノハダイの特異ななわばり配置にも注目していた。予備調査によると，タカノハダイは同種他個体を攻撃するが，攻撃の程度は大きさの似かよった個体に対してより強くなるらしい。その結果，体サイズが近い個体

図5-2 タカノハダイ (室手で撮影)

どうしは互いに相手を完全に追い払ってなわばりを張るが，体サイズに大きな差がある個体どうしは，なわばりを張らずに生活空間を共有する。体サイズに応じてなわばりが維持されるこのような現象は，魚類のみならず脊椎動物群を通じてまれなことであり，これがなぜ起きるのかを明らかにすることは，なわばりの研究に大きく貢献することになる。これがタカノハダイを研究対象にした理由だった。

このようにもっともらしく研究目的を書いたが，タカノハダイを見たこともなく，研究テーマに関する勉強も始めたばかりであった当時4回生の私は，実をいうと，なぜタカノハダイを研究するのか，まったくわかっていなかった。幸田さんから「タカノハダイは面白いで」とは聞かされていたが，恥ずかしながら馬の耳に念仏，面白さの意味がまったく理解できなかった。「とにかく研究してみたい」，それしか頭にないずぶの素人であり，研究の意義を理解し始めたのは大学院に進学してからのことであった。

調査は潜水訓練を受けた室手海岸で行うことになった。室手海岸は200mほどの入り江をともなうリアス式海岸である。入り江部を除く岸壁は急な角度で海に落ち込み，水深10mの海底まで急斜面が続く。斜面上には山腹から滑り落ちてきた巨大な岩が横たわり，起伏の激しい複雑な地形を作っている。室手海岸の魚類相は，そのほとんどが温帯種によって構成されており，

タカノハダイを含む59種が報告されている（坂井ほか，1994）。

　タカノハダイ科魚類は世界で約18種存在する。いずれの種も主に温帯域に生息するという特異な分布（反赤道分布）を示す（Burridge, 2000）が，その多くは南半球に生息しており，日本近海にはタカノハダイ，ミギマキ，ユウダチタカノハの3種が生息するのみである（益田・小林，1994）。タカノハダイは南西日本の岩礁域に広く分布する普通種である。この魚が頻繁に見られる浅海域では繁殖行動の観察例はまったくなく，日中，岩や転石上で盛んに摂餌活動を行うと報告されている（Sano & Moyer, 1985）。あたりまえのことだが，本調査の前に，その調査地には十分なデータがとれるほど豊富に研究対象動物が生息しているかどうかを確認しておく必要がある。室手海岸には広い岩礁域があり，タカノハダイが生息する条件は十分に整のっている。そのため，さまざまなサイズの個体が密に生息していることを事前調査で確認することができた。室手海岸はタカノハダイの研究にうってつけの調査地であった。

5-2-4　地図作り

　この研究の目的はタカノハダイのなわばり配置を調査することである。普通，なわばりを調べるには，その動物がどのくらいの範囲を移動し，どこで誰とどんな社会行動をしたのかを記録する必要がある。そのためには，前もって生息場所の地図を作らなければならない。そしてその地図上に行動データをプロットしていくのだ。魚類調査の場合には，海底にある岩や石などの地形を詳細に描き，地図にする。調査対象種がどのくらいの範囲を遊泳し，何個体分のデータが必要となるかで地図の大きさが決定される。タカノハダイは室手の岩礁性魚類中で最大級の種であり（大きいものは全長35 cmを越える），その行動範囲はかなり広い。事前調査から，20～30個体分のなわばりを確保しようとすると，少なくとも海岸線に沿って100 m，沖に向かって30～40 mの広範囲を調査域にしなければならないことがわかった。さらに，タカノハダイについてのこれまでの研究例は乏しく，この魚がどのくらいの期間同じ場所に滞在するのかさえわかっていない。つまり，1個体からどの程度データを得られるのかはまったく未知であった。よって，データ不足に陥らないように十分な数の個体を観察するには，調査域をさらに広くとる必

要がある。結局，この調査では岸に沿って150m，沖合に向かって40mという巨大な調査枠を設けることになった。これは小型魚類用の一般的な調査枠（せいぜい20～30m四方）に比べて格段に大きなものだ。潜水もままならない初心者の私が1人でこのような巨大地図を作れるわけはなく，幸田さんとの2人がかりで作成にとりかかった。

　地図を作るには，まず太めの糸で調査範囲を囲う。そして，その調査枠を一定の間隔で格子状に区切っていく。今回は150m×40mの範囲を縦横5mに区切ることにしたため，総延長2,900mの糸を海底に張ることになった。水中は陸上に比べてはるかに視界が悪い（室手海岸ではよくても20m）。また，水の浮力が重力を打ち消してしまうので上下感覚が麻痺してしまう。右手に糸を巻いた筒をもち，左手のコンパス（方位磁石）を唯一の頼りとし，真っすぐ泳いでいくのだが，大きな岩がしばしば行く手をさえぎり，糸が予期せぬ方向に張られてしまう。調査枠の角が直角にならない。格子の間隔が一定しない。そのため何度も何度もやり直しになった。さらに，浅瀬では高い波に体がさらわれ，岩にしたたか打ちつけられることもあった。調査枠作りは危険をともなう非常につらい作業であった。

　調査枠がどうにか完成すると，次は5m四方の格子ごとに海底の地形を詳しくスケッチする。格子数が240個あると思うと気の遠くなるような作業だ。スケッチは海底から2～3mの高さで行うのだが，水中浮遊は初心者にとって非常に難しい。重力と浮力を釣り合わせて，いわゆる中性浮力を保たなければならないのだ。浮力を得るためには，空気タンクから救命ジャケットに似たバランシング・ベスト（B.C.）という浮力調節器に空気を送るのだが，少しでも空気を入れすぎるとすぐに海面上に浮いてしまい，逆に空気が足らないとすっと沈んでいくため，フィンでばたばたと海底を煽って，砂や泥を巻き上げてしまう。呼吸をするだけでも浮いたり沈んだりで，非常に微妙な調節技術が要求される。初めのうちはうまく中性浮力が得られず，体をドタバタ動かして地図を書いていた。浮いている高さによって岩や石の見かけの位置が変化するため，隣接する格子の地形がかみ合わず，いらいらしながら，書いては消し，書いては消しを繰り返していた。1ヵ月近くかかって，ようやく巨大地図（図5-3）を完成させた。今から思うと，この作業のおかげで，調査地の地形がしっかりと頭に焼き付いたうえ，長距離を無心に泳ぐことが

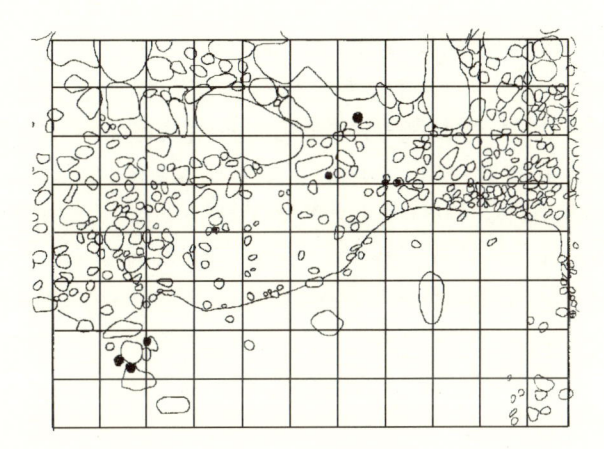

図 5-3 室手の調査枠内の地図の一部（1994年の調査範囲）。上が岸側。格子の1辺は5m。岩（白抜き）とサンゴ（黒塗り）が示されている

でき，とてもよい潜水訓練となったのであった。

5-3 研究開始

5-3-1 個体識別

　3月半ばから5月半ばまで約2ヵ月かけて，ようやく研究の下準備が整った。いよいよ本調査の開始である。生まれて初めてのあこがれの野外調査。冒険に飛び出すように，毎日勇んで海に出かけたものだった。海岸で潜水器材を身につけ，ゴロタ石をぎしぎし踏みしめながら海に入り，調査枠までおよそ150m泳ぐ。砂地，転石，堤防，岩場と景観が変わり，それぞれの場所で違った生物が独自の営みを見せてくれる。調査枠までの海中散歩は一代絵巻物を見ているようで，我を忘れるほどに素晴らしい。調査枠に到着すると，なぜか我が家に帰ったようでほっとする。呼吸を整えた後，最初にするのは調査枠内にいる個体をそれぞれ特定すること，つまり個体を識別することだ。

　魚の個体識別には2通りのやり方がある。まず，体にはっきりとした模様があり，それが個体によってそれぞれ異なる場合には，その模様で個体を識別する。体にはっきりとした模様がない場合は，魚体に標識を付けたり，皮膚の下に色素を注射し人工的に模様を作る。手間や魚への悪影響を考えた場合，前者の方法がはるかに都合がよい。幸いタカノハダイの体側部には縞模

様が、また尾鰭には水玉模様があり、それが個体ごとに異なるので、簡単に個体識別ができた。私は水中でスケッチを行い、1990年に合計42個体を識別した。さらに、大学院に進学後の1991, 1994年には調査枠を狭め（1991年：30m×25m、1994年：55m×40m）、それぞれ8個体、20個体を識別した。識別した個体には体の模様に応じた名前をつけた。例えば、縞模様ででこぼこした個体には「かいだん」、縞模様が先細っている個体には「とっくり」など。趣味がよいとはとても思えない名前だが、名前をいえばその個体が、個体を見ればその名前がすぐに浮かんでくるように名づけた。10年以上たった今でさえ、彼らの特徴ははっきりと頭の中に残っている。数字や記号で名づけると、個体と名前の対応がつきにくく、こういうわけにはいかないだろう。

次に、それらの全長を測定した。本来ならば魚を捕獲しノギスで正確に測定すべきだが、遊泳範囲が広く逃げ足の速いタカノハダイを捕まえることは、初心者の私にとって困難なうえ、危険でもあり、それはできない。また、一度捕まった魚が人間を怯えるようになり、観察がうまくできなくなる可能性もある。私はじっとしているタカノハダイの頭と尾鰭の先端の位置を覚え、魚が去ってからその2点間の距離を定規で測定することにした。厳密ではな

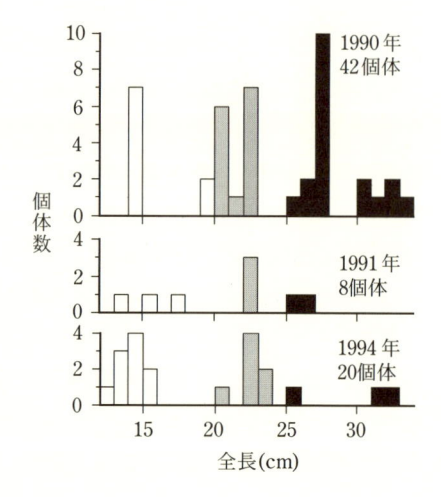

図5-4 タカノハダイの体サイズ頻度分布（室手）。白抜き、影つき、黒塗りの棒は、それぞれ小型、中型、大型個体を示す（Matsumoto, 2001より改変）

いが，これでおおよその体長が測定できる。誤差を考慮し5mm区切りで測定した。室手海岸では，いずれの年も12〜34cmの個体が生息していた（図5-4）。なお，12cmより小さな個体は，波打ち際の浅瀬でほんの少数見られただけであった。

5-3-2 なわばり配置

　私は，幸田さんからの指導をふまえたうえで，(1) 行動圏，(2) 攻撃場所，(3) 行動圏内の底質の組成，(4) 摂餌が行われた底質の種類，の4つのデータをとることにした。行動圏とは，定住性を示す動物が普通に行動する範囲をいう。なわばりとは，動物が他の個体と地域を分割して生息し，侵入された場合に防御する空間をさす。したがってなわばりを特定する場合，まず行動圏を知り，その行動圏のどこまでを他個体に対して防衛するかを判断する必要がある。

　私は個体識別をしたタカノハダイを執拗にどこまでも追い続けた。最初のうちは，当然，魚は人を警戒して逃げてしまう。自分よりはるかに大きい未知の物体が，ブクブクと泡を吐きながら常に背後に忍び寄ってくることを想像してもらえば，魚が感じるであろう恐怖をご理解いただけると思う。魚が逃げ出すと，見失わないようにこちらもスピードを上げるのだが，そうすると魚はさらに警戒心を増し，どんどんスピードを上げ，突然矢のごとく視界から消え去ってしまう。こうなればもうお手上げ。次の出会いを待つしかない。移動能力の高い野生動物を観察するには，発見・追跡・見失いを根気よく何度も繰り返すしかないのだ。しかし，このようなストーカー的行為も徐々に相手に受け入れられ，やがて半月もすれば人を恐れなくなった。いわゆる人付けされた状態ができ上がったのだ。そうなればしめたもの，魚はその生活を余すところなくさらけ出してくれる。片思いの恋が成就したときのような感極まる瞬間が，水面下で幾度となく訪れたものであった。

　人に慣れたタカノハダイを1個体あたり約30分から1時間追跡した。追跡調査を数回繰り返すうちに，同じ個体は毎回ほぼ同じ場所を遊泳していることがわかった。つまり，この魚は定住性が強く，ある特定のエリア内で日中をすごしているのだ。1個体ごとにすべての遊泳軌跡を重ね合わせ，調査枠内にいる全個体の行動圏を描いたところ，各個体の行動圏は複雑に重なり合

っていることが明らかとなった（図5-5）。まるで，おのおの気ままに生活し，他人に対しては無頓着を装っているかのようだ。いったい彼らの社会はどうなっているのか？　ここで，5-2-3項で「タカノハダイは同種他個体に対して排他的だが，その攻撃性は大きさの似かよった個体に対してより強くなる」と述べたことを思い出してほしい。これは，幸田さんが鹿児島で予備調査を行ったときに発見したことであるが，はたしてこれが四国室手海岸でもあてはまるのだろうか？　もしそうならば，体サイズが同じくらいの個体どうしは排他的で，行動圏の重複は小さくなることが予想される。

　まず，調査地に生息する全長12〜34cmのタカノハダイを3つの体サイズクラスに分けた（小型＜20cm≦中型＜25cm≦大型。このサイズ分けの基準は，後述するもう1つの調査地，荒樫での体サイズ分布に基づく）。そして体サイズごとに行動圏を描くと，なんと，同サイズ個体どうしの行動圏はほ

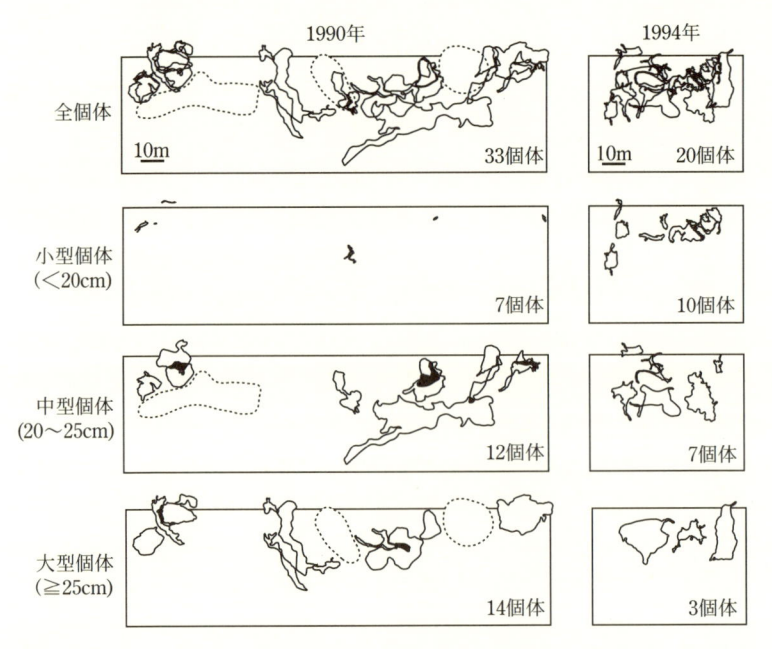

図5-5　タカノハダイの行動圏（室手）。破線は観察時間の短い個体の推定の行動圏を示す。四角は調査枠を，黒塗りは同サイズ個体の行動圏の重なりを示す（Matsumoto, 2001より改変）

とんど重複せず，はっきりと生活空間を分けあっていることがわかった（図5-5）。このような特異な空間配置は，アフリカのタンガニイカ湖に生息するカワスズメ科魚類のいくつかや，海産魚類のカサゴで報告されてはいる（Karino, 1996; Kohda & Tanida, 1996; Fujita, 1997）が，まれな事例である。これらの魚の場合，同サイズクラスの個体どうしは互いに排他的で，彼らの行動圏は同サイズ個体に対するなわばりであると考えられている。では，タカノハダイの場合はどうなのだろうか？

タカノハダイどうしの社会的相互作用は次の3つに分類できた。すなわち(1) 闘争行動：相手をつついたり追い払ったりする直接的な攻撃行動や，背鰭をたてて相手を威嚇する行動，(2) 宥和行動：相手に近づき，体側部を誇示しながら体を震わす行動，(3) 反応なし：お互い50 cm以内に接近しても闘争行動も宥和行動もせず去っていくこと，の3つである。なお宥和行動は，自分より優位な相手の攻撃性をやわらげるためのものであり，この行動を受けた個体は，普通，闘争行動をすることなく去っていく（Kohda & Tanida, 1996）。行動圏が大きく重複する異サイズクラスの個体どうしでは，闘争行動も見られたが，出会ってもお互い反応しないケースも同じくらい多く観察された（表5-1）。ほとんどの場合，大きな個体が小さな個体を攻撃した（88回の攻撃中87回; Matsumoto, 2001）が，攻撃の程度は弱く，小さな個体が大きな個体の行動圏から完全に追い払われることはなかった。一方，行動圏がほとんど重複しない同サイズクラスの個体どうしは，頻繁に闘争行動を行った（表5-1）。その位置を行動圏の図にプロットしてみると，相手を追い出すように行動圏の外縁で闘争行動が行われていることが明らかになった（図5-6）。つまり，タカノハダイの行動圏は同サイズクラス個体に対するなわばりであると考えてよさそうだ。ではなぜ，タカノハダイは同サイズ個体に対してのみなわばりを張るのだろうか？　それを考える前にまず，タカノハダイは何を守るためになわばりを維持しているのかを知らなければならない。

魚類の繁殖生態をよくご存じの方は，タカノハダイのなわばり配置は，ベラ類などが示すハレムでのなわばり配置に似ていると思われるだろう。ハレムでは，大型の雄が自分の繁殖なわばり内に複数の小さな雌を囲み，他のなわばり雄からその雌を防衛する。雌どうしには体サイズに応じた順位関係があり，同サイズどうしは互いに攻撃しあってなわばりを張ることもある（第

4章参照)。タカノハダイのなわばり配置ははたしてハレムを表しているのだろうか。それを判断するには,まず雄と雌を区別し,それぞれの体サイズを調べる必要がある。

タカノハダイの雄と雌は外部形態からは区別がつかない(5-4節参照)。また,長期間の調査にもかかわらず,求愛行動や配偶行動はまったく観察されなかった。南半球の温帯域に生息するタカノハダイ科魚類は,夏から初冬にかけて日没後,深場で産卵するとの報告があり(Thresher, 1984),タカノハ

表5-1 タカノハダイの同種個体間の社会的相互作用(室手)。( )内は%。社会的相互作用の頻度(合計)は,異サイズと同サイズで統計的に有意に異なった(χ^2検定,$p<0.0001$)(Matsumoto, 2001より改変)。

両者の体サイズ	遭遇回数	社会的相互作用		
		闘争行動	宥和行動	反応なし
異サイズ				
大型対中型	70	27 (38.6)	11 (15.7)	32 (45.7)
大型対小型	94	46 (48.9)	15 (16.0)	33 (35.1)
中型対小型	38	12 (31.6)	6 (15.8)	20 (52.6)
合計	202	85 (42.1)	32 (15.8)	85 (42.1)
同サイズ				
大型対大型	45	34 (75.6)	6 (13.3)	5 (11.1)
中型対中型	6	4 (66.7)	1 (16.7)	1 (16.7)
小型対小型	18	16 (88.9)	1 (5.6)	1 (5.6)
合計	69	54 (78.3)	8 (11.6)	7 (10.1)

図5-6 タカノハダイの同サイズ個体に対するなわばり防衛の例(室手)。閉じた曲線は行動圏の外縁を示す。矢印と黒丸は,それぞれ同サイズ個体に対する攻撃場所と威嚇場所を示す。小型・中型個体は1994年,大型個体は1990年のデータ(Matsumoto, 2001より改変)。

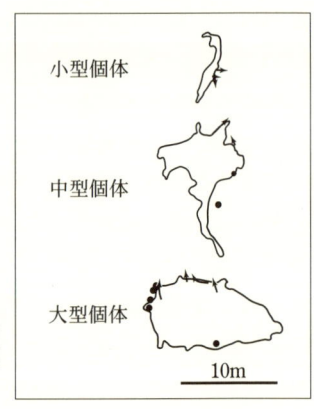

ダイもそれに類するのかもしれないが，今のところこの魚の繁殖に関してはいっさいが不明である。よって，性を判定するには標本を採集し，腹を割いて精巣をもつか卵巣をもつかを確認するしかない。私は1990年の観察調査終了後の11月に，タカノハダイ27個体を調査枠内外で捕獲した。

　捕獲方法を説明しよう。まず，水中に立て網という長方形のネット（1m×数m）を横長に張る。網の上部には浮きが，下部には錘（おもり）が付いていて，名前のごとく水中で壁のようにすっと立ち，逃げる魚の行く手をさえぎるようになっている。あらかじめ魚の通り道を調べておき，魚が逃げ込みそうな岩と岩の間や，壁状になった岩に沿うように網を張る。両手にたも網（釣りなどで，魚をすくい上げるときに使う網）をもち，そっと魚に近づく。手旗信号のようにたも網をゆらゆらと揺らしながら，立て網の方向に魚をゆっくりと泳がせる。この段階では，決して魚を驚かしてはいけない。あくまでも，じっくりと自分の意図した方向へ魚を追いやる。立て網が魚の視界に入ってくると，魚は決まって方向転換を図る。このときが勝負だ。両手を一杯に広げてたも網をもち，渾身の力を込めて全速で魚の後を追いかける。魚は驚愕のあまり，矢のように突進するが，立て網に行く手をさえぎられ，網の前で右往左往する。たも網を大きく振るなど，さらに派手なアクションをし，魚を完全にパニック状態に陥れる。こうなればこちらの勝利。立て網を突き破ろうと必死にもがく魚の背後からたも網をかぶせ，捕獲完了。ポイントは，網を張る位置，魚の追いたて，パニックを起こさせるタイミングである。魚との知恵比べはエキサイティングで面白いが，反面，半年以上も心おきなく観察を許してくれた気のいい友人を裏切るのは，とても心がいたむ。

　解剖の結果，標本の多くは未発達の生殖腺をもっており，外見から精巣・卵巣を判別することはほとんど不可能だった。そこで顕微鏡で観察してみたところ，ただ白いだけの精巣と油滴を思わせる未成熟な卵が敷き詰められている卵巣とは簡単に区別がついた。雄11個体，雌16個体が確認されたが，雄が雌よりも大きいわけではなく（雄：全長13.2〜30.0cm，雌：全長13.9〜34.4cm），どのサイズクラスにも両性が見られた（Matsumoto, 2001）。このことから，タカノハダイでは，大型の雄が複数の小さな雌を囲っているのではなく，どちらの性も同じようになわばりを維持していると考えられる。また，小型個体のなわばりが大型個体のなわばりに完全に覆われているわけで

はないことからも，タカノハダイのなわばり配置がハレムを表しているとは考えにくい。ではいったい，なわばりの機能は何なのだろうか。

ここで，タカノハダイの日中の生活を大まかに説明しよう。季節や時間帯を問わず，彼らは常に黙々と餌をとっている。いつも単独で食べ，グループで摂餌することはなかった。餌場から餌場への移動時間も含めると，実に日中の90％以上の時間を摂餌に費やしていた (Matsumoto, 1999)。一度，夏に日が沈むまで観察したが，暗くなってもまだ餌をとっていたので，私はいいかげんあきれはてて帰ってしまったことがあった。図鑑などには「岩場でじっとして休んでいることがよくある」と記載されてるが，休みに費やした時間は本調査では約5％ほどであり，同種他個体との社会的相互作用には約0.4％の時間が費やされただけであった。この魚がいかに食べることに専念しているかがおわかりいただけるかと思う。目新しい行動をすることもなく，観察していてうんざりすることもあった。食べ方は，分厚い口唇を岩などの底質表面に押し付けて，砂や泥などの沈殿物ごと底生動物を吸い上げ，いったん口腔内にそれらすべてを取り入れる。続いて，鰓の内側に突出した鰓耙(さいは)という櫛状の構造物で餌を濾しとり，それ以外のものを鰓蓋から排出する(鰓耙に関しては後の節で説明するので，そのときにまたこの食べ方を思い出してほしい)。餌をいちいち確認してからついばむことはまったく観察されなかった。タカノハダイのなわばり内には餌以外の資源 (例えば捕食者から身を隠すシェルターなど) は見あたらず，どうやら食物資源を守ることがなわばりの重要な機能であると考えられる。

ブダイ科の1種 *Scarus iserti* ではグループでなわばりを形成し，餌資源をねらってくる敵を協同で攻撃することが報告されている (Clifton, 1989)。タカノハダイは異種個体に対してはなわばり防衛を行わなかった。また，見慣れぬ同種個体が侵入してくることもほとんど観察されなかった。したがって，集団で協力的に摂餌場所を守る必要性はなく，タカノハダイのなわばり配置がグループ防衛を表しているとは考えにくい。

5-3-3 重複なわばりをもたらす要因

動物の社会では，共存する多くの近縁種どうしは，生息場所，生活時間帯，食物などを違え，資源を分けあって生活している (例えばSchoener, 1974)。

魚類においても，生活空間を共有する近縁種どうしは互いに食物資源を分けあっていることが報告されている（例えばYoshiyama, 1980; Sano & Moyer, 1985; Ross, 1986）。これは同種個体どうしにもあてはまり，優位な大型魚がそのなわばり内に小型個体の滞在を許す場合，体サイズによって餌や摂餌場所がそれぞれ異なる（Leum & Choat, 1980; Kohda & Tanida, 1996）。これらのことから，資源を分けあうことが，異サイズ個体どうしのなわばりの重複を可能にする主な要因であると考えられている（Kohda & Tanida, 1996）。タカノハダイは同サイズ個体に対してのみなわばりを維持していた。つまり，餌をめぐる競争は，異サイズ個体どうしよりも，同サイズ個体どうしで熾烈であったと考えられる。では，異サイズ個体どうしは何らかの形で資源を分けあっていたのだろうか。

まず，体サイズクラスごとに摂餌場所が異なるかどうか見てみよう。いずれの年も，どのサイズクラスの個体も，もっぱら岩や石の上で餌をとった（表5-2）。ほかにも砂やサンゴをつつくこともあったが，その割合は微々たるものだった。岩には，その上に有節石灰藻が繁茂しているものとむき出しのものがあった（図5-7）。1994年にはその状態を区別し，摂餌場所を記録したが，裸岩上で餌をとる割合は低く（約10％），どの個体も有節石灰藻が生えた岩の上でほとんどの摂餌を行った（約90％; Matsumoto & Kohda, 2002）。室手のタカノハダイは体サイズに応じて摂餌場所を分けあってはいなかったのだ。では，生活時間帯についてはどうだろうか。私は調査枠内を約1時間

表5-2 タカノハダイの摂餌場所（室手）。数値はつついた回数の割合の平均値（％）±標準偏差を表す。＊は0.05％未満を示す。未記録の底質があるため1990年の合計は100％に達しない。体サイズクラス間で統計的に有意な差は見られなかった（多変量分散分析，体サイズクラス：$p > 0.1$，体サイズクラス×年：$p > 0.5$）（Matsumoto, 2001より改変）

調査年	サイズ	個体数	摂餌を行った底質			
			岩・石	砂	サンゴ	その他
1990年	大型	12	98.2 ± 2.9	0.4 ± 1.0	0	＊
	中型	15	90.0 ± 23.4	5.8 ± 21.4	0	1.5 ± 5.1
	小型	7	95.2 ± 8.3	4.4 ± 7.6	0	0
1994年	大型	2	97.9 ± 2.9	2.1 ± 2.9	0	0
	中型	4	95.9 ± 7.1	3.4 ± 6.5	0.3 ± 0.5	0.3 ± 0.7
	小型	10	100.0 ± 0.1	＊	＊	0

かけてゆっくりと泳ぎ，出会った個体の行動をそのつど記録した。底質をつついたり，鰓蓋から砂や泥を吐き出している個体を摂餌活動を行っていると見なし，出会った全個体中のうち，どのくらいの割合の個体が摂餌行動を行っているのかを計算した。このセンサス調査は午前9時から午後5時の間で行い，それを4つの時間帯に区分し分析した。いずれの時間帯でも，摂餌を行っている個体の割合は小型のクラスほど高く，異サイズ個体どうしが餌をとる時間帯を分けあうことはなかった（図5-8）。タカノハダイはどのサイズクラスの個体も，同じような底質を利用し，同じような時間帯に摂餌を行っていた。

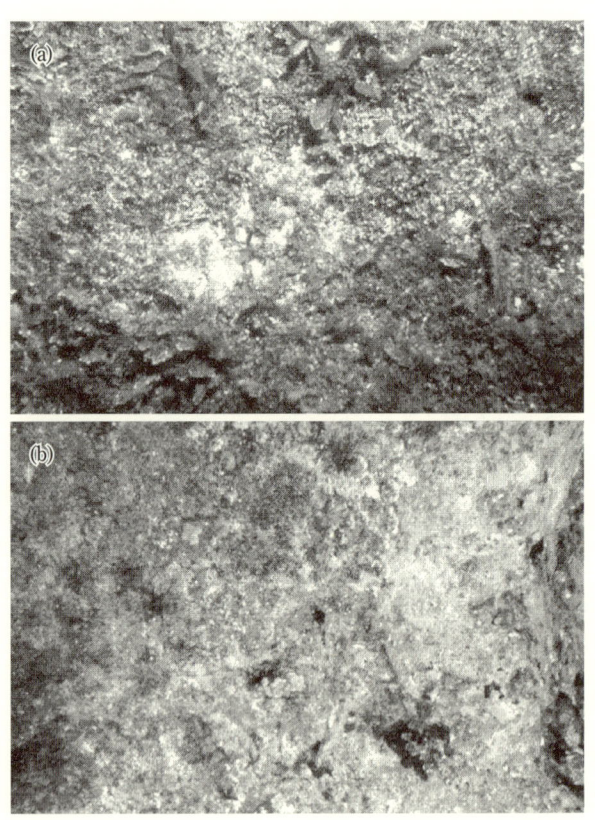

図5-7 有節石灰藻が生育している岩 (a) と裸岩 (b)（室手で撮影）

5-3 研究開始

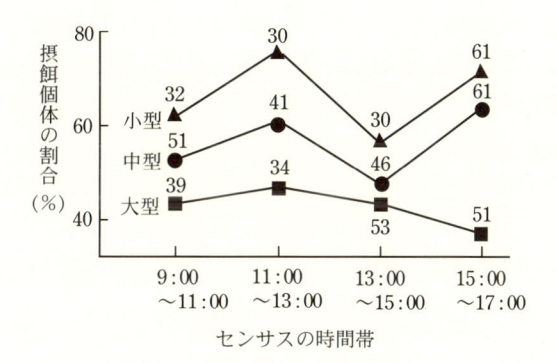

[グラフ: タカノハダイの摂餌個体の割合の時間的変化。縦軸「摂餌個体の割合(%)」40〜80、横軸「センサスの時間帯」9:00〜11:00, 11:00〜13:00, 13:00〜15:00, 15:00〜17:00。小型(▲): 32, 30, 30, 61。中型(●): 51, 41, 46, 61。大型(■): 39, 34, 53, 51。]

図5-8 タカノハダイの摂餌活動の時間的変化（室手）。記号に付した数値はセンサス調査中に確認した総個体数を示す（Matsumoto, 2001より改変）

　それでは，食べ物に関してはどうだろうか。先ほどの捕獲個体から胃を取り出し，その内容物を調べた。タカノハダイは実にさまざまなものを食べていた。そのほとんどはわずか数mmに満たない底生無脊椎動物だったが，藻類や魚肉までも食べていた。タカノハダイが魚を捕獲することはまずありえないので，おそらく死んだ魚を食べたのだろう。無脊椎動物は，ヨコエビやワレカラなどの節足動物，ホシムシなどの星口動物，ゴカイなどの環形動物，ウニやヒトデなどの棘皮動物，および巻き貝や二枚貝などの軟体動物に区分された。顕微鏡で拡大すると，どれも奇怪な形態をしており，まるでこの世の物とは思えない。接眼レンズを覗きながら，ピンセットで1匹ずつこれら小さな餌を区分けするのは骨の折れるつらい作業だったが，反面，おどろおどろしいエイリアンたちを見飽きることはなかった。

　それぞれの餌品目を，厚さが均等になるように平らにのばし，その面積から餌全体に占める割合を計算した。すると，それぞれの餌品目が占める割合は体サイズクラス間で大きく異なったのだ（図5-9）。節足動物が餌に占める割合は，大型より小型の個体で高くなった。反対に，環形動物，棘皮動物，軟体動物の割合は大型の個体でより高くなった。なお，星口動物，藻類，魚類の割合にはほとんど差が見られなかった。さらに，餌の長さを測定し，個体ごとに平均餌サイズを計算したところ，餌サイズもまた，サイズクラス間で異なったのだ（図5-10）。大型個体ほど大きな餌を食べる傾向にあった。

このような，体サイズに従った食性の違いから，異サイズクラスの個体どうしは餌をめぐる競争が厳しくないために生活空間を共有でき，互いの摂餌なわばりが重複するのではないだろうかと，ひとまず推察したのであった。

本来，科学的な手続きでは，まず事象の原因を推察し仮説をたてる。次に

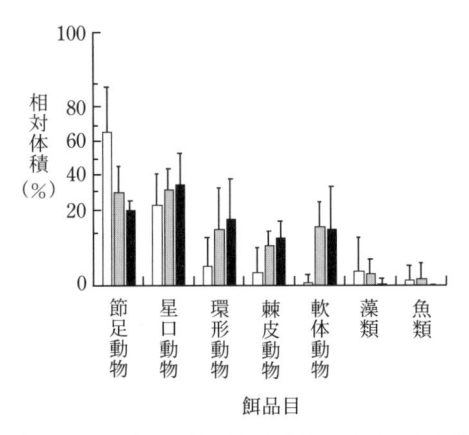

図5-9 タカノハダイの餌品目の相対体積（室手）。標準偏差を付した白抜き，影つき，黒塗りの棒は，それぞれ小型（9個体），中型（10個体），大型個体（7個体）の平均値を示す。統計分析のために，相対体積は逆正弦平方根変換をしてある。体サイズクラス間で統計的に有意な差が見られた（多変量分散分析，$p<0.01$）（Matsumoto, 2001より改変）

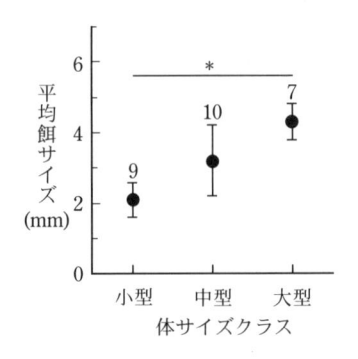

図5-10 タカノハダイの平均餌サイズ（室手）。記号に付したバーと数字は，それぞれ標準偏差と標本数を示す。体サイズクラス間で統計的に有意な差が見られた（Kruskal-Wallisの検定，$p<0.001$）。星印は，統計的有意性を示す（TukeyのWSD多重比較，$*p<0.01$）（Matsumoto, 2001より改変）

その仮説を検証するために実験を行う。野外の生きもののふるまいに関してその手続きをあてはめるのは非常に難しい場合が多い。この研究での先ほどの仮説，つまり「餌資源を違えることによって，サイズクラス間で摂餌なわばりが重複しうる」を実験によって検証しようと思えば，かなり骨の折れることになる。例えばプールくらいある巨大な水槽に大きさの違うタカノハダイを何個体か放し，それぞれのサイズクラスごとに，餌の種類や大きさを人為的に変えてやり，なわばり配置がどのように変化するかを調べるという方法がある。時間と金があればこのような実験は不可能でないかもしれないが，私はあいにくどちらももち合わせていない。それではどうすればよいのだろうか？　ここで効果を発揮するのは比較研究である。つまり，利用されている餌資源が室手とは異なる調査地でタカノハダイのなわばり配置を調査すれば，その野外調査自体が疑似的な実験となり，仮説の正否を強く裏づけることになる。はたしてそのような都合のよい調査地は存在するのだろうか。

5-4　新たなる調査

5-4-1　調査地探し

　室手海岸での調査が一段落したころ，私はようやく，自分が行っている研究の意義を考え，今後の研究デザインをあれやこれやと模索し始めるようになっていた。研究というものは自分で考え出すと，とたんに面白くなる。大学院に進学後，私は，室手と比較できるような新しい調査地を探そうとしていた。が，いったいどこに潜ればよいのだろうか。理想をいえば，タカノハダイが食べる餌品目がサイズクラスごとに異ならない地域がよい。さらに，室手海岸のように安全性が高く（潜水しやすい入り江がある），付近の漁師ともいざこざが起こらない（漁がほとんど行われていない）場所でなければ調査は難しい。しかし，そのような理想的な調査地は，そうめったにあるものではないはず。私は少し途方にくれかけていた。

　ところで，室手海岸では数人の学生が1つの小屋で共同生活をしながら調査を行っていた。小屋といっても，10畳ほどの洋室と4畳半の和室がそれぞれ2つずつある白壁瓦葺の瀟洒な一戸建てで，10人くらいは常駐できる立派な施設である。当時は新築であり，海岸からも数10mしか離れていない，誰もがうらやむ研究所であった。多くの仲間が集まれば，それだけいろいろ

な情報が入ってくる。仲間の一人に大学の後輩であるH君がいた。彼は魚類研究を志して、他大学から大阪市立大学大学院に入学してきた新入生で、新しい調査地を探しているところだった。室手近辺のいろいろな海に潜り、どうやら調査に適した場所を見つけたようだ。いっしょに潜ってみないかと誘われたので、私は息抜きがてら軽い気持ちでいってみることにした。

その場所は由良半島にある荒樫海岸（図5-11）で、室手海岸から直線距離にして12kmほどしか離れていない（図5-12）。室手、荒樫両海岸とも内海湾に面したリアス式海岸であり、海から突然山が突き出したような、よく似た

図5-11 もう1つの調査地である荒樫海岸。中央の岸壁下の海岸線沿いで調査を行った

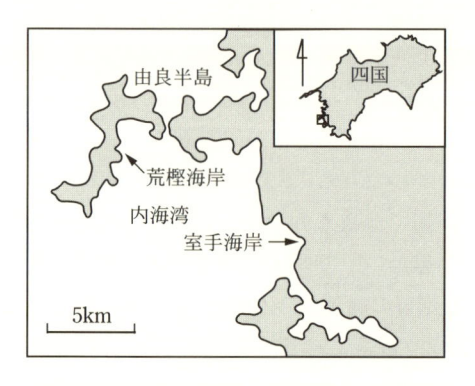

図5-12 室手と荒樫の位置関係を表す地図

5-4 新たなる調査

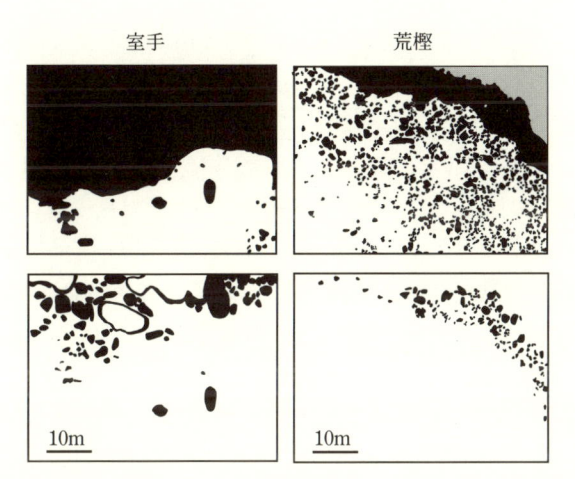

室手　　　　　　　　荒樫

図5-13 調査枠内の底質の様子。上段の白抜き，影つき，黒塗りの部分は，それぞれ砂地，石，岩を表す。下段の黒塗りの部分は1994年8月に有節石灰藻が生育していた場所を示す

外観をしている。が，しかし，水面下の様相はまるで違っていた。室手では，水深10mの海底まで急斜面が続き，巨大な岩が広い岩礁域を形作っていたが，荒樫では，水深5mほどで平らな砂地が現れ，その上に岩や石が点々としているだけで，室手のような広い岩礁域は見られなかった（図5-13）。そのため，室手のタカノハダイがほとんどの摂餌を行っていた有節石灰藻の被度は，荒樫のほうがかなり低くなっていた（図5-13）。

地形もさることながら，一番驚いたのはタカノハダイについてであった。そこで見られる個体は大型個体と小型個体ばかりで，室手で普通に生息していた中型個体は，奇妙なことに，1匹も発見されなかったのだ。「これは変や！」。ある直感が頭をよぎった。幸い荒樫海岸には安全性の高い波静かな入り江があり，漁も行われていなかったので，私は早速そこで調査を行うことにした。荒樫海岸にさそってくれたH君には今でも感謝している。

5-4-2 荒樫のなわばり

調査の方法や内容は室手海岸と同様にし，両地点で比較できるような形でデータをとった。海岸に沿って55m，沖に向かって40mの調査枠を設け，調査域に生息するタカノハダイ全個体を識別した。室手同様，全長12〜34cm

の個体が見られたが，全長20〜25cmの中型個体はまったく確認できなかった（図5-14）。次に，遊泳軌跡から行動圏を描いてみると，室手同様，同サイズ個体どうしの行動圏はほとんど重なっていないのに，大型と小型個体どうしでは大きく重複していることがわかった（図5-15）。また，個体間の社会的相互作用を観察してみると，異サイズ個体どうしでは反応なしが，同サイズ個体どうしでは闘争行動が高頻度で見られた（表5-3）。さらに，同サイズ個体どうしの闘争行動は行動圏の境界付近で起こり（Matsumoto, 2001），やはり荒樫でも行動圏は同サイズ個体に対するなわばりであった。ところが，室手とは異なり，なわばりをもつ大型個体が中型個体を執拗に追い払う行動が，2年の観察期間中3例ではあるが，観察された。その中型個体は個体識別されていない，調査枠外からの侵入者であった。中型個体は調査枠の外で捕獲できることから（次の段落参照），おそらく，彼らは大型個体がほとんど見られない少し深い所に生息していると考えられる。つまり荒樫では，大型個体は同サイズクラスだけではなく，中型個体に対してもなわばりを維持していたのだった。荒樫でも，タカノハダイは日中の90％以上の時間を摂餌に費やしており（Matsumoto, 1999），なわばり内には餌以外の資源は見あたらなかったので，やはり餌を守ることがなわばりの主要な機能であると考えられた。すると，大型個体は中型個体に対しても餌を守っていたことになる。彼らは室手で見られたようには餌資源を分けあっていなかったのだろうか？

荒樫では1994年に調査枠内外でタカノハダイ25個体を捕獲し，その胃内

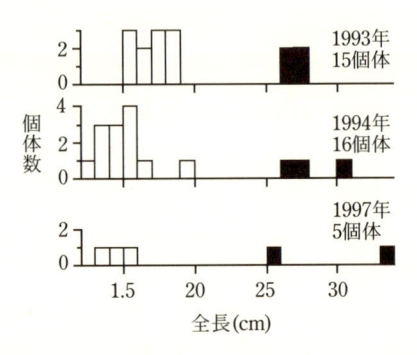

図5-14 タカノハダイの体サイズ頻度分布（荒樫）。白抜き，黒塗りの棒はそれぞれ小型，大型個体を示す（Matsumoto, 2001より改変）

5-4 新たなる調査

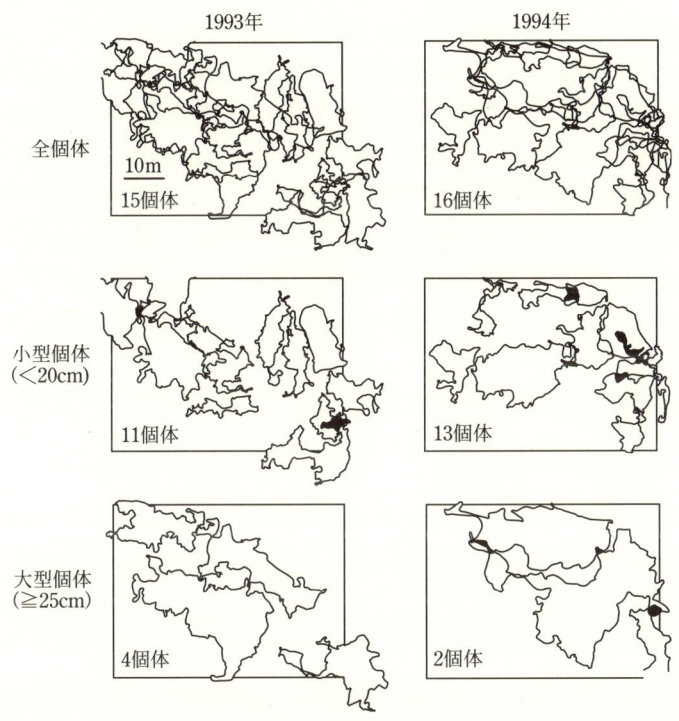

図 5-15 タカノハダイの行動圏（荒樫）。四角は調査枠を，黒塗りは同サイズ個体の行動圏の重なりを示す（Matsumoto, 2001 より改変）

表 5-3 タカノハダイの同種個体間の社会的相互作用（荒樫）。（　）内は％。社会的相互作用の頻度（合計）は，異サイズと同サイズで統計的に有意に異なった（χ^2 検定，$p < 0.0001$）（Matsumoto, 2001 より改変）

両者の体サイズ	遭遇回数	闘争行動	宥和行動	反応なし
異サイズ				
大型対中型*	3	3 (100.0)	0 (0.0)	0 (0.0)
大型対小型	75	7 (9.3)	24 (32.0)	44 (58.7)
中型対小型	0	—	—	—
合計	78	10 (12.8)	24 (30.8)	44 (56.4)
同サイズ				
大型対大型	10	9 (90.0)	0 (0.0)	1 (10.0)
中型対中型	0	—	—	—
小型対小型	54	50 (92.6)	1 (1.9)	3 (5.6)
合計	64	59 (92.2)	1 (1.6)	4 (6.3)

＊ 調査枠外からの侵入者。

容物を調査した。季節による影響を除くために室手と同様11月に標本を採集した。解剖の結果、標本は雄10個体、雌15個体からなり、室手同様、雄が雌よりも大きいわけではなく（雄：全長17.0〜25.7cm、雌：全長15.4〜34.7cm）、どのサイズクラスにも両性が見られた（Matsumoto, 2001）。なお、全長20〜25cmの中型個体は大型個体が生息していない調査枠外の少し深い場所で採集した。荒樫では、体サイズにかかわりなく、胃から見つかる餌はなんとそのほとんどが節足動物だった（図5-16）。また、餌のサイズも、サイズクラス間での全体的な差は見られたが、大型個体はさまざまなサイズの餌を食べており、室手のようなはっきりとした差は見られなかった（図5-17）。案の定、荒樫ではサイズクラス間で餌資源をほとんど分けあっていなかったのだ！　これは大型個体と中型個体に関しては「餌資源を違えることによってサイズクラス間のなわばりが重複し得る」という仮説を支持する証拠となりえそうだ。

　当然、なぜ室手では餌が体サイズに従って変化するのに、荒樫ではそうでないのかと、疑問がわいてくる。先ほど、餌のとり方について述べたが、タカノハダイは視覚的に餌を選ぶのではなく、底質から無脊椎動物を吸い上げ

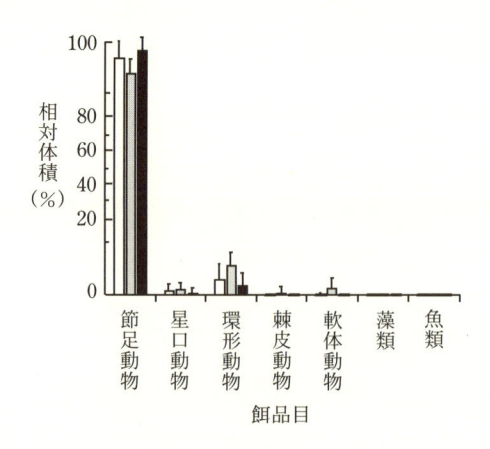

図 5-16　タカノハダイの餌品目の相対体積（荒樫）。標準偏差を付した白抜き、影つき、黒塗りの棒は、それぞれ小型（7個体）、中型（13個体）、大型個体（5個体）の平均値を示す。統計分析のために、相対体積は逆正弦平方根変換をしてある。体サイズクラス間で統計的に有意な差は見られなかった（多変量分散分析、$p > 0.5$）（Matsumoto, 2001より改変）

5-4 新たなる調査

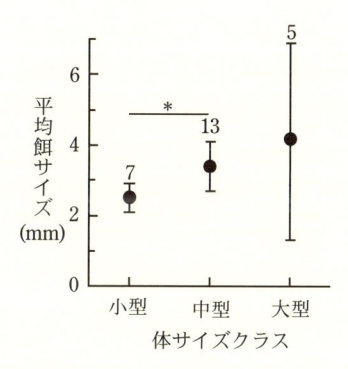

図5-17 タカノハダイの平均餌サイズ（荒樫）。記号に付したバーと数字は，それぞれ標準偏差と標本数を示す。体サイズクラス間で統計的に有意な差が見られた（Kruskal-Wallisの検定，$p<0.05$）。星印は統計的有意性を示す（TukeyのWSD多重比較，$*p<0.05$）（Matsumoto, 2001より改変）

て食べていた。したがって，タカノハダイの胃の中から見つかる餌の種類は，底質に生息する捕獲可能な無脊椎動物の種類をほとんどそのまま反映していると考えられる。ところで，室手と荒樫の摂餌場所は大きく異なった。室手では季節を通じて岩礁域に有節石灰藻が広く生育していた。なわばり内の約40％の面積が有節石灰藻で覆われ，タカノハダイは約90％の摂餌（底質をつついた回数の割合）をその上で行った。一方，岩の少ない荒樫では，なわばり内の有節石灰藻の被度は10％未満であり，約30〜40％の摂餌だけがその上で行われ，裸岩・砂・サンゴ上での摂餌が室手より多く観察された。有節石灰藻は硬い石灰質でできており，細くて短い枝が数多く絡みあった複雑な構造をしている。ちょうど毛の硬い絨毯が海底に敷き詰められているところを想像してほしい。水中の絨毯は，微小な底生動物にとっては格好の住み家や隠れ家であり，そこには他の基質に比べて無脊椎動物，特に節足動物以外の埋在動物（底質の中に生息する動物）が豊富に見つかった。また，室手の石灰藻の絨毯は荒樫よりも厚く（室手：2〜3cm，荒樫：1〜2cm），生息している埋在動物の量は荒樫に比べて約3倍多かった。つまり，室手と荒樫の食性の違いは，どうやら，底質の違いによるものであると考えられる。ではなぜ室手ではサイズクラスごとに餌が変化したのだろうか。大型の個体は小型の個体に比べて，底質に口を押し付ける力や水を吸い込む力が強いため，

多くの埋在動物を吸い上げることが可能であると考えられる。室手では，厚い絨毯のような有節石灰藻の茂みから餌を吸いとる能力が体サイズによって異なるために，食性が変化したのだろう。一方荒樫では，有節石灰藻の利用度が低く，また，その厚さも薄い結果，どのサイズクラスの個体も同じように，表在生物（底質の表面に生息する動物）である節足動物を多く食べたのだろう（Matsumoto & Kohda, 2002）。

　2地点の比較から，サイズクラス間で餌資源を分けあうことが，室手でのなわばりの重複を可能にする主な要因であることが強く示唆された。しかし，最後に1つ疑問が残る。なぜ荒樫の大型個体は，極めて似通った餌を食べる小型個体の存在を許すのだろうか。室手同様，荒樫でも両者は摂餌場所や摂餌時間帯を分けあうことはなかった（Matsumoto, 2001）。それは，相手と共存するときに負う損失（＝コスト）という点から説明できるかもしれない。

　なわばりを張るということは，侵入者を撃退して，ある範囲の資源を守ることである。侵入者を追い出すにはエネルギーが必要であるし，相手の仕返しによって自分が傷ついてしまうかもしれない。つまり，なわばりの維持にはコストがともなう（例えば井口, 1996）。反対に，なわばりを張らなければ，相手を追い出すコストはなくなるが，自分が食べられたであろう餌を相手に食べられてしまうというコストがかかる。なわばりを張るべきか，否か，タカノハダイにとってどちらがより得策なのだろうか。この研究では，相手を追い出すコストは不明であるので，餌を食べられてしまうコストについて考えてみよう。タカノハダイが単位時間あたりに食べる餌量は，直接的には測定不可能であったので，胃内容物の重さでそれを見積もることにする。

　採集した標本の胃内容物の重さを測定したところ，両地点とも大型個体と中型個体の餌重量には大きな違いはなかった（Matsumoto, 2001）。しかし，室手では小型個体の餌重量（平均0.9g）は，大型や中型個体の1/5～1/4程度でしかなかった（大型：5.5g，中型：4.2g）。荒樫でも，小型個体の餌重量（平均1.6g）は大型や中型個体の1/2程度であった（大型：3.1g，中型：3.4g）。これらの結果から，大型と中型個体は同じくらいの餌量を要求するが，小型個体が消費する餌量は彼らよりもずっと少ないと考えられる。室手とは異なり，荒樫では体サイズクラスごとに違った餌を利用することができなかった。つまり，大型個体にとって，自分と同じくらい多くの餌を消費する中型個体

と共存することは，同サイズ個体と共存するのと同じくらい高いコストがかかると考えられる。この場合は，自分のなわばりから相手を追い出したほうが得策なのかもしれない。一方，小型個体はその餌消費量が小さい，つまり共存によるコストが低いと考えられる。大型個体は小型個体を追い出すことにエネルギーを使うより，それと共存したほうが得策なのだろう。ところで，室手に比べると荒樫では，小型個体は大型個体に対して高い割合で宥和行動を行った（表5-1，表5-3参照）。餌をめぐる競争が激しい荒樫では，餌消費量が小さな小型個体であっても，宥和行動を行い，大型個体の攻撃性をやわらげる必要があるのだろう。

さて，ここまであることをひた隠しにして話しを進めてきたのだが，読者の皆さんは何か大きな疑問を抱かれてはいないだろうか。室手のタカノハダイはどうして，自分よりも小さなサイズの個体が自分とは違う餌を食べているのがわかるのだろうか？　また，荒樫のタカノハダイはどうして，自分よりも小さな個体が自分と同じ餌を食べることがわかるのだろうか？　もし相手が食べている餌がわからないと，追い出してよいものやら，そうでないものやら判断がつかないではないか。これに関しては，何らデータがないので，私にはまったくわからない。ただ，タカノハダイに次のような遺伝的行動パターンが備わっていれば，相手個体を攻撃すべきかどうかは，その餌内容をまったく知らなくても判断することができるであろう。「同サイズ個体に対しては，それがどのような場所で餌をとっていても攻撃せよ。自分より小さなサイズの個体に対しては，それが有節石灰藻のあるところで餌をとっている場合は攻撃をするな，しかし，その他の場所で摂餌している場合は攻撃せよ。ただし，自分よりずっと小さい個体に対してはその攻撃性を弱めよ」。

5-5　2地点間で異なる形態

5-5-1　外部形態の差異

以上のように，2地点の底質の違いがタカノハダイの餌となる底生動物の量や種類に影響し，なわばり配置の違いをもたらしているようであるが，さきほどの標本を詳しく調べていくうちに，奇妙なことに気がついた。室手と荒樫の標本の様子がどうも違うのだ。結論から先にいうと，2地点の底質の違いはどうやらタカノハダイの形態の違いをももたらしているらしいのだ。

室手と荒樫は12kmほどしか離れていないが，このような近場で同種個体の形態が変異する例など，沿岸魚類で聞いたことがない。本当にそんなことがあるのだろうか。次にタカノハダイの形態についてお話ししたいと思う。

　1994年に野外調査が終了した。その後，1997年に荒樫でタカノハダイの体サイズ分布を調べるためにセンサス調査を行った以外は，現在まで一度も野外調査には出向いていない。ずっと研究室に閉じ込もっているのはつらいことだが，野外で得たデータを整理し，調査の結果を論文という形で学術雑誌に発表して初めて研究は一区切りつくのだから仕方がない。野外に出て動物を見るためにこの研究室に入った私は，息苦しさを覚えた。なんとか野外を感じたい，論文を読んで文字と数字から理屈を考えるだけの机の世界から解放されたい。私はふと室手と荒樫で採集したタカノハダイの標本を思い出した。胃内容物を調べた後は，ホルマリンの入ったサンプル瓶の底に沈んだままであった。考えてみると，この手元にある標本だけが唯一，私を野外へと導いてくれる助け船である。私は現実から逃避するように，サンプル瓶からホルマリンのたっぷり染み込んだタカノハダイを取り出し，解剖皿にそっとおいた。

　タカノハダイ科のある種 *Cheilodactylus spectabilis* および *C. fuscus* では，雄と雌の外部形態が少し違うこと，つまり性的二形のあることが報告されている (McCormick, 1989; Schroeder et al., 1994)。私はタカノハダイにもそれがあてはまるかどうかを調べようと思った。野外では雌雄の区別がまったくつかなかっただけに，標本を詳しく調べることで，性判別に使える部位がひょっとするとわかるかもしれないという期待があった。標本の17か所の長さをノギスで測定した (図5-18)。標準体長 (SL) に対するそれぞれの部分の長さの比率を計算し，それを雄と雌で比較した。がしかし，性差はまったく見られなかった (Matsumoto, 2000)。完全に期待が外れた私は，やけくそ気味に室手と荒樫の標本を比較してみた。すると，なんと10か所の長さの比率が異なったのだ。瓢箪から駒である。研究にはしばしばこのような思いもしない発見がともなう。室手の個体は頭部に関する比率が，荒樫の個体は胴体部に関する比率がそれぞれ他方よりも大きくなったのだ (図5-19)。つまり，室手のタカノハダイは幅の広いがっちりとした顔をしており，荒樫の個体はずんぐりとした胴体をもっていたのだ。また，荒樫では，体高に関する比率

5-5 2地点間で異なる形態

が成長するに従って大きくなるという相対成長が見られたが，室手ではそのようなことはなかった（図5-20）。2地点の形態の差はいったい何を意味しているのだろうか。どうしてこのような地域変異が起こったのだろうか。

生息環境に対してより適した形質（性質や特徴）をもつ個体は，そうでない個体に比べ，一生涯の間により多くの子を残すと考えられる。その形質が子に遺伝するならば，世代を重ねるにつれて，環境に適したその形質をもつ個体が集団中に増えていく。この過程を自然淘汰とよぶ。地理的に隔離さ

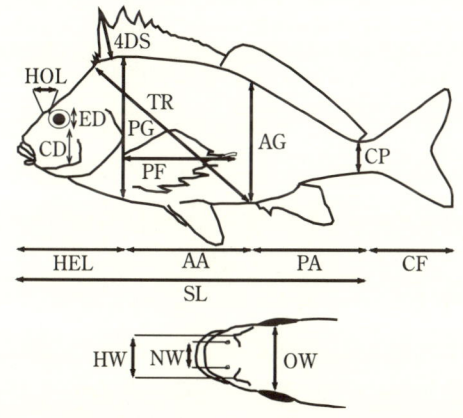

図5-18 タカノハダイの計測部位。下図は上から見た頭部（Matsumoto, 2000より改変）

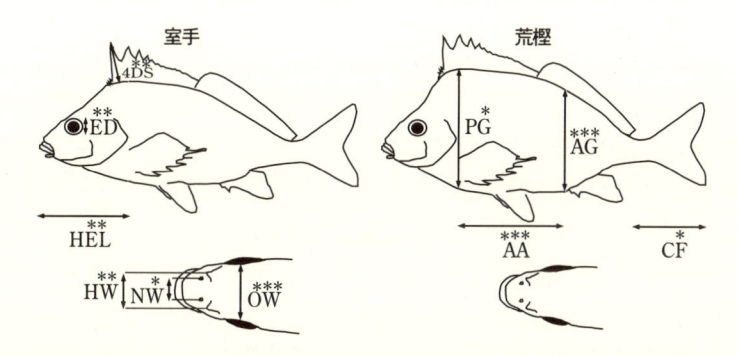

図5-19 標準体長に対する比率が室手と荒樫で異なったタカノハダイの計測部位。図は差異が強調されている。星印は，2地点間の統計的な有意性を示す（t-検定，$*p < 0.05$，$**p < 0.01$，$***p < 0.001$，$****p < 0.0001$）（Matsumoto, 2000より作成）

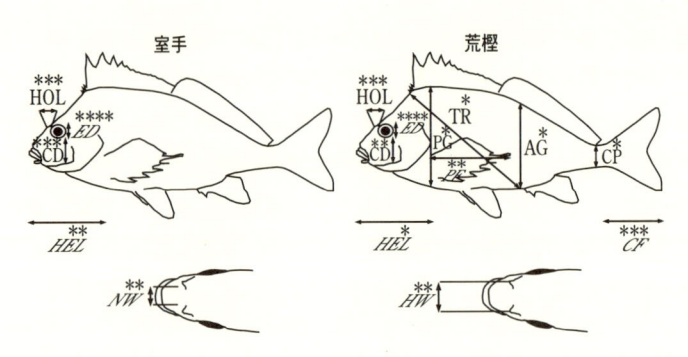

図 5-20 相対成長が見られたタカノハダイの計測部位。標準体長に対する比率が標準体長と正に相関している部位はローマン体で，負に相関している部位はイタリック体で示した。星印は，相関の統計的な有意性を示す（$*p<0.05$, $**p<0.01$, $***p<0.001$, $****p<0.0001$）(Matsumoto, 2000 より作成)

た個体群（遺伝的な交流が行われない地域集団）の間で，違った自然淘汰が働けば，個体のもつ平均的な形質は個体群間で異なってくる。有名な例としては，ガラパゴス諸島のフィンチという鳥があげられる。フィンチは島ごとに隔離されており，くちばしの形が少しずつ違う。これは島によって食べ物が異なるため，それぞれの食べ物をとるのに適したくちばしの形に自然淘汰が働いた結果である。室手と荒樫では摂餌する底質の状態が大きく違うため，環境に適した摂餌様式は両者の間で異なるはずだ。したがって，それぞれの環境で違った自然淘汰が働き，その環境に適した形態が形作られることは十分に考えられる。しかし，2つの個体群がもし地理的に隔離されていなければ，繁殖のたびに，それぞれの環境に生息する個体の遺伝子が混ざりあい（これを遺伝子拡散という），自然淘汰の力は弱められてしまう。タカノハダイの繁殖行動はまったく調査されていない。そこで，近縁種の繁殖行動をもとにして，室手と荒樫で地理的隔離が起きうるのかどうか類推してみよう。

　タカノハダイ科魚類は沖合の深みで浮性卵（海水中を漂う卵）を産卵する(Thresher, 1984)。タカノハダイも浮性卵を産み，沖合で産卵しているならば，生まれた稚魚は海流にのってあちこちに分散するはずである。その結果，ある1つの場所には，さまざまな場所で生まれた個体が定着してくると考えられる。したがって，それぞれの地域に生息する個体どうしだけで繁殖が行

われたとしても，地域間で遺伝子拡散が起こりうると予想される。室手と荒樫は12kmほどしか離れておらず，しかも同じ内海湾に面しているため，片方の場所で生まれた稚魚がもう一方に定着し，そこで成熟する可能性はおおいにある。したがって，両者が地理的に隔離されている可能性は低く，室手では大きな頭部が，荒樫では高い体高が，それぞれの自然淘汰の違いによって生じたとはちょっと考えにくい。ただ，それぞれの生息環境に適した外部形態をもった個体だけが定着し，そうでない個体は死亡するか別の場所へ移るのであれば，結局はそれぞれの場所ごとに形態が異なるようになると考えられる。それぞれの場所に定着する稚魚の外部形態を測定すること，および定着後の稚魚の履歴を追うことが今後の課題である。

　魚類の形態変異は，遺伝的な要因のほかに環境的な要因によっても生じる。そこで，タカノハダイの形態に影響を与えそうないくつかの要因を2地点間で比較検討してみよう。魚類の形態を変化させる要因として，主に，水温，水質，捕食者，餌の質や量，運動などが報告されている (Caceres et al., 1994; Heulett et al., 1995; Nicoletto, 1996)。内海湾という同じ水域に属する両地点の水温や水質は，ほぼ同じであると考えられるため (坂井ほか, 1994)，それらの違いによって形態差が生じた可能性は低そうだ。捕食者がいれば体高が高くなるという報告がコイ科の一種であるが (Holopainen et al., 1997)，室手と荒樫の魚類相には大きな違いがなさそうなので (坂井ほか, 1994)，タカノハダイの体高の差異が2地点の捕食者の違いを反映したものとは考えられない。大型個体の餌は2地点間で大きく違ったが，小型個体は両地点とも主に節足動物を食べていた。にもかかわらず，小型個体にも室手と荒樫で差が見られたので，外部形態が餌の質に大きく依存しているとも考えにくい。餌量が多いと体高が高くなるという報告がコイ科の一種であるが (Holopainen et al., 1997)，餌密度の低い荒樫で体高が高くなったことはこれに反する。

　では，運動についてはどうだろうか。先ほども述べたが，室手と荒樫では摂餌場所である底質の様子が大きく異なっていた。その結果，タカノハダイの摂餌行動のパターンにも2地点間で大きな違いが見られた。タカノハダイは有節石灰藻の上で餌をとるときには同じところを繰り返しつついたが，それ以外の底質から餌をとるときは，底質を1回つついただけで泳ぎ去った (Matsumoto & Kohda, 2001a)。有節石灰藻には他の底質よりも多くの無脊椎

動物が生息しており，その豊富な餌を吸いとるためにタカノハダイは同じ場所を繰り返しつつくと考えられる。有節石灰藻の多い室手では，タカノハダイはその上でほとんどの摂餌を行ったので，つつきに費やした時間（日中の約60%）は荒樫に比べて2倍も長くなった（Matsumoto & Kohda, 2001a）。一方，有節石灰藻以外の底質をつつく割合が高い荒樫では，摂餌場所間を遊泳する時間（日中の約70%）が室手よりも2倍ほど長くなった（Matsumoto & Kohda, 2000）。なお，その他の時間（他個体との社会行動や底質上で休息する時間）は2地点間で変わらなかった。

　このような行動パターンの違いが，外部形態に差異をもたらす可能性はおおいに考えられる。環境が違えば，遺伝子型が同じであっても，その環境に適するように表現型（形態や行動）が変化することがあるのだ（Foster & Endler, 1999）。これを表現型の可塑性という。室手では，絨毯のような有節石灰藻の茂みから餌を吸い上げなければならない。魚が水を吸い込む力は口腔体積が大きくなるほど強くなる（Gerking, 1994）。つまり，大きな頭部をもつ個体ほど強い水流を起こせるため，有節石灰藻から餌を効率よく吸いとることができると考えられる。室手では，石灰藻上で頻繁に摂餌を行う結果，摂餌効率のよい幅の広いがっちりとした頭部が形成されたのかもしれない。一方，荒樫では，室手よりも有節石灰藻の絨毯は薄く，裸岩や砂地の上で多くの摂餌が行われるため，餌をとるのに室手ほど強い流水を起こす必要はないと考えられる。それよりも，広いなわばり内を長時間泳いで餌をとる必要がある。そのため，いかにエネルギーロスをすることなく摂餌場所を移動できるかが，摂餌効率に大きくかかわってくるだろう。ブルーギルでは，体高が高く鰭の長い個体は小回りがきくため，複雑な地形をした沿岸部で隠れた餌を効率よくとるのに適しているらしい（Foster & Endler, 1999）。荒樫の個体に見られる体高の高いずんぐりした胴体や長い尾鰭は，泳ぎながら餌をとるのに適していると思われる。荒樫では頻繁に遊泳を行った結果，筋肉などが発達し胴体が大きくなったのかもしれない。グッピーでは，速い流水中を泳ぐと筋肉が発達し，体幅が大きくなると報告されている（Nicoletto, 1996）。荒樫のみで見られた胴体サイズに関する相対成長は，成長するに従って形態が環境に順応してくる証拠かもしれない。

5-5-2 鰓耙の差異

　2地点間で体形に違いが見られたが，これはおそらく，環境の違いが影響していると考えられる。それならば，他の形態にも違いがあるかもしれない。タカノハダイの胃から見つかる餌の組成は室手と荒樫で大きく違った。どちらも底質から餌を吸い込んでとるのだが，そこに生息する無脊椎動物の組成が異なるからだ。異なった餌を食べるには，おそらく，餌をとる方法が多少なりとも異なるはずだ。私はタカノハダイの食べ方に注目した。タカノハダイは口腔内に吸い込んだものを鰓耙で濾し，不要なものを鰓蓋から排出して食べていた。5-3-2の食べ方のところで述べたが，鰓耙とは鰓の内側に突出した櫛状の構造物で，視覚的な餌選別を行わない魚類が餌を濾しとるために用いる (Gerking, 1994)。おそらく，タカノハダイは鰓耙で餌を選り分けていると考えられる。とすると，底質上の餌動物が異なる室手と荒樫では，効率よく餌を食べるために鰓耙の形態に違いがあってもおかしくはない。鰓耙の構造は獲物の捕獲効率に影響するのだ (Gerking, 1994)。私はさっそく鰓耙の形態を調べてみることにした。

　標本の左側にある鰓蓋を開け，鰓をハサミで切り出した。鰓はちょうど4つの弓を同じ向きに重ね合わせたような層構造をしていた。その弓の1つ1つを鰓弓とよぶ。一番上の鰓弓にだけその内側に鰓耙がついていた。顕微鏡を覗きながら鰓耙の数，長さ，幅，間隔および鰓弓の長さを測定した (図5-21)。すると案の定，鰓耙の形態に2地点間で違いが見られた。鰓耙の数と長さおよび鰓弓の長さは2地点間であまり差はなかったが，荒樫に比べて室手のほうが鰓耙の幅は広く，鰓耙の間隔は狭くなっていた (図5-22)。

　どうやら，鰓耙の形態もまた生息環境によって変化するようだ。鰓耙は餌を濾す道具なので，その形態はそれぞれの地点の潜在的な餌の大きさと関係している可能性がある。そこで頻繁に摂餌が観察された底質から潜在的な餌である無脊椎動物を採集し，そのサイズの頻度分布を2地点間で比較した。室手では有節石灰藻を，荒樫では有節石灰藻と裸岩をプラスチックブラシで数回こすり，舞い上がった砂煙をプランクトンネットですくい取った。この作業をそれぞれの底質で5回ずつ行った。たった15cm四方をこすっただけであったが，砂煙の中にはおびただしい数の無脊椎動物が含まれていた［室

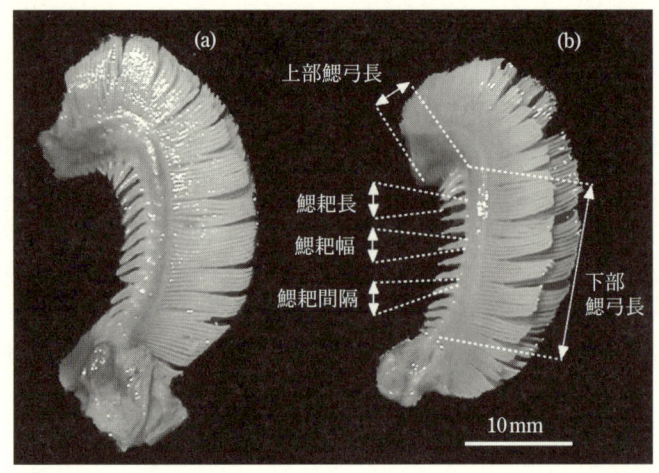

図5-21 タカノハダイの鰓の写真と計測部位。室手(a)と荒樫(b)の個体の標準体長はそれぞれ23.3cmと23.2cm (Matsumoto & Kohda, 2001bより改変)

手：平均1,055.8匹；荒樫：平均232.4匹（石灰藻），68.2匹（裸岩）〕(Matsumoto, 1999)。顕微鏡下で砂の中から底生動物を取り出し，その全長を測定した結果，室手では1mm以下の小さな動物が総数の約60％を占めていたが，荒樫では30〜40％と低くなっていた（図5-23）。鰓耙間が広いと小さな餌はすり抜けてしまうので，とれる餌のサイズは鰓耙の間隔によって決定される(Gerking, 1994)。小さな餌の多い室手では，それを効率的にとるために鰓耙幅を広くして，鰓耙間隔を狭めているのかもしれない。一方，大きな餌の多い荒樫では鰓耙間隔を室手のように狭める必要がないのかもしれない。実際，室手では多くの個体，特に小型の個体の平均最小餌サイズ（最も小さい餌5つの平均の長さ）は1mm以下であったが，荒樫のほとんどの個体の平均最小餌サイズは1mm以上であった（図5-24）。この違いは，おそらく鰓耙間隔の差によるものと考えられる。

鰓耙に関する研究は主にプランクトン食魚についてされており(Gerking, 1994)，今回のような底生動物食魚での地域変異はこれまでほとんど報告されていない。プランクトンは分布域も広く，地域間でさほど違いがないと考えられる。これに対し，底生無脊椎動物の種類や大きさは地域や底質ごとに

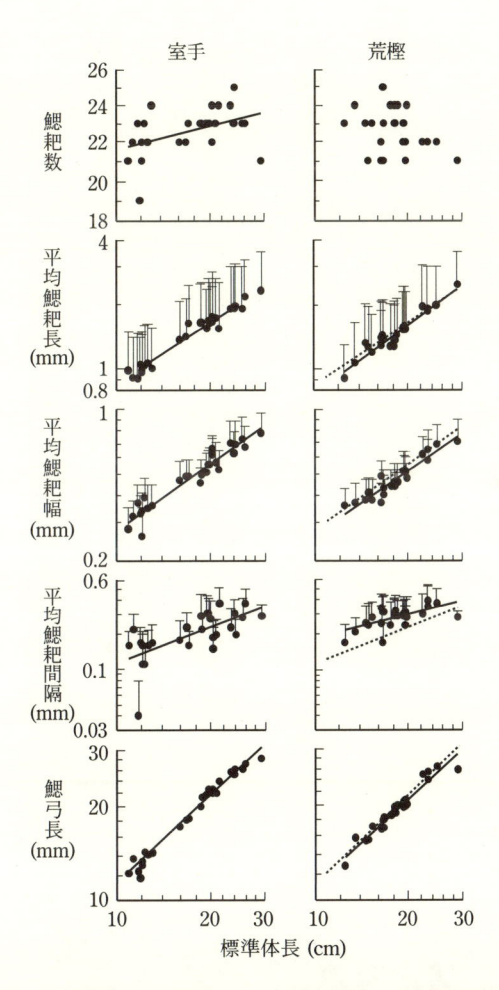

5-5 2地点間で異なる形態　　　　　　　　　　　　　　　　　　　　　　187

図5-22　タカノハダイの鰓耙数，平均鰓耙長，平均鰓耙幅，平均鰓耙間隔，鰓弓長（上部鰓弓長＋下部鰓弓長）と標準体長との関係。室手，荒樫の標本数はそれぞれ27個体，25個体。記号に付したバーは標準偏差を示す。実線はそれぞれの調査地での回帰直線（統計的に有意）を示す。荒樫の図にある破線は室手の回帰直線を示す。統計分析のために，鰓耙数は平方根変換を，その他の値はすべて対数変換をしてある。鰓耙数，平均鰓耙長には2地点間で統計的に有意な差は見られなかった（鰓耙数：t-検定，$p > 0.9$; 平均鰓耙長：共分散分析，$p > 0.07$）が，平均鰓耙幅，平均鰓耙間隔，鰓弓長は有意に異なった（共分散分析，それぞれ $p < 0.01$, $p < 0.001$, $p < 0.05$）(Matsumoto & Kohda, 2001bより改変)

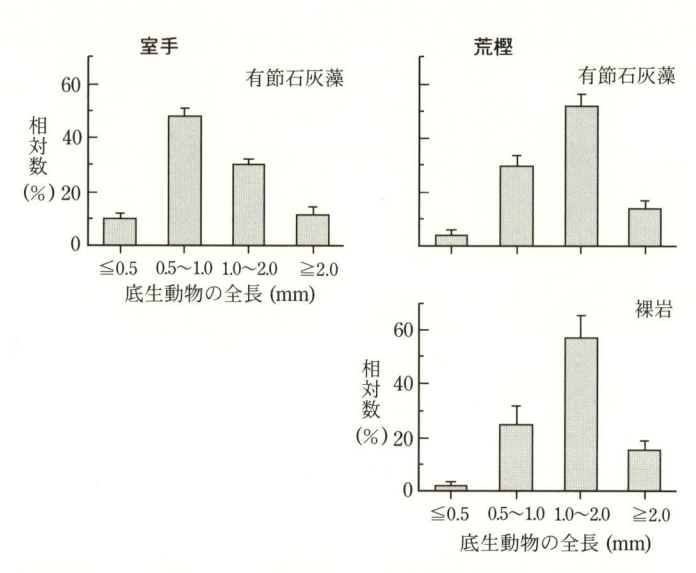

図5-23 底生無脊椎動物のサイズ頻度分布。それぞれの底質で5回採集を行い，その平均値と標準偏差を示した。頻度分布は2地点間で統計的に有意に異なった（多変量分散分析，室手石灰藻対荒樫石灰藻：$p<0.001$；室手石灰藻対荒樫裸岩：$p<0.01$）(Matsumoto & Kohda, 2001bより作成)

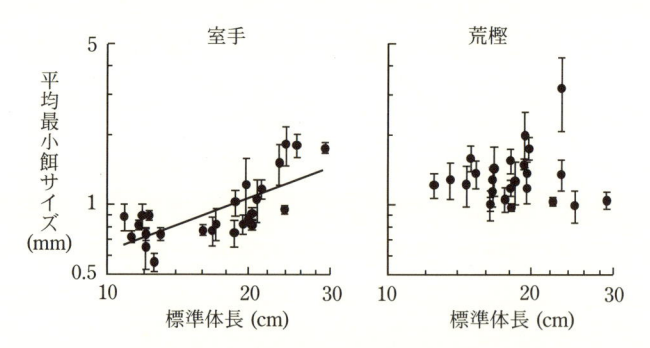

図5-24 タカノハダイの平均最小餌サイズ（最も小さい餌5つの平均の長さ）と標準体長との関係。タカノハダイの標本数は室手26個体，荒樫25個体。記号に付したバーは標準偏差を示す。室手の実線は回帰直線（統計的に有意）を示す。荒樫では有意な相関関係は見られなかった。統計分析のために，すべての値は対数変換をしてある。平均最小餌サイズは2地点間で統計的に有意に異なった（t-検定，$p<0.001$）(Matsumoto & Kohda, 2001bより改変)

大きな変化に富んでいる (具島, 1981; Edgar & Aoki, 1993)。ほとんどの海水魚の卵や稚魚は海流にのって広く分散し，その後，さまざまな場所に定着する (Sale, 1991)。よって，底生動物を鰓で濾しとって食べる魚類が，それぞれの定着場所で効率よく餌をとるには，鰓耙間隔は遺伝的に固定されているよりも，むしろ，生息環境に応じて可塑的であるほうが都合がよいのだろう。鰓耙に関する同種内の地域変異は，タカノハダイと同様に底生動物を鰓で濾しとって食べる他の魚種でも，今後おそらく発見されるだろうと予測している。

5-5-3 内臓重の差異

違いは外部形態だけにとどまらず，なんと内臓の重さにも2地点で差異が見られた。餌を調べるためにタカノハダイを解剖しているとき，私は室手と荒樫の腹腔内の違いに興味をもった。室手の個体には，白くてつやつやした軟らかい脂肪が腹腔の壁面や腸間膜にべったりと付着していた。一方，荒樫の個体の腹腔にはほとんど脂肪は見られなかった。室手は荒樫に比べて餌が豊富であり長時間遊泳する必要もない。たらふく食べてじっとしてれば，脂肪がつくのは人間同様ごく当然とうなづける。しかし，これだけでは何も面白くはない。そこで，他の臓器の重さにも2地点で違いが見られないものかと，軽い気持ちで内臓の重量を測定してみた。なお，タカノハダイの配偶様式は不明であり，雄の生殖線重量などは繁殖戦術に左右されるので (Warner, 1984)，比較は雌に限定した。

標本は丁寧に調べれば調べるほどさまざまな情報を提供してくれる，野外からの物いわぬメッセンジャーである。体重（全体重から内臓重を引いたもの），脂肪重，生殖腺重，肝臓重を比較したところ，体重は2地点で差はなかったが，見た目どおり，脂肪は荒樫よりも室手のほうが重かった（図5-25）。さらに，生殖腺にも同様な差が見られた。しかし，不思議なことに，逆に肝臓は室手よりも荒樫のほうが重かった。

内臓重量の違いもまた，それぞれの環境に対する順応で説明できるのだろうか。室手と荒樫では大型や中型のタカノハダイが食べる餌の組成は大きく違っていた。すると内臓重の違いは餌の違いを反映している可能性がある。しかし，2地点とも同じような餌を食べている小型個体にも，内臓重に差が

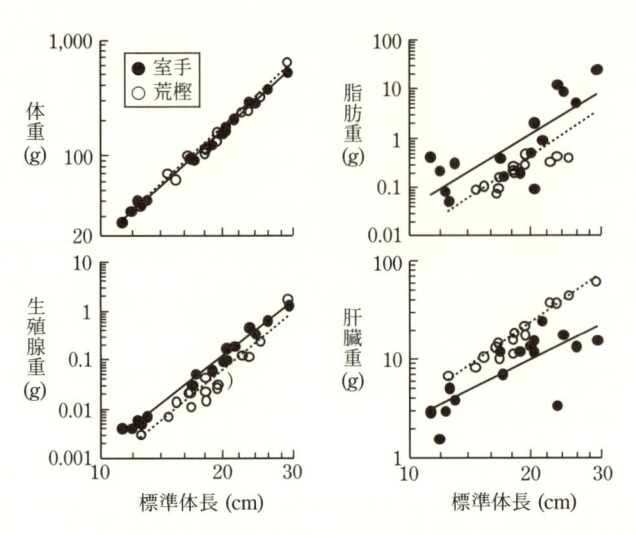

図 5-25 タカノハダイの体重（全体重－内臓重），脂肪重，生殖腺重および肝臓重と標準体長との関係．実線，破線は，それぞれ室手，荒樫の回帰直線（いずれも統計的に有意）を示す．統計分析のために，すべての値は対数変換をしてある．体重には2地点間で統計的に有意な差は見られなかった（共分散分析，$p>0.7$）が，脂肪重，生殖腺重，肝臓重は有意に異なった（それぞれ $p<0.01$，$p<0.001$，$p<0.001$）(Matsumoto & Kohda, 2000 より改変)

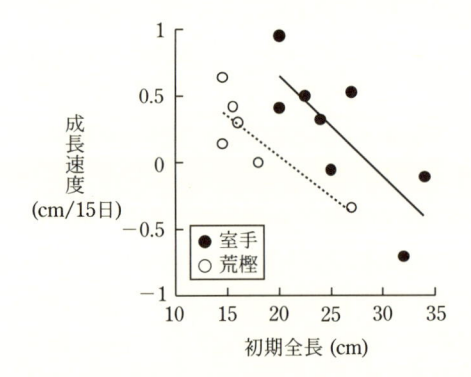

図 5-26 タカノハダイの成長速度と初期全長との関係．実線，破線はそれぞれ室手，荒樫の回帰直線（いずれも統計的に有意）を示す．成長速度は，日をおいて全長を2回測定し，その全長の差を測定間隔日数（室手：平均87.3日；荒樫：平均37.0日）で割り，15日あたりの成長量として算出した．成長速度は2地点間で統計的に有意に異なった（共分散分析，$p<0.05$）(Matsumoto & Kohda, 2000 より改変)

5-5　2地点間で異なる形態

見られたので，餌質の違いから内臓重の違いが生じているとは考えにくい。有節石灰藻被度の高い室手は荒樫よりも餌が豊富であった。一般的に栄養状態のよいところほど脂肪や生殖腺は重くなり，また成長も速い (Caceres et al., 1994; Heulett et al., 1995)。観察期間中に計測したタカノハダイの成長速度を比較したところ，室手のほうが速く成長することがわかった (図5-26)。室手の重い脂肪と生殖腺，および速い成長速度には，おそらく2地点間の栄養状態の違いが現れているのだろう。ところが，なぜ肝臓重量だけが荒樫で大きいのだろうか。栄養状態の違いだけでは説明がつかない。

　余ったエネルギーは脂肪として，あるいは肝臓にグリコーゲンとして蓄えられる (Nielsen, 1997)。どちらの形で蓄えられるかは，生活様式に依存する。荒樫のタカノハダイの遊泳時間は室手に比べて2倍ほど長かった。グリコーゲンは脂肪に比べてより速くエネルギーに変換できる (Nielsen, 1997) ので，遊泳活動が盛んな荒樫では，余分なエネルギーをグリコーゲンとして肝臓に蓄えるほうが都合がよいのかもしれない。ニジマスでは，遊泳中に肝臓のグリコーゲン分解酵素の活性が高くなるという報告がある (Mehrani & Storey, 1993)。逆に，遊泳に要するエネルギーが小さな室手では，長期的なエネルギー貯蔵に適した脂肪という形でエネルギーを蓄えるほうが都合がよいのかもしれない。同じエネルギー量を蓄えるのに脂肪はグリコーゲンより約10倍も軽くて経済的なのだ (Nielsen, 1997)。タカノハダイは，その活動状態に応じて，貯蔵エネルギーを肝臓と脂肪にうまく配分しているのだろう。

　以上のように，タカノハダイではさまざまなことが2地点で異なった。サンゴ礁や岩礁性の魚類において，このような同種内での地域変異に関する研究は，社会構造についてはあるが，形態に関してはほとんどない。磯の環境は一様ではなく，それぞれの場所ごとに変化に富んでいる。海流にのって分散する魚類の稚魚は，将来どんな環境が自分を待ちかまえているのかわからない。タカノハダイは，それぞれの環境に応じて行動や形態を柔軟に変化させ，巧みに生き抜いているのだろう。もし2地点間での形態的差異が定着後の生活様式の違いを反映したものであるならば，定着して間もない個体間には，形態的な差異はほとんど見られないはずである。しかし，この検討はいまだできていない。室手，荒樫とも全長10cm未満の定着個体が水深1mほどの浅瀬で確認されている。これらの個体を捕獲し，2地点間でその形態を

比較することはそう難しいことではない。さらに，他の岩礁性魚類でも，地域によって外部形態が異なることが報告されている（小西, 1995）。しかし残念ながら，その魚がどんなところにすんでいて，どんなふうに暮らしているのか，詳細な観察はなされていない。スキューバ潜水が普及し，水中の生物の野外調査が盛んに行われるようになったのはここ20年くらいのことであり，調査自体がまだまだ追いついていないのだ。

タカノハダイで観察されたような形態や行動の地理的変異は，生物の進化を考えるうえでたいへん興味深い現象である。また，変異の起こる生化学的なメカニズムはこれから研究する必要がある。つまり，野外調査は，生物の実態を把握し，その生きざまを探ると同時に，それに関連したさまざまな分野の研究を発展させる礎にもなるのだ。まだまだやることは山ほど残っている。これからの調査には，あなたの力が必要となるかもしれない。

5-6 まとめ

室手と荒樫では底質の状態が大きく異なった。さまざまな状況証拠から，タカノハダイのなわばり配置，外部形態，鰓耙の形態，内臓重の2地点の差異はどうやら，この底質の違いによって説明できることがわかった。室手の底質を広く覆う有節石灰藻は，タカノハダイの体サイズによる食性の違いを促し，サイズクラス間での重複なわばりを可能にした。また，石灰藻上で集中的に長時間摂餌を行うことにより，おそらくその頭部は大きくなり，遊泳に必要のない余ったエネルギーを脂肪として腹腔内に蓄えることができた。さらに，多くの小さな餌動物を捕らえるのに都合がよいように，鰓耙間隔は狭くなっていた。一方荒樫の底質には，有節石灰藻があまり生育していないため，体サイズによる食性の違いが見られず，大型と中型個体間での重複なわばりは見られなかった。有節石灰藻以外の底質で餌を単発的にとることが多く，遊泳に長い時間を費やした。それに合わせるかのように，タカノハダイは沿岸域での遊泳に適した形態をし，エネルギーを取り出しやすいかたちで肝臓に蓄えていた。さらに，小さな餌動物が少なく，鰓耙の間隔は広くなっていた。たかだか有節石灰藻のあるなしで，2地点間でこんなにも違いが見られたのだ。

有節石灰藻は複雑な構造をし，小さな無脊椎動物には格好の住み家となる。

最近は磯焼けで藻類が生育しない海岸が増えてきているようだ。聞くところによると，室手でも有節石灰藻の生育は，最近あまり芳しくないようである。ひょっとすると将来的には，室手も有節石灰藻が荒樫のように少なくなり，2地点のタカノハダイのさまざまな差異も見られなくなるかもしれない。おそらく，サイズクラス間でのなわばりの重複はなくなり，異サイズどうしが共存できなくなるだろう。このような現象は自然環境下での実験であり，学問的には非常に興味深く今後の研究に値するものである。しかし，有節石灰藻の減少にともない餌動物が少なくなると，タカノハダイもあまり見られなくなるかもしれない。私はたまに海の生きものたちに会いに水族館にいく。水槽内をよろよろ泳ぐタカノハダイを見ると，旧友にあったようで非常に懐かしく，思わず口もとがほころんでしまう。学問を愛するならば有節石灰藻の変化は歓迎すべきものであるが，その反面，タカノハダイをいとおしむならば，そうなってほしくないこともまた確かである。

5-7　おわりに

　生息環境によってタカノハダイのなわばり配置は変化し，形態にもさまざまな違いが見られた。野外調査では実験という手段が使いにくく，どうしても地点間の比較に頼らざるをえなかった。もちろん室手と荒樫はこれまでに議論した要因以外にもさまざまな点で異なるわけで，その違いがタカノハダイに影響を与えているのかもしれない。このように，野外調査ではそれぞれの要因を都合よく操作できず，物事の因果関係を明らかにすることが困難な場合が多い。しかしながら，自然界で起こっていることを忠実に観察して，それを報告することから科学が始まったように，観察を中心とした野外調査は自然の営みを理解するうえで非常に大事な行為であり，科学の出発点なのである。野外観察は，不思議な世界から多くの興味深い情報をもたらしてくれる。潜水訓練でなきべそをかきながら潜水調査を選択したことを後悔していた私が，日々の観察を通じて海の虜になったことはいうまでもない。

引用文献

1 雄が小さいコリドラスとその奇妙な受精様式

Andersson M, 1994. Sexual Selection, Princeton University Press

Birkhead TR, 1996. Sperm competition: evolution and mechanism. *Cur Topic Dev Biol* 33: 103-158

Birkhead TR, Møller AP, 1998. Sperm Competition and Sexual Selection, Academic Press

Burgess WE, 1987. *Corydoras* and Related Catfishes, TFH Publications

Burgess WE, 1989. An Atlas of Freshwater and Marine Catfishes, TFH Publications

Conover DO, 1984. Adaptive significance of temperate-dependent sex determination in a fish. *Am Nat* 123: 297-313

Conover DO, Heins SW, 1987. Adaptive variation in environmental and genetic sex determination in a fish. *Nature* 326: 496-498

Darwin C, 1871. The Descent of Man, and Selection in Relation to Sex, Murray, London

狩野賢司, 1996. 魚類における性淘汰. In: 桑村哲生・中嶋康裕編『魚類の繁殖戦略1』, 海游舎, pp 78-133

Katano O, 1998. Growth of dark chub, *Zacco temmincki* (Cyprinidae), with a discussion of sexual size differences. *Env Biol Fish* 52: 305-312

片野修・斉藤憲治・小泉顕雄, 1988. ナマズ *Silurus asotus* のばらまき型産卵行動. 魚類学雑誌 35: 203-211

川那部浩哉・水野信彦編, 1989.『日本の淡水魚』, 山と渓谷社

川那部浩哉・水野信彦編, 1990.『川と湖の魚』, 保育社

Knapp RA, Kovach JT, 1991. Courtship as an honest indicator of male parental quality in the bicolor damselfish, *Stegastes partitus. Behav Ecol* 2: 295-300

Kohda M, Tanimura M, Kikue-Nakamura M, Yamagishi S, 1995. Sperm drinking by female catfishes: a novel mode of insemination. *Env Biol Fish* 42: 1-6

Kohda M, Yonebayashi K, Nakamura M, Ohnishi N, Seki, S, Takahashi D, Takeyama T, 2002. Male reproductive success in a promiscuous armoured catfish *Corydoras aeneus* (Callichthyidae). *Env Biol Fish* 63: 281-287

桑村哲生, 1988.『魚類の子育てと社会』, 海鳴社

桑村哲生・中嶋康裕編, 1996.『魚類の繁殖戦略1』, 海游舎

Kuwamura T, Nakashima Y, 1998. New aspects of sex change among reef fishes: recent studies in Japan. *Env Biol Fish* 52: 125-135

松坂実, 1993. *Corydoras* the all. アクアマガジン 17: 3-17

中園明信・桑村哲生編, 1987.『魚類の性転換』, 東海大学出版会

Ochi H, Rositter A, Yanagisawa Y, 2000. The first record of a biparental mouthbrooding catfish. *J Fish Biol* 57:1601-1604
奥田昇, 2001. 口内保育魚テンジクダイ類の雄による子育てと子殺し. In: 桑村哲生・狩野賢司編『魚類の社会行動1』, 海游舎, pp 153-194
Pruzsinszky I, Ladich F, 1998. Sound production and reproductive behaviour of the armoured catfish *Corydoras paleatus* (Callichthyidae). *Env Biol Fish* 53: 183-191
Sato T, 1986. A brood parasitic catfish of mouthbrooding cichlid fishes in Lake Tangantika. *Nature* 323: 58-59
Stockley P, Gage MJG, Parker GA, Möller AP, 1997. Sperm competition in fishes: the evolution of testis size and ejaculate characteristics. *Am Nat* 149: 933-954
Warner RR, 1975. The adaptive significance of sequential hermaphroditism in animals. *Am Nat* 109: 61-82
Warner RR, 1984. Mating behavior and hermaphroditism in coral reef fishes. *Amer Sci* 72: 128-136
Warner RR, Harlan RK, 1982. Sperm competition and sperm storage as determinants of sexual dimorphism in the dwarf surfperch Micrometrus minimus. *Evolution* 36: 44-55
余吾豊, 1987. 魚類に見られる雌雄同体現象とその進化. In: 中園明信・桑村哲生編『魚類の性転換』, 東海大学出版会, pp 1-47

2 カジカ類の繁殖行動と精子多型

Baker RR, 1996. Sperm wards. Infidelity, Conflict and Other Bedroom Battles. Fourth Estate. (秋川百合訳, 1997. 『精子戦争―性行動の謎を解く』, 河出書房新社)
Baker RR, Bellis MA, 1988. 'Kamikaze' sperm in mammals? *Anim Behav* 36: 936-939
Cook PA, Weddell N, 1999. Non-fertile sperm delay female remating. *Nature* 397: 486
Dahlbom M, Andersson M, Lahdetie J, Vierula M, Alanko M, 1997. Probable spermatozoal diploidy in the semen of a golden retriver. *Andrologia* 29: 49-55
DeMartimi EE, Patten BG, 1979. Egg guarding and reproductive biology of the red Irish lord *Hemilepidotus hemilepidotus* (Tilesius). *Syesis* 12: 41-55
Fain-Moreal MA, 1966. Acquisiotions recentes sur les spermatogenesis atypiques. *Ann Biol* 5: 513-564
Faucett DM, Ito S, Slarutterback D, 1956. The occurrence of intercellular bridges in group of cells exhibiting synchronous differentiation. *J Biophy Biochem* Cytol 5: 453-460
Faucett DM, 1975. The mammalian spermatozoon. *Devol Biol* 44: 394-436.
Hann HM, 1927. The history of the germ cell of *Cottus bairdii* Girard. *J Morph Physiol* 43: 427-498
Hann HM, 1930. Variation in spermiogenesis in the teleost family Cottidae. *J Morph Physiol* 50: 393-411
Hara M, Okiyama M, 1998. An ultrastructural review of the spermatozoa of Japanese fishes. *Bull Ocean Res Inst. Univ Tokyo* 33: 1-138

引用文献

Hayakawa Y, Munehara H, 1996. Non-copulating spawning and female participation during early egg care in a marine sculpin *Hemilepidotus gilberti*. *Ichthyol Res* 43: 73-78

Hayakawa Y, Munehara H, 1998. The environment for fertilization of non-copulating marine sculpin, *Hemilepidotus gilberti*. *Env Biol Fish* 52: 151-186

Hayakawa Y, Munehara H, 2001. Facultatively internal fertilization and anomalous embryonic development of a non-copulatory sculpin *Hemilepidotus gilberti* Jordan and Starks (Scorpaeniformes: Cottidae). *J Exp Mar Biol Ecol* 256: 51-58

Hayakawa Y, Komaru A, Munehara H, 2001a. Ultrastructural observations of Eu- and Paraspermiogenesis in the cottid fish *Hemilepidotus gilberti* (Teleostei: Scorpaeniformes: Cottidae). *J Morph* 253: 243-254.

Hayakawa Y, Munehara H, Komaru A, 2001b. Obstructive roles by dimorphic sperm in external fertilization fish *Hemilepidotus gilberti* Jordan and Starks (Scorpaeniformes: Cottidae) to prevent other males' eusperm from fertilization. *Env Biol Fish* 64: 419-427.

Hayakawa Y, Akiyama R, Munehara H, Komaru A, 2001c. Dimorphic sperm influence semen distribution in a non-copulating sculpin *Hemilepidotus gilberti*. *Env Biol Fish* 65: 311-317.

林文男, 1998. 束になって泳ぐ精子. 日経サイエンス 309: 142-145.

Helfman GS, Collette BB, Facey DE, 1997. The Diversity of Fishes. Blackwell Science

Jamieson BGM, 1987. A biological classification of sperm types, with special reference to Annelids and Molluscs, and an example of spermiocladistics. In: Mohri H, ed. New Horizons in Sperm Cell Research. New York: Japan Scientific Societies Press. pp 311-332.

Jamieson BGM, 1991. Fish Evolution and Systematics: Evidence from Spermatozoa. Cambridge University Press

Koya Y, Takano K, Takahashi H, 1993. Ultrastructural observations on sperm penetration in the egg of elkhorn sculpin, *Alcichthys alcicornis*, showing internal gametic association. *Zool Sci* 10: 93-101

Kura T, Nakashima Y, 2000. Conditions for the evolution of soldier sperm class. *Evolution* 54: 72-80

Mattei X, Siau Y, Thiaw OT, Thiam D, 1993. Peculiarities in the organization of tesitis of Ophidion sp. (Pisces Teleostei). Evidence for two types of spermatogenesis in teleost fish. *J Fish Biol* 43: 931-937

毛利秀雄, 1991. 『精子の生物学』, 東京大学出版会

Moore D, Oura C, Zamboni L, 1970. Fertilizing ability of structurally abnormal spermatozoa. *Nature* 227: 79-80

Moore HDM, Taggart DA, 1995. Sperm pairing in the opossum increases the efficiency of sperm movement in a viscous environment. *Biol Reprod* 52 : 947-953

Morisawa M, Suzuki K, 1980. Osmolality and potassium ion: Their roles in initiation of sperm motility in teleost. *Science* 210: 1145-1146

Mortimer D, 1979. Functional anatomy of haploid and diploid rabitt spermatozoa. *Arch Androl* 2: 13-20

Munehara H, 1996. Sperm transfer during copulation in the marine sculpin *Hemilepterius villosus* (Pisces: Scorpaeniformes) by means of a retractable genital duct and ovarian secretion in female. *Copeia* 1991: 452-454

Munehara H, Takano K, Koya Y, 1989. Internal gametic association and external fertilization in the elkhorn sculpin, *Alcichthys alcicornis*. *Copeia* 1989: 673-678

Nishiwaki S, 1964. Phylogenetical study on the type of the dimorphic spermatozoa in prosobranchia. *Sci Rep Tokyo Kyoiku Daigaku* 2: 237-275

Okura N, Kohata Y, Harutsugu K, Yasuzumi F, 1988. The aberrant meiosis and the hyperpyrenic atypical spermatozoon in the black snail, *Semisulcospire libertina*. *J Submicrosc Cytol Pathol* 20: 683-689

Osanai M, Kasuga H, Aigaki T, 1987. Physiological role of apyrene spermatozoa of *Bombyx mori*. *Experientia* 43: 593-596

Parker GA, 1970. Sperm competition and its evolutionary consequences in the insects. *Biol Rev* 45: 525-567

Peden AE, 1974. A systematic revision of the hemilepidotus fish (Cottidae). *Syesis* 11: 11-49

Quinitio GF, 1989. Studies on the functional morphology of the testis in two species of freshwater sculpins. PhD Diss Hokkaido, Hokkaido University

Quinitio GF, Takahashi H, 1992. An ultrastructural study on the aberrant spermatids in the testis of the river sculpin, *Cottus hangiongensis*. *Japan J Ichthyol* 39: 235-241

Quinitio GF, Goto A, Takahashi H, 1992. A comparison of the annual changes in testicular activity and serum androgen levels between the early and delayed maturing groups of male *Cottus hangiongensis*. *Env Biol Fish* 34: 119-126

Quinitio GF, Takahashi H, Goto A, 1988. Annual changes in the testicular activity of the river sculpin, *Cottus hangiongensis* Mori, with emphasis on the occurrence of aberrant spermatids during spermatogenesis. *J Fish Biol* 33: 871-878

Silberglied RE, Shepherd JG, Dickinson JL, 1984. Eunuchs: the role of apyrene sperm in Lepidoptera ? *Am Nat* 123: 255-265

Sivinski J, 1984. Sperm in competition. In: Smith RL, ed. Sperm Competition and The Evolution of Animal Mating System, Academic Press, pp 86-115

Smith RL, ed. 1984. Sperm Competition and The Evolution of Animal Mating System, Academic Press

Suttle JM, Moore HDM, Peirce EJ, Breed WG, 1988. Quantitative studies on variation in sperm head morphology of the hopping mouse, *Notomys alexis*. *J Exp Zool* 247: 166-171

舘鄰, 1990. 『生殖生物学入門』, 東京大学出版会

Takamori H, Kurokawa H, 1986. Ultrastructure of the long and short sperm of *Drosophila bifasciata* (Diptera: Drosophilidae). *Zool Sci* 3: 847-858

高野和則, 1974. 生殖腺の成熟過程. In: 日比谷京・野村稔・村上豊・平野礼次郎編『魚類の成熟と産卵―その基礎と応用』, 緑書房, pp 18-31

Trivers R, 1985. Social Evolution, The Benjamin/Cummings Publishing Company Inc. (中嶋康裕・福井康雄・原田泰志訳, 1991. 『生物の社会進化』, 産業図書)

山岸宏, 1995. 『比較生殖学』, 東海大学出版会

吉川朋子, 2001. サンゴ礁魚類における精子の節約. In: 桑村哲生・狩野賢司編『魚類の社会行動1』, 海游舎, pp 1-40

Zolotov OG, Tokranov AM, 1989. Reproductive ecology of Hexyagrammidae and Cottidae in the pacific water of Kamchatka. *J Ichtyol* 3: 430-438

3 フナの有性・無性集団の共存

Bell G, 1982. The Masterpiece of Nature. The Evolution and Genetics of Sexuality., University of California Press

Dawley RM, 1989. An introduction to unisexual vertebrates. In: Dawley RM, Bogart JP, eds. Evolution and Ecology of Unisexual Vertebrates, New York: Bulletin 466, New York State Museum, pp 1-18

Doncaster CP, Graeme EP, Cox SJ., 2000. The ecological cost of sex. *Nature* 404: 281-285

Dybdhal MF, Lively CM, 1998. Host-parasite coevolution: evidence for rare advantage and time-lagged selection in a natural population. *Evolution* 52: 1057-1066

Ebert D, Hamilton WD, 1996. Sex against virulence: the coevolution of parasitic diseases. *Trends Ecol Evol* 11: 79-81

江草周三, 1978. 『魚の感染症』, 恒星社厚生閣

Fankhouser G, 1945. Maintenance of normal structure in heteroploid salamander larvae, through compensation of changes in cell size by adjustment of cell number and cell shape. *J Exp Zool* 100: 445-455

Hakoyama H, Iguchi K, 2001. Male mate choice in the gynogenetic-sexual complex of crucian carp, *Carassius auratus. Acta Ethol*, DOI 10.1007/s102110100045

Hakoyama H, Matsubara N, Iguchi K, 2001a. Female-biased operational sex ratio of sexual host fish: population structure of a gynogenetic complex of *Carassius auratus. Popul Ecol* 43: 111-117

Hakoyama H, Nishimura T, Matsubara N, Iguchi K, 2001b. Difference in parasite load and nonspecific immune reaction between sexual and gynogenetic forms of *Carassius auratus. Biol J Linn Soc* 72/3: 401-407

Hamilton WD, 1980. Sex versus non-sex versus parasite. *Oikos* 35: 282-290

Hamilton WD, Axelrod R, Tanese R, 1990. Sexual reproduction as an adaptation to resist parasites. *Proc Nat Acad Sci USA* 87: 3566-3573

Jaenike J, 1978. An hypothesis to account for the maintenance of sex within population. *Evol Theory* 3: 191-194

小林弘, 1967. 他種魚類との交雑よりみた関東地方のキンブナとギンブナについて. 動物学雑誌 76: 375

小林弘, 1971. 3倍体ギンブナのgynogenesisに関する細胞学的研究. 動物学雑誌 80: 316-322

小林牧人, 1995. キンギョの性行動とその性的可塑性. *Journal of Reproduction and Development*, 41/6: j135-j142

Ladle RJ, 1992. Parasites and sex: catching the Red Queen. *Trends Ecol Evol* 7: 405-

408
Lively CM, Dybdhal MF, 2000. Parasite adaptation to locally common host genotypes. *Nature* 405: 679-681
Lively CM, Craddock C, Vrijenhoek RC, 1990. Red queen hypothesis supported by parasitism in sexual and clonal fish. *Nature* 344: 864-866
Maynard Smith J, 1978. The Evolution of Sex, Cambridge University Press
Moore WS, McKay FE, 1971. Coexistence in unisexual-bisexual species complexes of *Poeciliopsis* (Pisces: Poeciliidae). *Ecology* 52: 791-799
Moritz C, McCallum H, Donnellan S, Roberts JD, 1991. Parasite loads in parthenogenetic and sexual lizards (*Heteronotia binoei*): support for the Red Queen hypothesis. *Proc Roy Soc Lond B* 244: 145-149
Muller HJ, 1964. The relation of recombination to mutational advance. *Mutat Res* 1: 2-9
Murayama Y, Hijikata M, Nomura T, Kajishima T, 1984. Analyses of histocompatibility and isozyme variations in triploid fish, *Carassius auratus langsdorfii*. *J Fac Sci Shinshu Univ* 19: 9-25
中村守純, 1969.『日本のコイ科魚類（日本コイ科魚類の生活史に関する研究）』, 資源科学シリーズ4, 財団法人資源科学研究所
Nakanishi T, 1987. Histocompatibility analyses in tetraploids induced from clonal triploid crucian carp and in gynogenetic diploid goldfish. *J Fish Biol* 31: 35-40
小野里担・鳥澤雅・草間政幸, 1983. 北海道に於ける倍数体フナの分布. 魚類学雑誌 30: 184-190
瀬崎啓次郎・小林弘・中村守純, 1977. 2倍体および3倍体ギンブナの赤血球径の比較. 魚類学雑誌 24: 135-140
Siwicki AK, Anderson DP, 1993. Immunostimulation in fish: measuring the effects of stimulants by serological and immunological methods. Lysekil: The Nordic Symposium on Fish Immunology
Stacey NE, Liley NR, Scott AP, Sorenson PW, 1994. Hormones as sex pheromones in fish. In: Davey KG, Peter RE, Tobe SS, eds. Perspectives in Comparative Endocrinology, National Research Council of Canada, pp 438-448
Swarup H, 1959. The oxygen consumption of diploid and triploid *Gasterosteus aculeatus* (L). *J Genet* 56: 156-160
Van Valen L, 1973. A new evolutionary law. *Evol Theory* 1: 1-30
Vernon JG, Okamura B, Jones CS, Noble LR, 1996. Temporal patterns of clonality and parasitism in a population of freshwater bryozoans. *Proc Roy Soc Lond B* 263: 1313-1318
Vrijenhoek, RC. 1979. Factors affecting clonal diversity and coexistence. *Amer Zool* 19: 787-797
Vrijenhoek RC, Dawley RM, Cole CJ, Bogart JP, 1989. A list of the known unisexual vertebrates. In: Dawley RM, Bogart JP, eds. Evolution and Ecology of Unisexual Vertebrates, New York: Bulletin 466, New York State Museum, pp 19-23

4 ホンソメワケベラの雌がハレムを離れるとき

Colin PL, Bell LJ, 1991. Aspects of the spawning of labrid and scarid fishes (Pisces: Labroidei) at Enewetak Atoll, Marshall Islands with notes on other families. *Env Biol Fish* 31: 229-260

Devlin RH, Nagahama Y, 2002. Sex determination and sex differentiation in fish: an overview of genetic, physiological, and environmental influences. *Aquaculture* 208: 191-364.

Grutter AS, 1999. Cleaner fish really do clean. *Nature* 398: 672-673

Grutter AS, 2001. Parasite infection rather than tactile stimulation is the proximate cause of cleaning behaviour in reef fish. *Proc Roy Soc Lond B* 268: 1361-1365

Hamaguchi Y, Sakai Y, Takasu F, Shigesada N, 2002. Modeling spawning strategy for sex change under social control in haremic angelfishes. *Behav Ecol* 13: 75-82

Hobson ES, 1991. Trophic relationships of fishes specialized to feed on zooplankters above coral reefs. In: Sale PF, ed. The Ecology of Fishes on Coral Reefs, Academic Press, pp 69-95

Iwasa Y, 1991. Sex change evolution and cost of reproduction. *Behav Ecol* 2: 56-68.

Johannes RE, 1978. Reproductive strategies of coastal marine fishes in the tropics. *Env Biol Fish* 3: 65-84

Karino K, Kuwamura T, Nakashima Y, Sakai Y, 2000. Predation risk affects female choice opportunity in a coral reef fish. *J Ethol* 18: 109-114

狩野賢司, 1996. 魚類における性淘汰の研究方法―野外調査, 実験, 解析法. 魚類学雑誌 43: 1-11

Krebs JR, Davies NB, 1987. An Introduction to Behavioural Ecology, 2nd ed, Blackwell. (山岸哲・巖佐庸訳, 1991. 『行動生態学 (原書第2版)』, 蒼樹書房)

Kuwamura T, 1981a. Life history and population fluctuation in the labrid fish, *Labroides dimidiatus*, near the northern limit of its range. *Pub Seto Mar Biol Lab* 26: 95-117

Kuwamura T, 1981b. Diurnal periodicity of spawning activity in free-spawning labrid fishes. *Japan J Ichthyol* 28: 343-348

Kuwamura T, 1984. Social structure of the protogynous fish *Labroides dimidiatus*. *Pub Seto Mar Biol Lab* 29: 117-177

Kuwamura T, Nakashima Y, 1998. New aspects of sex change among reef fishes: recent studies in Japan. *Env Biol Fish* 52: 125-135

Kuwamura T, Tanaka N, Nakashima Y, Karino K, Sakai Y, 2002. Reversed sex-change in the protogynous reef fish *Labroides dimidiatus*. *Ethology* 108: 443-450

Lobel PS, 1976. Predation on a cleanerfish (*Labroides*) by a hawkfish (*Cirrhites*). *Copeia* 1976: 384-385

Nakashima Y, Sakai Y, Karino K, Kuwamura T, 2000. Female-female spawning and sex change in a haremic coral-reef fish, *Labroides dimidiatus*. *Zool Sci* 17: 967-970

中園明信・桑村哲生編, 1987. 『魚類の性転換』, 東海大学出版会

Policansky D, 1982. Sex change in plants and animals. *Annl Rev Ecol Syst* 13: 471-495

Randall JE, 1958. A review of the labrid fish genus *Labroides*, with descriptions of two new species and notes on ecology. *Pacific Science* 12: 327-347

Robertson DR, 1972. Social control of sex reversal in a coral-reef fish. *Science* 177: 1007-1009

Robertson DR, 1974. A study of the ethology and reproductive biology of the labrid fish, *Labroides dimidiatus* at Heron Island, Great Barrier Reef. PhD thesis, University of Queensland

Robertson DR, 1991. The role of adult biology in timing of spawning of tropical reef fishes. In: Sale PF, ed. The Ecology of Fishes on Coral Reefs, Academic Press, pp 356-386

Robertson DR, Hoffman SG, 1977. The roles of female mate choice and predation in the mating systems of some tropical labroid fishes. *Z Tierphychol* 45: 298-320

坂井陽一, 1997. ハレム魚類の性転換戦術―アカハラヤッコを中心に. In: 桑村哲生・中嶋康裕編『魚類の繁殖戦略2』, 海游舎, pp 37-65

坂井陽一・大西信弘・奥田昇・小谷和彦・宮内正幸・松本岳久・前田研造・堂崎正博, 1994. 宇和海内海湾の転石域における浅海魚類相―ラインセンサス法による湾内および他地域との比較―. 魚類学雑誌 41: 195-205

Sakai Y, Kohda M, 1995. Anti-egg predator behaviors of the small angelfish *Centropyge ferrugatus* (Pomacanthidae). *Env Biol Fish* 43: 401-405

Sakai Y, Kohda M, 2001. Spawning timing of the cleaner wrasse, *Labroides dimidiatus* in a warm temperate rocky shore. *Ichthyol Res* 48: 23-30

Sakai Y, Kohda M, Kuwamura T, 2001. Effect of changing harem on timing of sex change in female cleaner fish *Labroides dimidiatus*. *Anim Behav* 62: 251-257

Sakai Y, Karino K, Nakashima Y, Kuwamura T, 2002. Status-dependent behavioural sex change in a polygynous coral-reef fish, *Halichoeres melanurus*. *J Ethol* 20: 101-105

Thresher RE, 1984. Reproduction in Reef Fishes, TFH Publications

Warner RR, 1988. Sex change and the size-advantage model. *Trends Ecol Evol* 3: 133-136

Warner RR, 1991. The use of phenotypic plasticity in coral reef fishes as tests of theory in evolutionary ecology. In: Sale PF, ed. The Ecology of Fishes on Coral Reefs, Academic Press, pp 387-398

吉川朋子, 2001. サンゴ礁魚類における精子の節約. In: 桑村哲生・狩野賢司編『魚類の社会行動1』, 海游舎, pp 1-40

5 タカノハダイの重複なわばりと摂餌行動

Burridge CP, 2000. Molecular phylogeny of the antitropical subgenus *Goniistius* (Perciformes: Cheilodactylidae: *Cheilodactylus*): evidence for multiple transequatorial divergences and non-monophyly. *Biol J Linn Soc* 70: 435-458

Caceres CW, Fuentes LS, Ojeda FP, 1994. Optimal feeding strategy of the temperate herbivorous fish *Aplodactylus punctatus:* the effects of food availability on diges-

tive and reproductive patterns. *Oecologia* 99: 118-123
Clifton KE, 1989. Territory sharing by the Caribbean striped parrotfish, *Scarus iserti*: patterns of resource abundance, group size and behaviour. *Anim Behav* 37: 90-103
Edgar GJ, Aoki M, 1993. Resource limitation and fish predation: their importance to mobile epifauna associated with Japanese *Sargassum*. *Oecologia* 95: 122-133
Foster SA, Endler JA, eds. 1999. Geographic Variation in Behavior, Oxford University Press
Fujita H, 1997. Reproductive Ecology of the viviparous scorpionfish *Sebastiscus marmoratus* (体内受精魚カサゴの繁殖生態). 博士論文, 大阪市立大学
Gerking SD, 1994. Feeding Ecology of Fish, Academic Press
具島健二, 1981. 口永良部島における磯魚の摂餌生態. *J Fac Appl Biol Sci. Hiroshima Univ* 20: 35-63
Heulett ST, Weeks SC, Meffe GK, 1995. Lipid dynamics and growth relative to resource level in juvenile eastern mosquitofish (*Gambusia holbrooki*: Poeciliidae). *Copeia* 1995: 97-104
Holopainen IJ, Aho J, Vornanen M, Huuskonen H, 1997. Phenotypic plasticity and predator effects on morphology and physiology of crucian carp in nature and in the laboratory. *J Fish Biol* 50: 781-798
井口恵一朗, 1996. アユの生活史戦略と繁殖. In: 桑村哲生・中嶋康裕編『魚類の繁殖戦略1』, 海游舎, pp 42-77
Karino K, 1996. Tactic for bower acquisition by male cichlids, *Cyathopharynx furcifer*, in Lake Tanganyika. *Ichthyol Res* 43: 125-132
Kohda M, 1981. Interspecific territoriality and agonistic behavior of a temperate pomacentrid fish, *Eupomacentrus altus* (Pisces: Pomacentridae). *Z Tierpsychol* 56: 205-216
Kohda M, Tanida K, 1996. Overlapping territory of the benthophagous cichlid fish, *Lobochilotes labiatus*, in Lake Tanganyika. *Env Biol Fish* 45: 13-20
小西英人編, 1995.『新さかな大図鑑』, 週間釣りサンデー
Leum LL, Choat JH, 1980. Density and distribution patterns of the temperate marine fish *Cheilodactylus spectabilis* (Cheilodactylidae) in a reef environment. *Mar Biol* 57: 327-337
益田一・小林安雅, 1994.『日本産魚類生態大図鑑』, 東海大学出版会
Matsumoto K, 1999. Intra- and interspecific relationships of benthophagous fishes (*Goniistius zonatus* and two species of *Pseudolabrus*) in reference to their feeding ecology (タカノハダイとササノハベラ属2種の摂餌生態に関する種内・種間関係). 博士論文, 大阪市立大学
Matsumoto K, 2000. Morphological differences in *Goniistius zonatus* (Teleostei: Cheilodactylidae) from two localities. *Ichthyol Res* 47: 411-415
Matsumoto K, 2001. Overlapping territory of a benthophagous fish, *Goniistius zonatus* (Teleostei: Cheilodactylidae). *Ecol Res* 16(4): 715-726
Matsumoto K, Kohda M, 2000. Energy allocation and foraging activities in the morwong, *Goniistius zonatus* (Cheilodactylidae). *Ichthyol Res* 47: 416-419

Matsumoto K, Kohda M, 2001a. Differences in feeding associations of benthophagous fishes in two locations. *Env Biol Fish* 61: 111-115

Matsumoto K, Kohda M, 2001b. Differences in gill-raker morphology between two local populations of a benthophagous filter-feeding fish, *Goniistius zonatus* (Cheilodactylidae). *Ichthyol Res* 48: 269-273

Matsumoto K, Kohda M, 2002. The effect of feeding habitats on dietary shifts during the growth in a benthophagous suction-feeding fish. *Zool Sci* 19: 709-714.

McCormick MI, 1989. Spatio-temporal patterns in the abundance and population structure of a large temperate reef fish. *Mar Ecol Prog Ser* 53: 215-225

Mehrani H, Storey KB, 1993. Control of glycogenolysis and effects of exercise on phosphorylase kinase and cAMP-dependent protein kinase in rainbow trout organs. *Biochem Cell Biol* 71: 501-506

Nicoletto PF, 1996. The influence of water velocity on the display behavior of male guppies, *Poecilia reticulata. Behav Ecol* 7: 272-278

Nielsen KS, 1997. Animal Physiology, 5th edition, Cambridge University Press

Ross ST, 1986. Resource partitioning in fish assemblages: a review of field studies. *Copeia* 1986: 352-388

坂井陽一・大西信弘・奥田昇・小谷和彦・宮内正幸・松本岳久・前田研造・堂崎正博, 1994. 宇和海内海湾の転石域における浅海魚類相―ラインセンサス法による湾内および他地域との比較. *Japan J Ichthyol* 41: 195-205

Sale PF, ed. 1991. The Ecology of Fishes on Coral Reefs, Academic Press

Sano M, Moyer JT, 1985. Bathymetric distribution and feeding habits of two sympatric Cheilodactylid fishes at Miyake-jima, Japan. *Japan J Ichthyol* 32: 239-247

Schoener TW, 1974. Resource partitioning in ecological communities. *Science* 185: 27-39

Schroeder A, Lowry M, Suthers I, 1994. Sexual dimorphism in the red morwong, *Cheilodactylus fuscus. Aust J Freshwater Res* 45: 1173-1180

Thresher RE, 1984. Reproduction in Reef Fishes, TFH Publications

Warner RR, 1984. Mating behavior and hermaphroditism in coral reef fishes. *Am Sci* 72: 128-136.

Yoshiyama RD, 1980. Food habits of three species of rocky intertidal sculpins (Cottidae) in central California. *Copeia* 1980: 515-525

索 引

■ 学 名 ■

Aeromonas 105
A. salmonicida 105
Alcichthys alcicornis 61
Atherinidae 86
Bero elegance 61
Blepsias cirrhosus 61
Carassius 86
C. auratus bürgeri 86, 87, 100
C. a. langsdorfii 86, 100
Centropyge ferrugata 114
Cheilodactylus fuscus 180
C. spectabilis 180
Cinctiscala eusculpta 43
Cobitidae 86
Cobitis 86
Corydoras aeneus 2, 4, 5
Cottus hangiongensis 51
Cyprinidae 86
Gasterosteus aculeatus 98
Goniistius zonatus 152
Halichoeres melanurus 130
Hemilepidotus gilberti 40
H. hemilepidotus 59
Hemilepterius villosus 83
Labroides dimidiatus 112
Menidia menidia 23
Metagonnimus takahashii 101
M. sp. 101
Misgurnus 86
Parachauliodes japonicus 81
Phoxinus 86
Poecilia 86, 92
Poeciliidae 86
Poeciliopsis 86, 110
Potamopyrgus antipodarum 105
Scarus iserti 166
Semisulcospira libertina 43

Stegastes altus 30, 155
S. nigricans 31
S. partitus 31

■ あ 行 ■

赤の女王仮説 96, 97, 99, 102-105, 111
アカハラヤッコ 114, 119, 132, 133, 145
アカメ 22
アシロ 51
穴あき病 101, 104
アブラハヤ属 86
アブラヤッコ 137
アユ 26
アルビノ（白化個体）7-9
異型精細胞 51, 83
異型精子（dimorphic sperm, parasperm）43-54, 60, 64-84
異形配偶子 91, 92
イソギンチャク 23
イソゴンベ 125
イソバテング 61, 83, 84
一倍体（半数体）85
一夫一妻 23, 33
一夫多妻 24, 113, 130, 139
遺伝子拡散 182, 183
遺伝子型 184
遺伝的組換え（組換え）85, 96, 97
イトヒキベラ 127
イトヨ 98
胃内容物 18, 169, 174, 178, 180
イヌ 44
ウグイ 105, 106
ウスバカゲロウ 81
ウッドキャット 1
ウツボ 22
ウニ 41
ウミタナゴ 54
餌サイズ 169, 170, 176, 177, 188

エソ　125
NBT (nitroblue tetrazolium)　102
エラコ　59
雄間競争（闘争）　1, 24, 26, 34, 36, 83, 130
オポッサム　42, 80, 81
温度性決定　24

■ か 行 ■

カイコガ　44, 52
核　41, 43-45, 47-51, 70, 83
カゲロウ　81
カサゴ　54, 163
カザリキュウセン　130
カジカ　39, 40, 45, 50, 51, 61-63, 80, 83, 84
カダヤシ科　86, 92, 110
カニ　42
カマアシムシ　42
ガラパゴス諸島　182
カワスズメ　163
カワニナ　43
カンキョウカジカ　51, 83
環境性決定　24
幹細胞　47
干渉型競争　20
感染率（寄生率）　98, 99, 101-105
肝臓重量（肝臓重）　32, 189-191
キクメイシ　115
奇形（異常）精子（abnormal sperm）　44, 45, 49-53
基質産卵　2
寄主　23, 96, 97, 103-105
寄生者（病原体）　88, 96, 97, 99, 103-105
寄生虫　32, 99-101, 112
求愛　4-6, 26-32, 35, 55, 56, 118, 128, 130, 133, 150, 164
求愛頻度　1, 28
究極要因　19-21, 24, 25
キュウセン　127, 139
吸虫　100-102, 104
共進化　96, 97, 103, 105
共存型ハレム　136, 143
キンギョハナダイ　150
近親交配　103
キンチャクダイ　114, 130, 132, 133, 137, 142

ギンブナ　86, 100
グッピー　184
グッピー属　86
クマノミ　23, 113
クリーニング　112, 118, 126, 128, 132, 150
Grutter　150
クロソラスズメダイ　31
クロマチン（核内物質）　47-51
クローン　85, 87, 91, 97, 99, 103, 104
蛍光染色　70
形態　44, 45, 151, 152, 164, 179-181, 183-185, 191-193
形態変異　183, 189
ケムシカジカ　83, 84
減数分裂　44, 47, 48, 50, 51, 81, 85, 87
コイ　33, 34, 107
コイ科　86, 106, 183
行動圏　3, 135-138, 140, 161-164, 174, 175
交尾　3, 61-63, 80, 81, 84
黒点病　101, 104
個体群動態　93, 94, 98
個体識別　3, 26, 37, 135, 150, 159-161, 174
コチ　22
Conover　24
コムカデ　43
コリドラス（Corydoras）　2, 3, 4, 6, 7, 10, 19, 25, 36, 37
ゴリラ　44, 80
婚姻関係　127, 130, 150
婚姻形態　23
婚姻色　27

■ さ 行 ■

鰓蓋　5, 10, 18, 40, 166, 168, 185, 188
鰓弓　185, 187
最終宿主　101
サイズ有利性モデル　21-25, 37
鰓耙　166, 185-187, 192
鰓耙数　187
細胞間橋　48, 49, 51
細胞質　44, 47-49, 51, 83
サケ　39, 60
ササノハベラ　127
サンゴ　117, 191
サンゴ礁　24, 73, 112, 114, 119, 120, 122-

索　引

127, 130, 149
三倍体　70, 87, 98, 100
産卵回数　36, 108
産卵基質　56
産卵時刻　117, 119, 121, 122, 124, 134
産卵上昇　125, 127, 128
産卵数　22-24, 27, 28, 33, 36, 37, 73, 145
産卵成功　147
産卵頻度　133, 146, 147
産卵ペア　126
産卵量　35, 145, 147, 149
仔魚　9
シクリッド　6, 24
雌性先熟　22, 24, 131
自然淘汰　34, 181, 183
実効性比　35
ジノゲネシス (gynogenesis)　86, 87, 92, 93, 102, 110
四倍体　87, 98, 100
脂肪重　189, 190
死亡率　93, 94, 98, 103, 105, 133
脂肪量　32
シマドジョウ属　86
社会構造　191
社会的相互作用　163, 166, 174, 175
集団産卵　24
集団繁殖　106
雌雄同体　130
受精　1, 3, 6-8, 10, 15, 18, 19, 23-25, 32-34, 39, 41-45, 50, 53, 60-64, 74, 79-82, 85, 91, 131
受精成功　23, 27
受精能　60, 81
受精嚢　81
受精能力　18
受精様式　1, 10, 19, 25, 37
受精卵　1, 52, 54, 64, 118
受精率　7, 11, 12, 14, 16, 27-29, 62, 82, 146
種内多型　95
生涯繁殖成功　24, 131, 148
消化管　11, 17, 18
ショウジョウバエ　44
消費型競争　20
食細胞　99, 102, 103
スキューバ　55, 120, 123, 153, 154, 192

スケソウダラ　39-41
スズメダイ　126, 155
スニーカー　25, 33, 57, 60, 64, 68, 70-72
スニーキング　25, 32, 58-60, 64, 68, 72, 73, 79
スパニッシュホグフィッシュ　137
精液　14, 41, 45, 46, 49, 52, 60, 62, 64-66, 68, 69, 71-80, 82, 83
生活史戦術　150
正型精子 (normal sperm, eusperm)　43, 44, 47, 49-54, 60-74, 76-80, 82, 93
性決定　24
精原細胞　46-48, 52
精細胞　46-49, 51
精子競争　1, 32, 33, 35, 36, 53, 54, 72, 80-82, 84
精子形成　47-49, 51, 70, 83
精子形成過程　46
精子束　81
精子の多型現象（多型性）(sperm polymorphism)　39, 43, 44, 52, 84
精子密度　17
成熟卵　41
精子輸送　54, 72, 73, 79, 80, 82, 84
精漿　60, 61, 64, 74, 75, 77
生殖腺指数　32-34
生殖線重量　33, 189, 190
生殖様式　85-87
精子量　73, 80, 82
性腺刺激ホルモン　106
精巣　1, 14, 32-35, 46-49, 51, 80, 83, 165
精巣重量　80
生存率　31, 144
生態的ニッチ　95
成長期間　24
成長速度　190, 191
成長率　144
性的サイズ二形　3, 20, 21, 23, 34-37
性的二形　1, 3, 19, 20, 27, 139, 180
性転換　20-25, 34, 37, 112-115, 117, 130-135, 137, 140, 143, 145, 148, 149
性転換の社会的調節　132
性比　35, 91, 94, 110, 111
精包　81
精母細胞　46-48

性ホルモン　106
セダカスズメダイ　30, 155
赤血球　100
摂餌効率　184
摂餌時間　178
摂餌なわばり　30, 151, 155, 170, 171
摂餌場所　148, 166, 167, 178, 183, 184
摂餌様式　182
摂餌量　21
セルカリア　101
潜在的繁殖速度　35
前鰓類　43
染色体　44, 47, 85, 98
染色体数　85
先体　41
増殖率　92
相同染色体　47, 48, 85
総排出腔　10, 15, 100
組織適合性抗原　97

■ た 行 ■
タイ　22
体外受精　1-3, 6, 54, 60, 61
体細胞分裂　47
胎生　61, 63
タイセイヨウシルバーサイド　23, 24
体長有利性モデル　131
体内受精　1, 3, 54, 61
体内配偶子会合型　61, 83
ダーウィン　23
多核異型精子　43
多核精子 (hypepyrene sperm)　43, 44
タカノハダイ　151, 152, 155-157, 159-171, 173-193
托卵　2
タンガニイカ湖　24, 163
地域変異　119, 181, 186, 191
中間宿主　101
腸呼吸　10, 19
チョウチョウウオ　134
重複なわばり　151, 166, 192
貯精嚢　83
地理的変異　192
沈性卵　118
チンパンジー　80

追尾　2, 29, 88, 107-109
ツバメコノシロ　22
DNA　41, 47
定住性　25, 161
ディスプレイ　132
T-ポジション　13, 15, 16, 19, 36
適応度　23, 82, 91, 95, 98
トウゴロウイワシ科　23, 86
闘争行動　163, 164, 174, 175
独身性転換　132, 133, 143, 149
トゲウオ　36
ドジョウ　10, 23, 36, 86, 106
ドジョウ科　86
ドジョウ属　86
突然変異　91, 96
トンボ　80

■ な 行 ■
ナガサキスズメダイ　126
ナガブナ　87, 100
ナマズ　1-3, 19, 21, 23, 36
なわばり　25, 26, 40, 55, 56, 59, 72, 113, 115, 127-130, 135-140, 151, 152, 155-157, 161, 163-167, 173, 174, 176-179, 184, 193
なわばり配置　151, 152, 155, 157, 161, 163, 164, 166, 171, 179, 192, 193
なわばり訪問型複婚　130, 133, 150
ニゴロブナ　90
ニジカジカ　61
ニシキベラ　139
ニジマス　33, 191
ニシン　39
二倍体　85, 87, 98, 100

■ は 行 ■
バイカラーダムゼルフィッシュ　31
配偶回数　27, 28
配偶関係　30
配偶行動　26
配偶子間の協力　80, 81, 83
配偶子形成　85
配偶者選択　1, 22, 30, 31, 88, 94, 95, 105-111, 130, 139
配偶成功　22, 26-28, 30
配偶頻度　28

索引

配偶率　28
倍数　87
倍数化　98
倍数性　87, 98, 100
倍数体　87, 98
排精　49
排卵　53, 60, 88, 106-109
ハナカジカ　83
ハナヒゲウツボ　22
ハマサンゴ　115
ハレム　24, 25, 112-115, 117, 121-123, 128-143, 145, 148, 149, 163, 164, 166
ハレム雄　112, 132, 133, 142
ハレム外産卵　127-130, 134, 137, 139
ハワイアンクリーナーラス　125
繁殖期　24, 41, 55, 58, 63, 90, 100, 121, 139, 143
繁殖システム　131
繁殖成功　22-28, 30, 32, 34-37, 53, 106, 110, 131, 144
繁殖なわばり　163
繁殖様式　61
繁殖率（出生率）　91-95
半数体　85
ヒト　41, 44, 53
非特異的免疫　97, 99, 101-103
非特異的免疫仮説　96-99, 102, 111
被嚢　101, 102
表現型　97, 184
表現型の可塑性　184
病原体（菌）　95, 96, 98, 99, 101, 103-105, 110
表在生物　178
貧核精子（oligopyrene sperm）　43, 44
頻度依存　95-97, 101
頻度依存淘汰（frequency dependent selection)　88, 93, 95, 96, 98, 99
Fain-Moreal　79
フィンチ　182
フェロモン　107-109
孵化　6, 9, 55, 58, 101
父性　80
浮性卵　22, 130, 145, 182
ブダイ　166
フナ　85-88, 90-93, 95-103, 105-108, 110, 111

フナ属　86
負の頻度依存淘汰　110
負の密度依存　110
負の密度効果　99
浮遊卵　6
ブルーギル　184
ブルーヘッドラス　130, 133
プロスタグランジン　108
分割型ハレム　136, 137, 142, 143
分割性転換　132, 133
分散　103
ペア　23, 25, 33, 56, 81, 82, 91, 110, 126
ペア産卵　25, 57-60, 64, 68, 71-73, 76, 79, 84, 106, 126
平衡点　94, 95
兵隊精子　51, 53, 72
Baker & Bellis　53
ヘテロシス（heterosis）　98
ベラ　24, 112, 113, 118, 125, 127, 130, 133, 137, 139, 149, 150, 163
ヘラブナ　90
ベロ　61
鞭毛　41, 47
放精　2, 3, 6, 18, 19, 23, 25, 32, 33, 36, 53, 55, 57-60, 63, 64, 68, 72-74, 76, 78, 79, 84, 91, 106, 107, 109, 110, 117
放精距離　72, 74, 77, 86
放精量　81, 82
包嚢　47-51
放卵　23, 24, 33, 88, 91, 106, 107, 110, 117
保護能力　31
ポーチ　2, 5-7, 9, 10, 12, 15-19, 25, 31, 33
ホッピング・マウス　44, 45, 52
ボラ　33, 34
ホンソメワケベラ　112-141, 142, 145-147, 149, 150

■ ま 行 ■
埋在動物　177, 178
マウス　41, 44, 53
マツバスズメダイ　126
ミギマキ　157
未受精卵　2, 8, 11, 150
密度効果　94
ミトコンドリア　41, 45

ミミズ　43
無核精子（apyrene sperm）　43, 44
ムカデ　43
無性型　85-88, 91-100, 102-111
無性生殖　85-87, 91, 92, 96
メダカ　54
メタセルカリア　101, 102
免疫　96-99, 101-103, 110

■ や 行 ■

ヤッコ　24
ヤマトクロスジヘビトンボ　81
優位雌　136, 138-143
有性型　85-88, 91-100, 102-111
有性生殖　85-87, 91, 95, 96
有性生殖2倍のコスト　88, 91, 92, 94, 95, 98
雄性先熟　21-23, 34, 37
有性雌　109
有節石灰藻　167, 168, 173, 177-179, 183-185, 191-193
ユウダチタカノハ　157
宥和行動　163, 164, 175, 178
輸精管　49, 60
輸卵管　9, 10, 19, 83, 84
ヨコスジカジカ　38-41, 45-51, 54, 55, 57-64, 71-74, 79-84
ヨロイ（鎧）ナマズ　2

■ ら 行 ■

ライオン　44
ラット　44
卵塊　30, 57-59, 62-64, 66-69, 71-74, 76-80
乱婚　1, 22, 23, 25, 33, 36, 80
卵生　61
卵生魚　54
卵巣　11, 33, 34, 41, 54, 57, 60, 61, 63, 64, 84, 91, 145, 150, 165
卵巣腔液　57-64, 66-71
卵胎生　92
ランダム配偶　22-24, 33, 34, 36
卵黄膜　41
卵保護　6, 22, 23, 35, 55, 57, 58
卵門　41, 50, 61
隣接的雌雄同体　130
劣位雌　136, 138, 139, 141-144

劣性　8
ロックビューティー　137

■編者紹介

中嶋　康裕（なかしま　やすひろ）理学博士
　1953年　大阪府に生まれる
　1987年　京都大学大学院理学研究科博士課程修了
　現　在　日本大学経済学部教授
　著　書　『魚類の性転換』東海大学出版会（共著，1987）
　　　　　『魚類の繁殖戦略2』海游舎（共編著，1997）
　　　　　『虫たちがいて，ぼくがいた』海游舎（共編著，1997）など

狩野　賢司（かりの　けんじ）農学博士
　1963年　茨城県に生まれる
　1994年　九州大学大学院農学研究科博士課程修了
　現　在　東京学芸大学教育学部助教授
　著　書　『魚類の繁殖戦略1』海游舎（共著，1996）
　　　　　『擬態―だましあいの進化論2』築地書館（共著，1999）
　　　　　『魚類の社会行動1』海游舎（共編，2001）など

■著者紹介（五十音順）

幸田　正典（こうだ　まさのり）理学博士
　1957年　大阪府に生まれる
　1985年　京都大学大学院理学研究科博士課程単位取得退学
　現　在　大阪市立大学大学院理学研究科教授

坂井　陽一（さかい　よういち）理学博士
　1968年　大阪府に生まれる
　1996年　大阪市立大学大学院理学研究科博士課程修了
　現　在　広島大学大学院生物圏科学研究科助手

箱山　洋（はこやま　ひろし）理学博士
　1967年　東京都に生まれる
　1996年　九州大学大学院理学研究科博士課程退学
　現　在　北海道区水産研究所研究員

早川　洋一（はやかわ　よういち）博士（水産学）
　1967年　埼玉県に生まれる
　1998年　北海道大学大学院水産学研究科博士課程修了
　現　在　国際基督教大学研究員

松本　一範（まつもと　かずのり）理学博士
　1967年　大阪府に生まれる
　1999年　大阪市立大学大学院理学研究科博士課程修了
　現　在　大阪産業大学教養部非常勤講師

魚類の社会行動 2
Social Behavior of Fishes Vol.2
2003年4月10日　初版発行

編　者　　中嶋康裕・狩野賢司

発行者　　本間喜一郎

発行所　　株式会社 海游舎
　　　　　〒151-0061 東京都渋谷区初台1-23-6-110
　　　　　電話 03 (3375) 8567　FAX 03 (3375) 0922

港北出版印刷 (株)・(株) 石津製本所

© 中嶋康裕・狩野賢司 2003

本書の内容の一部あるいは全部を無断で複写複製すること
は，著作権および出版権の侵害となることがありますので
ご注意ください。

ISBN4-905930-78-2　　PRINTED IN JAPAN